现代农业概论

王冀川 主编

中国农业科学技术出版社

图书在版编目（CIP）数据

现代农业概论／王冀川主编.—北京：中国农业
科学技术出版社，2012.8（2023.8重印）
ISBN 978 - 7 - 5116 - 1019 - 5

Ⅰ.①现…　Ⅱ.①王…　Ⅲ.①农业科学 - 概论
Ⅳ.①S
中国版本图书馆 CIP 数据核字（2012）第 169651 号

责任编辑　崔改泵
责任校对　贾晓红　郭苗苗

出 版 者　中国农业科学技术出版社
　　　　　北京市中关村南大街 12 号　邮编：100081
电　　话　（010）82106636（发行部）　（010）82106631（编辑室）
　　　　　（010）82109709（读者服务部）
传　　真　（010）82106631
网　　址　http://www.castp.cn
经 销 者　新华书店北京发行所
印 刷 者　中煤（北京）印务有限公司
开　　本　787 mm×1 092 mm　1/16
印　　张　12.25
字　　数　295 千字
版　　次　2012 年 8 月第 1 版　2023 年 8 月第 18 次印刷
定　　价　30.00 元

前　　言

邓小平同志指出，科学技术是第一生产力。科学技术是先进生产力的主要标志和集中体现。20 世纪中叶以来现代农业的发展和变化，深刻反映了现代科学技术革命对农业的影响和改造，是先进生产力在现代农业建设中的体现，并将导致农业的生产方式、经营管理方式、生产要素及资源的配置方式和农业理念发生新的革命性变化。

现代农业是发达的科学农业，既包括高水平的综合性生产能力，具备应用现代科技和装备、集约化、可持续等特征，又包含现代制度建设，具备管理现代化、专业化、社会化、商品化等。随着现代科技的高速发展，不断有新的技术与理念运用到现代农业中，现代农业的内涵、发展模式与类型、技术体系与应用方式等也出现了较大变化。

为扩大学生知识面，了解国内外现代农业发展，使其尽快适应当今农业发展环境，更好投入到现代农业建设中，2009 年在农学、园艺、植保、农业经济管理等专业开设了本课程。编者在查阅国内外大量文献资料的基础上，结合工作实际，对讲义进行修改，集思广益，几易其稿，编成此书。全书共六章，第一章系统地介绍了现代农业概念、特征、主要形态与现代农业技术发展趋势；第二章至第五章分别介绍了可持续农业、有机农业、生态农业和精细农业的含义、发展现状与趋势、技术体系与应用模式等；第六章介绍了农业高新技术含义与转化模式，并分述了农业工厂化技术、生物技术、信息技术和核技术在现代农业中的应用等。

　　《现代农业概论》是一部概括介绍现代农业概况、发展、形式与技术体系等知识的通用性教材，本着通俗、易懂和适用的要求，在编写时突出内容的新颖性、前沿性和实用性。本书可作为农、林、牧高校或大专院校及中等农业学校的教材、参考书，也可作为专业干部、政府官员及基层从事农业生产人员培训的学习教材。

　　本书由王冀川副教授和各位编者根据多年的教学、科研活动中对现代农业发展的看法、知识的积累和整理编写而成。其中，杨正华老师在文献收集、文字整理、修改过程中做了大量工作，宁夏隆德县农业技术推广中心的王俊珍为本书提供资料，并参加部分章节的编写全书由王冀川副教授拟题、收集资料、统稿和定稿。在本书出版过程中，得到了中国农业科学技术出版社提供的帮助，在此深表感谢。本书在写作过程中，参考和引用了国内外学者的有关成果，在书后的参考文献中已列出，在此谨向原作者致谢！

　　由于编者水平有限，书中内容难免会有不妥和错误之处，恳请读者和专家指正。

编者

2012 年 5 月

目　　录

第一章　绪　论

第一节　农业与农业生产

农业是世界最重要的生产行业。社会的存在、文化的发展，有赖于农业基础的稳固。一个国家、一个民族，只有在其本身农业保持长盛不衰，或能够从外部取得农产品可靠供应的条件下，其文化和历史才能持续发展；如果农业衰落或中断了，其文化和历史就难以为继。在中华民族的历史上有发达的农业，它在农艺和单位面积产量等方面达到了古代世界的最高水平。它的一系列发明创造不但领先于当时的世界，而且对东亚和西欧农业的发展产生了深刻的影响。中国农业土地利用率很高，且耕地种了几千年而地力不衰，外国人叹为奇迹。正是由于中国古代农业具有的这种强大生命力，才使得中华文明的火炬得以长明不灭。

一、农业概述

人类几百万年的历史中，绝大部分时间以采集渔猎为生，这种为谋取人类生存所必需的食物而进行的活动，也可以包括在最广义的农业之中。农业和采猎虽然都是以自然界的动植物为劳动对象，但后者依赖于自然界的现成产品，是"攫取经济"；前者则通过人类的劳动增殖天然产品，是"生产经济"。只有农业生产发展了，才能改变采猎经济时期"饥则求食，饱则弃余"的状态，使长久的定居和稳定的剩余产品的出现成为可能，从而为文化的积累、社会的分工以及文明时代的诞生奠定基础。

（一）农业的定义

农业是人类通过社会生产劳动，利用自然环境提供的条件，促进和控制生物体（包括植物、动物和微生物）的生命活动过程来取得人类社会所需要的产品的综合性产业，即直接或间接设法利用土地经营种植和饲养业以获得人类衣、食、住、行所需各种物品的生产事业。新中国成立以后，中国农业以高科技应用为基础，取得了辉煌的成就。中国以仅占世界7%的土地，养育了世界1/5的人口。在农业科技方面，中国与发达国家的差距已经越来越小，科学技术对农业发展的贡献已经从1949年的20%提高到42%。

农业的内涵包括3个层次：①从狭义上来看，农业是指农业生产业，主要是指种植业和养殖业；②中义的农业是指农业产业，包括种植业、养殖业、农业工业、农产品加工工业、农产品及其加工品商业；③从广义上来看，范围十分广泛，是指大农业，即农业产业再加上为农业服务的其他部门，如农业行政管理、农业科研、农业教育、农村建设、农业金融等。

在我国，从事农业生产、管理以及农业服务的部门可划分为8类：

（1）农业生产业。包括作物业（还包括草业和天然草原管理）、林木业（还包括天然林管理）、畜禽业、水产业（还包括海洋渔业管理）、低等生物业。

（2）农业工业。农用工业（为农业生产服务的工业，如化肥、农药、农机、农膜等）、农后工业（食品工业、饲料工业、造纸工业、木材工业、橡胶工业、棉纺工业、烟草工业等）和农村工业（乡镇企业）。

（3）农业商业。包括食品市场（粮食、油脂、蔬菜、水果、肉类、鱼类、禽蛋、奶类等）、生产资料市场（化肥、农药、农机、塑料、建材及其饲料）、轻工业原料市场（棉花、蚕茧、羊毛、烟叶、麻类）和农产品外贸市场。

（4）农业金融。农业资金来源包括政府财政支出、农户或农场的经营利润和农业金融，其中农业金融是农业资金的重要来源，它主要靠银行（农业银行）来运作。

（5）农业科技。包括农业科学研究（基础研究、应用研究、农业经济和农村社会研究等）、农业科技开发与推广（农业科技产业化）。

（6）农业教育。包括高等教育、农业中等教育和农业职业教育，以及短期农业技术培训。

（7）农村建设。包括农村人口、农村交通、农村能源、农村建设、农村环境保护、农场文化卫生、农政建设等。

（8）农业行政管理与政策。包括农业行政管理、农业体制、生产政策、分配政策、财政政策、信贷政策、税收政策、物价政策和劳动政策。

（二）农业在国民经济中的重要性

（1）农业是人们基本生活资料的重要来源。粮食、副食品等几乎都是由农业提供的，衣着原料的80%亦来源于农业。

（2）农业是工业原料的重要来源。农业提供的原料约占全部工业原料的40%，约占轻工业原料的70%。其中纺织工业原料的70%左右来源于农业；食品工业中的制糖、卷烟、造纸、罐头、酿造、食品等工业原料的绝大部分也来源于农业。

（3）农业是工业和其他部门劳动力的主要来源。我国农业人口众多，随着工商业和城镇化的发展，越来越多的农业人员进城打工，从事工业和其他行业的工作，为我国现代化发展进程作出重要贡献。

（4）农业是我国资金积累的重要来源之一。我国的财政总收入中，由农业直接或间接提供的资金约占 55%。

（5）农村是城市工业产品的大市场。农村商品零售额占全国商品零售总额的 60% 左右。

（6）农产品及其加工品是重要的出口物质。

（7）合理的农业生产可美化和改善生活环境。

二、农业生产概述

（一）农业生产的本质

农业生产是人类利用生物有机体的生命活动，将外界环境中的物质和能量转化为各种动植物产品的活动；农业生产的对象是动物、植物和微生物；农业生产是经济再生产过程与自然再生产过程的有机交织。所谓农业生产的经济再生产是指构成一定生产关系的人，使用一定的劳动工具，生产人类生活所需产品的过程，此过程不断循环下去（再生产）。所谓的农业生产的自然再生产是指作物通过利用太阳能，把无机物转化为有机物、把太阳能转化为化学能的物质循环和能量转化的过程，这是农业部门生产与其他部门生产的本质区别。生物的自然再生产过程具有自身的客观规律，它的发展严格遵循自然界生命运动的基本规律。

（二）农业生产的特点

农业生产要符合生物生长发育的自然规律，同时，也要符合社会经济再生产的客观规律。农业生产具有波动性、地域性、综合性、资源有限性和产品特殊性等特点。

1. 农业生产的波动性

农业生产主要表现为 3 个方面的波动性：①周期性因素引起的波动，如气候周期性变化引起的波动和市场周期性变化引起的波动等；②突发性因素引起的波动，如农业因素的突变（抗病性的丧失，突发性病虫害）、农业环境因素突变（异常气候）、农业政策失误等；③趋势性变化引起的波动，如地球温室效应、酸雨（pH < 5.6）、臭氧层空洞等。

2. 农业生产的地域性

农业生产的地域性是指农业生产受到自然资源、生物种类（发源）、社会经济发展水平等影响，从而导致农业生产在地域上的分布不均现象。

3. 农业生产的综合性

农业生产具有综合性，表现在以下几个方面。

（1）农业系统的基本结构决定其综合性。组成农业系统的四要素有：①农业生产要素，即农业生产所利用的生物（农作物、林木、畜禽、水产、菌类等五部分）；②农业环境要素，主要有气候、土壤、地形、水文、生物等因素；③农业技术要素，包括农业种植技术、农业动物技术、农业微生物技术等；④农业经济社会要素，有农业投入的经济社会因素、农业产出的经济社会因素、农业技术的经济社会因素、农业管理的经济社会因素等。农业生产系统的这些组成要素之间相互作用，共同决定了农业生产的进程、发展、效果和潜力。

（2）大农业由农业生产业、农业工业、农业商业、农业金融、农业科技、农业教育、农村建设、农业行政管理与政策等八大部门综合组成，因而决定了农业生产具有综合性。

（3）农业生产由农、林、牧、副、渔业组成。

（4）各农业行业由产前、产中、产后3个环节组成。

（5）农业技术体系中，农作物种植业包括作物育种、栽培、植保技术等多项技术。

4. 农业自然资源的有限性

一个地区的自然资源如气候资源、水资源、土地资源和生物资源等在生产季节是有限的，农业只有在这些有限资源的基础上开展生产。

5. 农产品的特殊性

绝大部分农产品不同于工业产品，为鲜活产品或有机物质，难于贮存保鲜和长期贮存，需要不断再生产。另外社会对农产品的数量和品质有特定的要求，尽管某种农产品经济效益不高，但仍需要保证供需平衡。

第二节　农业的起源与发展

对于整个世界范围来说，农业的起源是具有多个中心的。由于适宜于农业生产的自然环境是丰富多变的，远古人类活动又极大地受到了自然地理环境的限制，因而在远古时代原始人类社会在生活实践中探索发展了各自的原始农业，形成世界多中心的农业发展格局。

一、世界农业的起源与发展趋势

（一）世界农业的起源中心

大部分专家都认为农业的起源在世界上存在着3个中心，即西亚、北非、南欧中心、东亚、南亚中心和新大陆中心。

1. 西亚、北非、南欧中心

当欧洲还处在中石器时代时，西亚就已经进入新石器时代，出现了农业的萌芽，逐步转向种植和饲养。农业开始产生于西亚的丘陵地区，后期向两河流域的冲击平原转移，继而扩展到爱琴海周围地区，在三大洲的交界地方形成了该农业起源中心。

2. 东亚、南亚中心

东亚、南亚中心包含中国的黄河流域、长江流域以及南亚的恒河流域和东南亚地区，该地区的农业起源与西亚、北非、南欧中心是各自独立发展的。中国的青藏高原，包括其南边的喜马拉雅山，把西亚和东亚隔开了，古代人们很难越过这个天然屏障。南亚和西亚之间在青铜器时代以前也是相互隔离的。具体地说，印度河流域属于西亚农业区，恒河流域则属于东亚、南亚农业区，在早期这两个流域没有交往。

3. 新大陆中心

新大陆美洲的农业是在与旧大陆隔绝的情况下独立发展起来的。据推测，约在两万年前，亚洲人从白令海峡进入美洲的阿拉斯加。有一部分人向南移到中美洲和南美洲。

(二) 世界农业起源中心比较

1. 三大农业起源中心的相同方面

(1) 在生产工具方面，三者都是由旧石器时代到新石器时代，由铜器时代进入铁器时代。只是美洲发展较慢，中美洲没有进入铜器时代，南美洲没有进入铁器时代。

(2) 都是由采猎向农耕过渡，驯化动植物和开辟农田。

(3) 居民点由丘陵、山地逐渐向河川转移，农业由利用天然降雨到人工灌溉。

2. 三大农业起源中心的不同方面

(1) 在主要作物上，西亚驯化、种植的作物是小麦、大麦，东亚南亚驯化、种植的作物是谷子、水稻，美洲驯化、种植的是玉米、马铃薯。

(2) 西亚很早就使用了犁，东亚使用犁较晚，而美洲根本没有使用犁，也没有耕牛，所以发展缓慢。

(3) 西亚很早就食用奶制品，东亚和美洲则没有食用奶制品的习惯。后来农业在东亚发展为以种植业为主，可能与此有关。

(4) 西亚农业出现早，进步快，东亚稍次，美洲的农业起源最晚，发展最慢。

(三) 世界农业的发展阶段

1. 原始农业阶段

原始农业阶段指从人类摆脱了采猎生活并能依靠自己劳动来增加食物的时候起，直到畜力使用和铁制农具出现这一时期，延续了六七千年之久。采用撂荒制的耕作制度。

距今 4 000 ~ 10 000 年前的新石器时代，原始人的采集活动孕育了原始的种植业，狩猎活动孕育了原始的畜牧业。原始种植业大体经历了 3 个发展阶段：①8 000 ~ 10 000 年前为原始刀耕或火耕阶段；② 5 000 ~ 8 000 年前为原始锄耕或耜耕阶段；③4 000 ~ 5 000年前为发达锄耕阶段。种植的作物，北方主要以旱作的粟、黍等，南方为水作的籼稻、粳稻并存，大麻、苎麻成为人们衣着的主要原料，葫芦、白菜、芹菜、蚕豆、西瓜、甜瓜等也已开始栽培。七八千年前中原地区已有原始畜牧业。饲养的动物有马、牛、羊、鸡、犬、豕"六畜"。五六千年前我国已开始养蚕缫丝，纺织技术已具相当水平。

我国的原始农业体现在黄河流域的裴李岗文化和磁山文化、仰韶文化，以及长江下游的新石器时代遗址、河姆渡文化、马家浜文化。

2. 传统农业阶段

从畜力和铁制农具出现到大机器使用以前这一阶段（奴隶制后期至蒸汽机发明之前）。西方始于希腊、罗马时期，我国始于春秋战国时代。

在生产过程中以精耕细作、农牧结合、利用自然环境条件进行生产经营。不使用合成农用化学物资，充分利用有机肥进行地力培肥，保持土壤良好的结构性和适耕性，延长土壤的使用寿命。采用农业和人工措施，如多种种植、增加天敌、人工捕捉、合理倒茬和换茬、筛选和种植抗病品种等措施，进行病虫草害防治，逐步形成了与自然环境相协调的农业耕作体系。

这一阶段的主要特点是铁制农具和畜力得以广泛使用，畜牧业出现以放牧或游牧为主的生产方式，经济形式以自给自足、生产规模小的自然经济为主体。

3. 现代农业阶段

经过 18 世纪欧洲的"农业革命"，现代农业阶段始于 19 世纪中叶，首先发生在欧洲和北美洲。现代农业不同于传统农业，它是广泛应用现代科学技术成就，拥有现代生产装备，采用现代农业管理方法进行经营的高度社会化和高效率的农业。与传统农业比较，现代农业的生产规模大，使用的工具以机器为主。在实现了农业现代化的国家，农业生产的各种作业基本上靠机械来完成。

现代农业阶段的耕作制度，实行了集约化。即在一年一熟条件下，实行栽培集约化。在一年两熟条件下，实行种植集约化和栽培集约化。

（四）世界农业的发展趋势

1. 农业生产日益科技化，高新技术成为农业发展的强大动力

目前，发达国家农业所使用的技术已经远远超过了几十年前的水平，生物技术和信息技术将是今后世界农业发展的强劲动力。今后 15 年，以生物技术为核心的农业科学技术体系将会出现重大突破，并在产业化方面取得成就，这些突破和产业化应用将集中体现在新物种塑造、新快速繁育技术应用、新农业工厂构建、新人造食品和饲料生产、新能源开发和新空间领域拓展等方面。另一方面，信息技术的使用使农事操作更加标准化、精准化和高效化。高新技术的采用，使农田管理发生了一场革命，彻底改变了传统的做法。农业生产的高科技化，不仅进一步推动了农业生产率的提高和农业结构的优化，而且改变了农业的传统特性，使农业的内涵和外延都发生了深刻变化。

2. 各国政府都把农业科技作为振兴农业的一项重要事业来抓

第二次世界大战后日本建立了以国立农业科研机构为主导的科研体系，并与地方政府和全国"农协"的科研推广组织相配合，成为"科技立国"的一个重要组成部分；韩国 1945 年后模仿美国的"教育、科研、推广"三结合的农业科研与推广策略，并于 1962 年成立农村振兴厅，对农业发展与振兴起到了关键作用。

3. 运用科学技术对传统农业实行技术改造，推动现代农业的发展

一些发达国家不断创新农业技术，在作物栽培、畜禽和水产养殖的各个环节，包括土壤调查与环境控制、配方施肥和配合饲料、品种选用、栽培与饲养管理、病虫害与疫病防治以及产后处理等过程，都已实现了工厂化，并应用计算机进行管理和调控；各种形式的设施农业，如温室、塑料大棚、薄膜覆盖等广泛应用于蔬菜、花卉、瓜果等生产。无土栽培和植物快繁脱毒等密集型高新技术正开始在实际中应用。

4. 农业日益走向商品化、国际化

世界农业正朝着国际化方向发展，各国都在利用自己的比较优势参与国际经济分工和经济循环。农业国际化趋势对各国农业既是挑战又是机遇，各国只有调整农村经济结

构，优先吸纳先进技术，才能适应国际市场的形势。农业日益商品化、国际化的趋势是农业采用高新技术的强大动力，它把各国的农业逐步推向世界市场。

5. 农产品向多品种、高品质、无公害方向发展

质量和品种成为农产品竞争的首要因素。未来农业不仅满足人们追求物质生活的需要，同时还能给人们提供健康上的保障及精神上的享受，"无公害"、"无污染"、"反季节"水果蔬菜以及工艺型、观光型、保健型农产品将会应运而生，为农业开发和科技应用展现了诱人的前景。

6. 从专业化生产向农工商一体化发展

农业生产内部的许多环节逐步从农业中分离出来，成为独立的专业化农业部门，随之出现了市场竞争、商品流通、各专业化农业部门供求之间的矛盾。为解决这一矛盾，"农工综合体"、"农工商联合企业"应运而生，促使世界农业向农工商一体化发展。这一趋势于 20 世纪 50 年代最先在美国兴起，60 年代波及西欧各国，到 70 年代扩散到原苏联、东欧及世界各地。

7. 世界农业的潮流——建立实现"高效、低耗、持续"的农业发展模式

近年来，世界农业发展的新目标集中在全球农业低耗、持续发展这个主题上，许多国家的农业经济学家和有识之士都认识到，农业决不是可有可无的短期产业，重视农业持续发展，增强农业的持续发展后劲，这是每一个国家在发展农业时都必须考虑的一个基本原则。

二、中国农业的起源与发展

中国农业有着悠久的历史。农业起源于没有文字记载的远古时代，它发生于原始采集狩猎经济的母体之中。现代考古学为我们了解我国农业的起源和原始农业的状况提供了丰富的新资料。目前，已经发现了成千上万的新石器时代原始农业的遗址，遍布在从岭南到漠北、从东海之滨到青藏高原的辽阔大地上，尤以黄河流域和长江流域最为密集。著名的有距今七八千年的河南新郑裴李岗和河北武安磁山以种粟为主的农业聚落，距今七千年左右的浙江余姚河姆渡以种稻为主的农业聚落，以及稍后的陕西西安半坡遗址等。近年又在湖南澧县彭头山、道县玉蟾岩、江西万年仙人洞和吊桶岩等地发现距今上万年的栽培稻遗存。由此可见，我国农业起源可以追溯到距今一万年以前，到了距今七八千年，原始农业已经相当发达了。

前苏联植物学家瓦维洛夫通过对大量栽培物种变异形成中心的研究，发现世界上有8 个栽培作物起源中心地区。美国植物学家哈兰则将世界主要农耕起源地划分为 6 个。两人都将中国划为一个独立起源中心。因此，我国的农业无疑是独立发展、自成体系的，是世界农业起源的中心之一。

中国原始农业具有明显的特点。在种植业方面，很早就形成北方以粟黍为主、南方以水稻为主的格局，不同于西亚以种植小麦、大麦为主，也不同于中南美洲以种植马铃薯、倭瓜和玉米为主。中国的原始农具，如翻土用的手足并用的直插式的耒耜，收获用的切割谷穗的石刀，也表现了不同于其他地区的特色。在畜牧业方面，中国最早饲养的

家畜是狗、猪、鸡和水牛，以后增至所谓"六畜"（马、牛、羊、猪、狗、鸡），不同于西亚很早就以饲养绵羊和山羊为主，更不同于中南美洲仅知道饲养羊驼。中国是世界上最大的作物和畜禽起源中心之一。我国大多数地区的原始农业是从采集渔猎经济中直接产生的，种植业处于核心地位，家畜饲养业作为副业存在，随着种植业的发展而发展，同时又以采集狩猎为生活资料的补充来源，形成农牧采猎并存的结构。这种结构导致比较稳定的定居生活，与定居农业相适应。另外，我国还是世界上最早养蚕缫丝的国家。总之，中国农业是独立起源、自成体系的，中华文明建立在自身农业发展的基础之上。

三、中国农业发展存在的问题

1. 农业资源日益紧张，接近资源承载极限

我国人均耕地面积（0.087hm^2）不到世界人均水平（0.28hm^2）的1/3，人均草场面积（0.29hm^2）不到世界人均水平（0.76hm^2）的1/2，人均林地面积（0.12hm^2）面积不到世界人均水平（0.8hm^2）的1/6，人均水资源（27 000m^3）不到世界人均水平（109 000m^3）的1/4。我国土地资源生产力约35亿t干物质，合理人口承载量为11.6亿人，超载人口1.4亿人。随着总人口不断增长，国民经济发展进入高速增长阶段以及资源需求量和消费量迅速的增长，这种资源供需不平衡的矛盾将会变的更加突出、更加尖锐。

2. 自然生态日趋恶化，环境污染迅速蔓延

水土流失面积目前为160.3万km^2，北方沙漠、戈壁、沙漠化面积已达149万km^2，并且每年正以1 560km^{2}的速度在扩展；自然灾害频率加快，受灾面积每年为5.96万km^2；森林覆盖率由新中国成立以来最高时期的13%，下降到目前的11.2%，净减少1 440万hm^2；草原每年退化133.3万hm^2，累计已达8 660万hm^2；水体污染有明显加重，63%的城市地下水和82%的主要河流受到污染。

3. 人口继续快速膨胀，农村就业负担沉重

目前，我国人口达13.8亿，21世纪20~30年代将达到15亿，也有可能达到16亿~17亿。人口老龄化严重，农村人口就业压力长期存在。

4. 农产品人均数量少，供应不足日益突出

我国谷物、肉类、棉花、油菜籽等主要农产品的数量均居世界第一位，但人均数量却很少，各项农产品的人均占有量均低于世界平均水平。例如，人均粮食占有水平发达国家至少在500kg以上，一般达800~1 000kg，美国为1 250kg，加拿大为1 700kg，而我国仅有400kg上下。我国人民对农畜水产品的消费需求量的增长是不可逆转的，并在消费达到一定数量水平之后，必须要提出对质量和花色品种的新要求，因此我国农畜水产品的供应将长期处于短缺状态。

5. 农业技术装备落后，综合生产力水平低

我国农业发展水平不高，农业综合生产力水平还比较低，机、马（牛）、人并存，主要还是手工操作。机械化程度低，目前机械生产面积仅占45%，机播面积占50.4%，

机插面积占 20.7%，机收面积占 36.6%。

6. 资金投入严重不足，基本设施改善缓慢

在国家贷款总额中，用于农业的贷款仅占 7.7%。已有的农田水利设施毁坏失修严重，水土流失，土壤沙化、退化，地力下降的现象没有得到有效控制，致使农业发展的后劲严重不足。

7. 科学技术基础薄弱，农民素质亟待提高

目前，农业科研、教育和推广机构不健全，设备差，队伍小，水平不高，同发达国家相比还有很大差距。如美国每万名农业人口中约有农业科研人员 21 人，日本为 8.9 人，而我国仅为 1.4 人；美国每万名农业人口中约有农业技术推广人员 7.2 人，日本为 5 人，联邦德国为 13.5 人，而我国仅为 1.2 人。我国农村人口中文盲半文盲人数占 25.9%，小学文化程度人数占有 31.2%，每万人中大学毕业仅有 7 人。

第三节　现代农业

何谓现代农业？我国原国家科学技术委员会发布的中国农业科学技术政策，对现代农业的内涵分为三个领域来表述：产前领域，包括农业机械、化肥、水利、农药、地膜等领域；产中领域，包括种植业（含种子产业）、林业、畜牧业（含饲料生产）和水产业；产后领域，包括农产品产后加工、贮藏、运输、营销及进出口贸易技术等。

从上述界定可以看出，现代农业不再局限于传统的种植业、养殖业等农业部门，而是包括了生产资料工业、食品加工业等第二产业和交通运输、技术和信息服务等第三产业的内容，原有的第一产业扩大到第二产业和第三产业。现代农业成为一个与发展农业相关、为发展农业服务的产业群体。这个围绕着农业生产而形成的庞大的产业群，在市场机制的作用下，与农业生产形成稳定的相互依赖、相互促进的利益共同体。

一、现代农业的概念和特征

（一）现代农业概念

简单地说，现代农业（Modern agriculture）是指用现代工业力量装备的、用现代科学技术武装的、以现代管理理论和方法经营的、生产效率达到现代世界先进水平的农业。2007 年中央"一号文件"用"六个用"对此作了科学概述和表述：一是用现代的物质条件装备农业；二是用现代科技技术改造农业；三是用现代的产业体系提升农业；四是用现代的经营形式推进农业；五是用现代的发展理念引领农业；六是用现代的新型农民来发展农业。

（二）现代农业的特征

在按农业生产力性质和生产水平划分的农业发展史上，现代农业属于农业的最新阶段，其基本特征是：

1. 生产程序机械化

现代机器体系的形成和农业机器的广泛应用，使农业由手工畜力农具生产转变为机器生产，如技术经济性能优良的拖拉机、耕耘机、联合收割机、农用汽车、农用飞机以及林、牧、渔业中的各种机器，成为农业的主要生产工具，使投入农业的能源显著增加，电子、原子能、激光、遥感技术以及人造卫星等也开始运用于农业。

2. 生产技术高新化

现代农业是在高新技术指导下的全新的生产方式，从田间选择到太空育种，从传统种养到试管组培、基因工程、克隆技术，从生物品种改良、模式栽培技术、科学肥水管理、植保综合防治、贮藏保鲜技术、精深加工增值技术等，到采用核技术、微电子、遥感、信息技术等。这一整套建立在现代自然科学基础上的农业科学技术的形成和推广，使农业生产技术由经验转向科学。

3. 产、供、销、加社会化

农业生产的社会化程度有很大提高，如农业企业规模的扩大，农业生产的地区分工、企业分工日益发达，"小而全"的自给自足生产被高度专业化、商品化的生产所代替，农业生产过程同加工、销售以及生产资料的制造和供应紧密结合，实行集约化、规模化生产，产生了农工商一体化的产业链。

4. 经营管理科学化

经济数学方法、电子计算机等现代科学技术在现代农业企业管理和宏观管理中运用越来越广，管理方法显著改进。现代农业的产生和发展，大幅度地提高了农业劳动生产率、土地生产率和农产品商品率，使农业生产、农村面貌和农户行为发生了重大变化。

5. 农业主体知识化

现代农业采用先进的技术和科学的管理手段，进行高效益生产，因此对从事农业的的各类人员要求较高，具备科技知识和技能以及管理才能的人员才能更好地进行生产。

（三）现代农业与传统农业的区别

1. 现代农业是技术密集型产业

传统农业主要依赖资源的投入，而现代农业则日益依赖不断发展的新技术投入，新技术是现代农业的先导和发展动力。这包括生物技术、信息技术、耕作技术、节水灌溉技术等农业高新技术，这些技术使现代农业成为技术高度密集的产业。这些科学技术的应用，一是可以提高单位农产品产量，二是可以改善农产品品质，三是可以减轻劳动强度，四是可以节约能耗和改善生态环境。新技术的应用，使现代农业的增长方式由单纯依靠资源的外延开发，转到主要依靠提高资源利用率和持续发展能力的方向上来。另外，传统农业对自然资源的过度依赖使其具有典型的弱质产业的特征，现代农业由于科技成果的广泛应用已不再是投资大、回收慢、效益低的产业。相反，由于全球性的资源短缺问题日益突出，作为资源性的农产品将日益显得格外重要，从而使农业有可能成为效益最好、最有前途的产业之一。

2. 现代农业具有多种功能和多种形式

相对于传统农业，现代农业正在向观赏、休闲、美化等方向扩延，假日农业、休闲农业、观光农业、旅游农业等新型农业形态也迅速发展成为与产品生产农业并驾齐驱的重要产业。传统农业的主要功能主要是提供农产品的供给，而现代农业的主要功能除了农产品供给以外，还具有生活休闲、生态保护、旅游度假、文明传承、教育等功能，满足人们的精神需求，成为人们的精神家园。生活休闲的功能是指从事农业不再是传统农民的一种谋生手段，而是一种现代人选择的生活方式；旅游度假的功能是指出现在都市的郊区，以满足城市居民节假日在农村进行采摘、餐饮休闲的需要；生态保护的功能是指农业在保护环境、美化环境等方面具有不可替代的作用；文化传承则是指农业还是我国5 000年农耕文明的承载者，在教育孩子、发扬传统等方面可以发挥重要的作用。

与自给为主的取向和相对封闭的环境相比，现代农业以市场为导向，农民的大部分经济活动被纳入市场交易，农产品的商品率很高，用一些剩余农产品向市场提供商品供应已不再是农户的基本目的。完全商业化的"利润"成了评价经营成败的准则，生产完全是为了满足市场的需要。市场取向是现代农民采用新的农业技术、发展农业新的功能的动力源泉。从发达国家的情况看，无论是种植经济向畜牧经济转化，还是分散的农户经济向合作化、产业化方向转化，以及新的农业技术的使用和推广，都是在市场的拉动或挤压下自发产生的，政府并无过多干预。

3. 现代农业重视生态环保

现代农业在突出现代高新技术的先导性、农工科贸的一体性、产业开发的多元性和综合性的基础上，还强调资源节约、环境零损害的绿色性。现代农业因而也是生态农业，是资源节约和可持续发展的绿色产业，担负着维护与改善人类生活质量和生存环境的使命。目前，可持续发展已成为一种国际性的理念和行为，在土、水、气、生物多样性和食物安全等资源和环境方面均有严格的环境标准，这些环境标准，既包括产品本身，又包括产品的生产和加工过程；既包括对某地某国的地方环境影响，也包括对相邻国家和相邻地区以及全球的区域环境影响和全球环境影响。

4. 现代农业的组织形式是产业化组织

传统农业是以土地为基本生产资料，以农户为基本生产单元的一种小生产。在现代农业中，农户广泛地参与到专业化生产和社会化分工中，要加入到各种专业化合作组织中，农业经营活动实行产业化经营。这些合作组织包括专业协会、专业委员会、生产合作社、供销合作社、公司＋农户等各种形式，它们活动在生产、流通、消费、信贷等各个领域。

（四）现代农业发展阶段

一般将现代农业发展过程划分为5个阶段：准备阶段、起步阶段、初步实施阶段、基本实现阶段和发达阶段。

（1）准备阶段。这是传统农业向现代农业发展的过渡阶段。在这个阶段开始有较少现代因素进入农业系统。如农业生产投入量已经较高，土地产出水平也已经较高。但农业机械化水平、农业商品率还很低，资金投入水平、农民文化程度、农业科技和农业管理水平尚处于传统农业阶段。

（2）起步阶段。本阶段为农业现代化进入阶段。其特点表现为：①现代投入物快速增长；②生产目标从物品需求转变为商品需求；③现代因素（如技术等）对农业发展和农村进步已经有明显的推进作用。在这一阶段，农业现代化的特征已经开始显露出来。

（3）初步实现阶段。本阶段是现代农业发展较快的时期，农业现代化实现程度进一步提高，已经初步具备农业现代化特征。具体表现为现代物质投入水平较高，农业产出水平，特别是农业劳动生产率水平得到快速发展。但这一时期的农业生产和农村经济发展与环境等非经济因素还存在不协调问题。

（4）基本实现阶段。本阶段的现代农业特征十分明显：①现代物质投入已经处于较大规模，较高的程度；②资金对劳动和土地的替代率已达到较高水平；③现代农业发展已经逐步适应工业化、商品化和信息化的要求；④农业生产组织和农村整体水平与商品化程度，农村工业化和农村社会现代化已经处于较为协调的发展过程中。

（5）发达阶段。它是现代农业和农业现代化实现程度较高的发展阶段。这一时期，现代农业水平、农村工业、农村城镇化和农民知识化建设水平较高，农业生产、农村经济与社会和环境的关系进入到比较协调和可持续发展阶段，已经全面实现了农业现代化。

现代农业发展阶段的划分，是一个相对的概念，每一个阶段之间互相联系，不是截然分开的。中华人民共和国农业部农村经济研究中心在制定指导全国的农业现代化指标体系时，制定了量化的阶段性标准，分别从农业外部条件、农业本身生产条件和农业生产效果三大方面着眼，将评价指标确定为 10 项：①社会人均国内生产总值；②农村人均纯收入；③农业就业占社会就业比重；④科技进步贡献率；⑤农业机械化率；⑥从业人员初中以上比重；⑦农业劳均创造国内生产总值；⑧农业劳均生产农产品数量；⑨每公顷耕地创造国内生产总值；⑩森林覆盖率。①～③项为农业外部条件指标，④～⑥项为农业生产本身条件指标，⑦～⑩项为农业生产效果指标。由于农业现代化是一个动态的概念，其评价的具体标准应随时间的推进而作相应的调整。

农业现代化起步时期的共同特点是：①人均 GDP 水平较高，达到 1 000 美元以上；②农业增加值的比重很小，在 30% 以下；③农业劳动力的比重较高，在 30% 以上；④农产品商品率低，在 40% 左右。

二、中国现代农业发展概述

（一）中国发展现代农业的意义

2007 年的中央"一号文件"指出："发展现代农业是社会主义新农村建设的首要任务，是以科学发展观统领农村工作的必然要求"。现代农业的基本功能是给人类提供生产供给、生活休闲和生态保护，现代农业追求的主要目标是：提高土地产出率、劳动生产率、产品商品率和资源利用率，从而实现农业的社会效益、经济效益和生态效益的统一。

当前，我国正处于传统农业向现代农业转变的重要历史时期，农业发展必然走建设现代农业的道路，以应对激烈的农业市场竞争。

现代农业对建设社会主义新农村，全面建设小康社会，构建和谐社会的意义重大，体现在：

（1）发展现代农业，可以推进工业化、城镇化和现代化进程。在现有的工业结构中，以农产品为原料的轻工业、农副食品加工业和食品制造业占有重要地位。实现工业化目标，必须重点发展具有一定技术含量的劳动密集型产业，实现农业资源的精深加工，增加产品的附加值。

（2）发展现代农业，能促进社会主义新农村建设。只有把现代农业建设起来，以现代农业为基础，发展新型农业，新农村才有基础。

（3）现代农业能确保国家社会安全和城乡居民食品安全。现代农业依靠科技进步提高单产、提高质量、在有限耕地资源条件下，确保粮食安全和食品安全。

（4）现代农业能促进农民收入持续增长。

（5）建设现代农业利于建设农村和谐社会。

（6）建设现代农业能提高我国农业国际竞争力。

（二）中国发展现代农业的转变内容

所谓农业现代化是指农业由原来落后的传统形态向先进的现代形态转变的过程，同时也是指农业要达到的现代水平程度。

2006年中央农村工作会议指出，中国农业和农村正发生重大而深刻的变化，农业正处于由传统向现代转变的关键时期。会议明确了发展现代农业的总思路和目标：用现代物质条件装备农业，用现代科学技术改造农业，用现代产业体系提升农业，用现代经营形式推进农业，用现代发展理念引领农业，用培养新型农民发展农业，提高农业水利化、机械化和信息化水平，提高土地产出率、资源利用率和劳动生产率，提高农业素质、效益和竞争力。

中国的传统农业走向为现代化农业，必须作如下几个方面转变。

1. 价值取向从自给型向市场型转变

传统农业是自给型农业，现代农业是商品农业、开放农业，生产经营的目的是在满足市场需要的前提下实现市场交换。我国总体上看，农产品的商品率仍较低，农业资源的配置空间较窄，农业的市场化程度还不高。因此，要强化"为赚而产"的商品意识；强化"经营产业"的开放意识。克服"农业即生产"的倾向，树立"一体化经营"的意识；强化"以优取胜"的竞争意识。

2. 产业结构从分割型向联动型转变

加快转变农业经营方式，健全现代农业产业体系。传统农业是土地资源和劳动力等要素的结合。现代农业要求把知识、技术、资本和管理等生产要素通过市场配置，实现农业的优质、高产、高效。实行家庭承包经营制度以来，分散的小规模的农户经营怎样实现传统农业向现代农业的跨越，一直是困扰农业发展的难题。十七届三中全会要求推进农业经营体制机制创新，使家庭经营向采用先进科技和生产手段的方向转变，着力提高集约化水平。这就要求加快转变农业经营方式，培育新型的农业产业体系，培育新型农民合作组织，增强集体组织服务功能，发展各种社会化服务组织，以形成"全程化、综合化、便捷化"的现代农业服务体系。

3. 经营方式从粗放型向集约型转变

集约是相对粗放而言，集约化经营是以效益（社会效益和经济效益）为根本的、对经营诸要素进行的重组，实现最小的成本获得最大的投资回报。加快中国农业向现代农业转变进程，经营方式从粗放型向集约型转变，必须做到：

（1）产业聚集。产业集聚是指在一个适当大的区域范围内，生产某种产品的若干个不同类企业，以及为这些企业配套的上下游企业、相关服务业，高度密集地聚集在一起。

（2）实体聚集。

（3）园区聚集。

聚集的结果是在集聚机制的作用下，不同城镇之间通过产业关联和其他一些经济联系而集聚成群。在一定范围内，生产相同、相似产品的企业，或生产上下游产品的企业，在外在规模经济的驱动力下，为提高生产效率、降低交易和信息成本、增强企业竞争力，必然会逐步把本企业转移至相关产品的集聚区发展。

4. 劳动者技能从生产型向经营型转变

（1）教育培训。各级政府应发挥政府主导作用，推进现代农业技术体系建设。大力培养科技领军人才，发展农业产学研联盟，加快推进农业科技研发；大力发展多元化、社会化农技推广服务组织，培养农村实用人才；同时要不断加大财政对农业科研推广的投入，加大对农民采用农业技术的补助。

（2）实践磨炼。

（3）"能人"带动。各级政府针对"大农业、小科技"，农业人才不想服务于"三农"等现象，要支持鼓励科技人员到一线创业，把科研成果和先进适用技术广泛直接地运用于现代农业生产。

（三）中国发展现代农业的运作模式

我国发展现代农业的思路是：最有效地利用自然资源；最大效率地提高经济效益；最有效地保护生态环境；最大程度地实施市场化运作；最大可能地规模化生产；最大可能地运用科学技术。发展原则是：基础地位不动摇原则、产业协调原则、生态位原则、市场约束原则、环保原则、比较优势原则、科技导向原则。

在中国建设现代农业过程中，由于各地农业生态类型、自然资源条件和社会条件的差异，因而在现代农业的建设和运作上，各地有着不同的探索。下面简要归纳各地在探索建设现代农业的 4 种运行模式。

1. 外向型创汇农业模式

外向型创汇农业的模式，是指利用沿海地区的区域优势，采取相应政策吸收扶持龙头企业，重点发展优质种苗、特色蔬菜、优质花卉、名优水果、优质家禽和特种水产等资金和技术密集型农产品生产，生产和加工优质农产品出口，带动区域经济发展和农民增收。

2. 龙头企业带动型的现代农业开发模式

龙头企业带动型的现代农业开发模式，是指由龙头企业作为现代农业开发和经营主体，本着"自愿、有偿、规范、有序"的原则，采用"公司＋基地＋农户"的产业化组织形式，向农民租赁土地使用权，将大量分散在千家万户中农民的土地纳入到企业的经营开发活动中。这种由龙头企业建立生产基地，在基地上进行农业科技成果推广和产业化开发的运行模式，称为龙头企业带动型的现代农业开发模式。

3. 农业科技园的运行模式

农业科技园的运行模式，是指由政府、集体经济组织、民营企业、农户、外商投资兴建，以企业化的方式进行运作，以农业科研、教育和技术推广单位作为技术依托，引进国内外高新技术和资金、各种设施，集成现有的农业科技成果，对现代农业技术和新品种、新设施进行试验和示范，形成高效农业园区的开发基地、中试基地、生产基地，以此推动农业综合开发和现代农业建设的运行模式。

4. 山地园艺型农业模式

山地园艺型农业是立体型、多层次、集约化的复合农业，在充分考虑市场条件和资源优势的基础上，确定适宜当地发展水平产业和项目，引进先进的技术成果与传统技术组装配套，待引进技术和品种试验成熟后，采取各种有效措施在当地推广。这是我国的一些山区在发展水果产业，促进农民增收的实践上总结出来的山地园艺型农业模式。

三、现代农业的主要形态

1. 都市型现代农业（Urban agriculture）

都市型现代农业，简称都市农业。于 20 世纪 50 年代在日本兴起，是在城市辐射区内，综合利用城市各类有效资源（土地、森林、民俗、古迹等），依托城市、服务城市，建立起来的集高效农业、观光、旅游、休闲体验于一身的新型现代农业。其目标为生产性、生活性、生态性；其特征为集约化、设施化、工业化和规模化，都市农业具有高科技、高投入和科学管理的性质。

从以下 4 个方面把握都市型现代农业的概念：第一，地理位置上具有自己的独特性，即与大都市紧密结合。第二，都市型现代农业最基本的特征是农业现代化。第三，都市型现代农业必须加强与其他产业的连接和融合。第四，都市型现代农业必须有明确的目标，即经济效益、生态效益、社会效益三者的合理匹配。

都市农业类型有：农业公园（按照公园的经营思路，把农业生产场所、农产品消费场所和休闲旅游场所结合为一体来吸引市民游览）、观光农园（城市近郊或风景区附近开辟特色果园、菜园、茶园、花圃等，让市民观赏，采摘或购置，享受田园乐趣）、市民农园（市民承租农地，体验农业劳动过程）、休闲农场（引进住宿餐饮和娱乐等多种活动，也叫度假农庄）、教育农园（兼顾农业生产与科普教育功能的农业经营形态，建有展示厅）、高科技农业园区（集生产加工、营销、科研、推广、功能等于一体）、森林公园（建设狩猎场、游泳池、垂钓区、露营地、野炊区等）、民俗观光园（民族特色的村庄）、民宿农庄（为已退休城里人租住农村房屋，迁居农家）等。

2. 生态农业（Ecological agriculture）

生态农业是 20 世纪 50 年代美国土壤学家艾希瑞克针对现代农业投资大、能耗高、污染严重、破坏生态环境等弊端，从保护资源和环境的角度提出的。生态农业是指在保护、改善农业生态环境的前提下，遵循生态学、生态经济学规律，运用系统工程方法和现代科学技术，集约化经营的农业发展模式，是按照生态学原理和经济学原理，运用现代科学技术成果和现代管理手段，以及传统农业的有效经验建立起来的，能获得较高的经济效益、生态效益和社会效益的现代化农业。生态农业是 20 世纪 60 年代末期作为"石油农业"的对立面而出现的概念，被认为是继石油农业之后世界农业发展的一个重要阶段。

生态农业并不排斥化肥、农药、除草剂等化学物质的使用。生态农业不同于一般农业，它不仅避免了石油农业的弊端，并发挥其优越性。通过适量施用化肥和低毒高效农药等，突破传统农业的局限性，但又保持其精耕细作、施用有机肥、间作套种等优良传统。

3. 有机农业（Organic agriculture）

有机农业始于 20 世纪 20 年代末的德国和英国，后来传到荷兰、瑞士和欧洲其他国家。目前从事有机农业的国家达 150 多个。有机农业是指遵照一定的有机农业生产标准，在生产中完全或基本不使用化学合成的农药、化肥、调节剂、畜禽饲料添加剂等物质，也不使用基因工程生物及其产物的生产体系，遵循自然规律和生态学原理，协调种植业和养殖业的平衡，采用有机肥满足作物营养需求的种植业，或采用有机饲料满足畜禽营养需求的养殖业等一系列可持续发展的农业技术以维持持续稳定的农业生产体系的一种农业生产方式。

简单地说，就是在农业生产中尽量避免农药和化肥的使用，而主要靠有机肥、轮作和机械耕作等措施维持农业生产发展的一种农业方法。

4. 精确农业（Precision agriculture）

精确农业是 20 世纪 90 年代初由美国明尼苏达大学的土壤学者倡导下开始探索的环保型农业的通称，是未来数字农业发展的基础。

精确农业是将现代信息获取及处理技术、自控技术等与地理学、农学、生态学、植物生理学、土壤学等基础学科有机地结合，实现农业生产全过程对农作物、土地、土壤从宏观到微观的实时监测，以实现对农业作物生长发育状况、病虫害、水肥状况以及相应环境状况进行定期估息获取和功态分析，通过诊断与决策制定实施计划，并在信息技术的支持下进行田间作业的信息化农业；是利用全球定位系统（GPS）、地理信息系统（GIS）、连续数据采集传感器（CDS）、遥感（RS）、变量处理设备（VRT）和决策支持系统（DSS）等现代高新技术，获取农田小区作物产量和影响作物生长的环境因素（如土壤结构、地形、植物营养、含水量、病虫草害等）实际存在的空间及时间差异性信息，分析影响小区产量差异的原因，并采取技术上可行、经济上有效的调控措施，区别对待，按需实施定位调控的"处方农业"。由于精确农业通过采用先进的现代高新技术，对农作物的生产过程进行动态监测和控制，并根据其结果采取相应的措施，具有良好的反馈控制机制，从而使农业系统的优质、高产、低耗、高效得到保证。

5. 可持续农业（Sustainable agriculture）

可持续农业是指通过管理和保护自然资源，调整农作制度和技术，以确保获得并持续地满足目前和今后世世代代人们需要的农业，是一种能维护和合理利用土地、水和动植物资源，不会造成环境退化，同时在技术上适当可行、经济上有活力、能够被社会广泛接受的农业。可持续农业包含以下含义：①农业资源的可持续利用；②农业经济效益的持续提高；③农业生态效益的持续提高。

可持续农业的特点是"三色农业"，即：以生物工程、工厂化为特点的"白色农业"；以开发海洋和内陆水域为特点的"蓝色农业"；以安全生产、营养、无污染、无公害产品为特点的"绿色农业"。

6. 信息农业（Information agriculture）

信息农业就是以信息为基础，以信息技术为支撑的农业。它是适应于当今信息化社会经济条件下提出来的。信息农业是在全面掌握和综合分析农业生产信息（农业数字化）基础上，因地制宜全面应用现代信息技术组织和实施农业生产的过程，也就是一个以数字化、自动化、网络化、智能化和可视化为特色的农业信息化的过程。信息农业有两个重要的特征：①能综合现代信息技术使之应用到农业生产活动中；②能在农业生产活动中连续提供规范化信息服务；③建成农业生产局域网并形成网络化。信息农业的技术体系因农业经营范围和内容的不同而有差别，但均离不开数字化的综合基础数据库管理系统，以监测、预报和遥控为基础技术的农业技术信息服务系统和以农业辅助决策和调控系统为基本内容的农业生产管理决策支持系统三大组成部分。

7. 绿色农业（Green agriculture）

绿色农业是一种以生产并加工销售绿色食品为轴心的农业生产经营方式，将农业与环境协调起来，促进可持续发展，增加农户收入，保护环境，同时保证农产品安全性的农业。绿色农业是灵活利用生态环境的物质循环系统，实践农药安全管理技术（IPM）、营养物质综合管理技术（INM）、生物学技术和轮耕技术等，从而保护农业环境的一种整体性概念。

目前，积极发展绿色农业，已成为迎接国际挑战的战略举措。同时，发展绿色农业也是坚持可持续发展、保护环境的需要。"黑色农业"这种经营方式往往高度依赖大型农机具、化肥、农药，不但消耗了大量不可再生的能源，也造成土壤流失、空气和水污染等恶果，而发展绿色农业则可以从根本上解决这些问题。绿色农业以"绿色环境""绿色技术""绿色产品"为主体，促使过分依赖化肥、农药的化学农业向主要依靠生物内在机制的生态农业转变。

8. 循环农业（Recycling agriculture）

循环农业是采用循环生产模式的农业，是指在农业生产系统中推进各种农业资源往复多层与高效流动的活动，以此实现节能减排与增收的目的，促进现代农业和农村经济的可持续发展，它是生态农业发展的高级阶段。通俗地讲，循环农业就是运用物质循环再生原理和物质多层次利用技术，实现较少废弃物的生产和提高资源利用效率的农业生产方式。循环农业可以实现"低开采、高利用、低排放、再利用"。最大限度地利用进入生产和消费系统的物质和能量，提高经济运行的质量和效益，达到经济发展与资源、环境保护相协调，并符合可持续发展战略的目标。循环农业的特点包括：

（1）具备一般循环经济 3 个特点。①减量化：尽量减少进入生产和消费过程的物质量，节约资源使用，减少污染物的排放；②再利用：提高产品和服务的利用效率，减少一次用品污染；③再循环：物品完成使用功能后能够重新变成再生资源。

（2）具备一般循环经济不具备的自身的特点。①食物链条：农业内部参与循环的物体往往互为食物，以生态食物链的形式循环，循环中的各个主体互补互动、共生共利性更强；②绿色生产：对产品的安全性更为强调，控制化肥、农药的施用量；③干净消费：农业的主副产品在"吃干榨净"后回归大地；④土、水净化：注重土壤、耕地和水资源的保护和可持续利用；⑤领域宽广：不仅包括农业内部生产方式的循环，而且包括了对农产品加工后废弃物的再利用；⑥双赢皆欢：清洁和增收有机结合，既要干净，又要增收，二者不可偏废。

9. 工厂化农业（Factory farming）

工厂化是综合运用现代高科技、新设备和管理方法而发展起来的一种全面机械化、自动化技术（资金）高度密集型生产，能够在人工创造的环境中进行全过程的连续作业，从而摆脱自然界的制约。工厂化农业是现代生物技术、现代信息技术、现代环境控制技术和现代材料不断创新和在农业上广泛应用的结果，是设施农业的高级层次，由于其在可控环境下生产，具有稳定、高产、高效率等的生产特点。目前，工厂化农业主要集中在工厂化育秧、生产花卉、蔬菜、禽畜等方面。工厂化农业采用先进的自控技术和栽培水平，最大限度地摆脱了自然条件的束缚，如在高度现代化的养猪场、养鸡场及蔬菜、花卉温室中，通过高度机械化、自动化装备，先进技术和科学管理方法与手段来调节和控制动植物生长、发育、繁殖过程中所需要的光照、温度、水分、营养物质等，提高劳动效率和农业生产水平，实现现代化生产。

10. 特色农业（Specialty agriculture）

特色农业就是将区域内独特的农业资源（地理、气候、资源、产业基础）充分利用，开发开发出特有的名优产品，并转化为特色商品的现代农业。特色农业的"特色"在于其产品能够得到消费者的青睐，在本地市场上具有不可替代的地位，在外地市场上具有绝对优势，在国际市场上具有相对优势甚至绝对优势。

特色农业的关键点就在于"特"，其具体表现在如下三个方面：①产品独特。我国自古以来就有"物以稀为贵"的道理，对于发展特色农业来讲，也只有做到了"人无我有、人有我优"才能"特"起来；②环境独特。也就是自然地理环境条件与其他地域不同，非常利于特色产品生产；③生产技术独特。采用传统的生产方法或特定的技艺生产，尤其是先进的农业科技的应用。

11. 立体农业（Multi-storied agriculture）

狭义的立体农业，仅指立体种植而言，是农作物复合群体在时空上的充分利用。根据不同作物的不同特性，如高秆与矮秆、喜光与耐阴、早熟与晚熟、深根与浅根、豆科与禾本科，利用它们在生长过程中的时空差，合理地实行科学的间种、套种、混种、复种、轮种等配套种植，形成多种作物、多层次、多时序的立体交叉种植结构。中义的立体农业，是指在单位面积土地上（水域中）或在一定区域范围内，进行立体种植、立体养殖或立体复合种养，并巧妙地借助模式内人工的投入，提高能量的循环效率、物质转化率及第二性物质的生产量，建立多物种共栖、多层次配置、多时序交错、多级质、能转化的立体农业模式。广义的立体农业，着眼于整个大农业系统，它包括农业的广度，即生物功能维；农业的深度，即资源开发功能维；农业的高度，即经济增值维。它不是通常直观的立体农业，而是一个经济学的概念，与当前"循环经济"的概念相似。三种定义中以第二种概念最能够反映出当代中国立体农业的本质特征，也是目前我国生态农业模式研究与应用的重点。

12. 订单农业（Contract farming）

订单农业又称合同农业、契约农业，是近年来出现的一种新型农业生产经营模式。所谓订单农业，是指农户根据其本身或其所在的乡村组织同农产品的购买者之间所签订的订单，组织安排农产品生产的一种农业产销模式。订单农业很好地适应了市场需要，避免了盲目生产。

订单农业具体形式：①农户与科研、种子生产单位签订合同，依托科研技术服务部门或种子企业发展订单农业；②农户与农业产业化龙头企业或加工企业签订农产品购销合同，依托龙头企业或加工企业发展订单农业；③农户与专业批发市场签订合同，依托大市场发展订单农业；④农户与专业合作经济组织、专业协会签订合同，发展订单农业；⑤农户通过经销公司、经济人、客商签订合同，依托流通组织发展订单农业。

13. 物理农业（Physical agriculture）

物理农业是物理技术和农业生产的有机结合，是利用具有生物效应的电、磁、声、光、热、核等物理因子操控动植物的生长发育及其生活环境（如目前应用较为成功的植物声频控制技术，是利用声频发生器对植物施加特定频率的声波，与植物发生共振，促进各种营养元素的吸收、传输和转化，从而增强植物的光合作用和吸收能力，促进生长发育，达到增产、增收、优质、抗病等目的），促使传统农业逐步摆脱对化学肥料、化学农药、抗生素等化学品的依赖以及自然环境的束缚，最终获取高产、优质、无毒农产品的环境调控型农业。物理农业的产业性质是由物理植保技术、物理增产技术所能拉动的机械电子建材等产业以及它所能为社会提供食品安全的源头农产品两个方面决定的。物理农业属于高投入高产出的设备型、设施型、工艺型的农业产业，是一个新的生产技术体系。它要求技术、设备、动植物三者高度相关，并以生物物理因子作为操控对象，最大限度地提高产量和杜绝使用农药和其他有害于人类的化学品。物理农业的核心是环境安全型农业，即环境安全型温室、环境安全型畜禽舍、环境安全型菇房。

目前，物理农业在"增产优质型物理农业"（将物理学中对生物具有正向作用的原理技术化，如空间电场与二氧化碳同补的产量倍增技术、植物补光技术、设施温控技术等）、"无毒农业"（将物理学中对病原微生物和害虫具有灭杀作用以及对环境具有保护的原理技术化，形成设施化，如环境安全型温室、环境安全型畜禽舍、环境安全型菇房、环境安全型育苗室、养殖水体介导鱼礁微电解实时消毒技术）两个方向上快速发展。

第四节 先进国家建设现代农业模式与借鉴

一、美国建设现代农业模式

美国是个地广人稀的国家，土地价格、生产设备便宜，劳动力价格较高。因此，美国通常使用大型机械大面积耕作、粗放式经营。近年来，美国农业发展水平已居世界前列，并形成令人羡慕的"绿色环保型可持续农业"。占全国总人口2%的农民不仅产出足够美国人消费的农产品，而且成为世界农产品出口强国。

（一）美国现代农业发展的背景

1. 现代农业的自然基础

美国位于北美洲中部，为北温带和亚热带气候，大部分地区雨量充沛而且分布比较均匀，平均年降水量为760mm，土地、草原和森林资源的拥有量均位于世界前列，土质肥沃，海拔500m以下的平原占国土面积的55%，有利于农业的机械化耕作和规模经营，发展农业有着得天独厚的条件。1999年美国农业用地面积为4.18亿 hm^2，占土地面积的45.67%，有耕地1.77亿 hm^2，人均0.64hm^2，永久性草地2.39亿 hm^2。美国有丰富的淡水资源，与加拿大交界的五大湖驰名于世。

2. 现代农业的发展历程

第一阶段：农业机械革命。1910年实现了农业半机械化，1940年实现了农业基本机械化，目前农业全面高度机械化。

第二阶段：生物和化学革命。20世纪60年代以后，工业化、城市化造成土地价格的高涨、耕地面积的缩小，美国开始了从机械化转向采用生物和化学技术，提高土地的产出率。

第三阶段：管理革命。第二次世界大战以后，美国将工业部门的管理手段和方法运用于农场，并且建立现代农业服务体系。目前，多数地方基本实现了农业服务的社会化，并进而扩展到农产品加工和销售领域，把生产、加工和销售过程联系起来，形成了农、工、商一体化的产业化经营模式。

3. 美国农业发展的基本模式

"石油农业"是美国农业的基本模式：高度机械化意味着高耗能，机械作业、机械喷灌、粮食烘干以及各种运输都离不开石油，同时，化肥、农药、塑料地膜产品包装等石化制品也同样离不开石油。

1920～1990年，美国的拖拉机数量增加了18倍，农用卡车增加了24倍，谷物联合收割机增加了165倍，玉米收获机增加了67倍。1970年农用化学品的使用量是1930年的11.5倍，1990年的化肥使用量为1946年的6.1倍，从1930～1990年，美国的小麦单产提高了1.45倍，棉花单产提高了2.57倍，土豆单产提高了3.48倍，玉米单产提高了 5.12 倍，农产品销售率 1910 年为 70%，1979 年已经达到 99.1%。

（二）美国建设现代农业的主要做法

1. 制定完备的农业法规体系

《农业法》或《食品与农业法》包括农产品价格支持、生产控制、农业信贷、土地保护、剩余农产品处理、出口贸易等，并且 5 年左右修改 1 次，有时 1~2 年修正或补充，每个州都有一部内容较全面的综合性农业法规，包括农业行政管理机构的设置、农业的研究和发展、农业组织、农资供应、农产品的生产、加工、销售，到动植物的品质、等级、病虫害防治、水土保持、农牧场的保护、青年农场主的贷款担保等，应有尽有，为农业提供了强有力的保障。

2. 健全市场机制

农民有土地所有权或经营权，生产资料、农机具和农产品完全市场化，且供过于求，竞争激烈，所以假冒伪劣产品极少。发达的农产品信息网络使农民能把握住市场的脉搏。

3. 完善以科研、教育为后盾的农技推广体系

1914 年美国国会制定了"利费法案"，规定由联邦农业部和各州的大学合作，在每个州都建立一个从事农技推广和普及的机构——州合作推广站，其任务是向农民提供各种培训，将农业科研成果和新技术（遗传工程、生物技术、计算机科学技术、进行遥感、遥测研究和推广自动化技术）迅速推广应用到农业生产领域。

4. 成立农产品协会

作用：①与政府沟通制定政策；②建立批发市场、定期举办交易会、展示会；③开展国际交流与合作；④举办专题培训。

美国农产品协会目前已经发展到了高级阶段，它将"农、工、商、产、学、研"有机地结合起来。

5. 成立农业合作社

向农民提供产、供、销环节的服务。农资、产品、信贷、租赁（农机）、通信等方面服务。

6. 提供农业补贴与信贷支持

美国 51% 的农场主通过信贷（贷款利率低）支持购置地产、从事农业生产。美国农产品的价格一般由市场供需情况决定，但对小麦、棉花、大豆等非常重要的作物，政府制定目标价格，即全国统一的指导价。如果当年产品价格达不到目标价格，政府就会以补贴的办法，使之达到目标价规定的水平，以保护农民的收入。农民如果因自然灾害使农作物绝收，除通过农业保险获得一定的赔偿外，也能通过政府农产品减收项目获得价格补贴。

7. 实行农产品保护政策，大力扩大农产品出口

美国有极其严格的食品安全进入制度。所有进口的食品均需接受食品药品管理局的检验（"五程序"包括验货通知、扣留通知、自动扣留系统、商品召回及没收、拒绝进入市场的通知），以保护本国的各项农产品产业。

美国是世界上最大的农产品出口国，2001 年，美国的农产品出口额高达 535 亿美元。小麦出口占世界市场的 45%，大豆出口占 34%，玉米占 21% 以上。目前，农产品出口占美国农业总销售的比例高达 25%。

做法：①主导关贸协定，降低并最终取消各国农产品关税，取消农产品贸易壁垒；②提高本国农产品的竞争力，转基因农业生物技术应用于农业；③大规模开辟发展中国家市场。

（三）美国现代农业的特征

1. 农业生产呈现高度专业化趋势

全美农业形成了这样专业化的生产布局：西南部盛产蔬菜、中西部盛产小麦；西部地区牧产品丰富；东北部是玉米产地；北部主产奶制品；东部及东南部盛产棉花、烟草、蔬菜等；南部是牧产品和蔬菜。

美国农业不仅生产专业化，而且生产服务也专业化。如蔬菜业服务体系基本上实现了全程专业化服务，包括技术推广、咨询服务，农资供应服务，生产作业服务，购销服务，信息服务以及信贷、保险、管理咨询、法律、会计、土壤测试等服务。

2. 农业生产高度机械化

1940 年基本实现农业机械化，20 世纪 60 年代后全面进入机械化，每个农业劳动力平均负担耕地 60 多 hm^2，平均可养活 80 人。

3. 农业社会服务形成严密网络

美国政府、企业和合作社共同完成农业社会服务，形成严密网络。

4. 农业批发市场逐步规模化

美国农业批发市场规模都很大（由政府统一规划，私营筹建），农民按照批发市场内批发商的订购合同，组织农产品生产。

5. 农业信息服务系统完善

目前，提供农业信息服务的商业性系统已近 300 家。美国在肯塔基建立的全美第一个农用视频电报系统，用户通过个人计算机键盘的识别号，即可存取该系统大型数据库里当前市场价格、天气、新闻和其他农业信息。农业部形成了庞大、完整、健全的信息体系和制度，建立了手段先进和四通八达的全球电子信息网络来保证信息的来源。

6. 农业科技贯穿到各个环节

地理信息系统完成土地、肥料运筹管理，遥感探测完成灌水、喷药等农事，专家系统完成测报、诊断与防治工作，杂交、基因工程完成新品种选育。

7. 生产以家庭经营为基础

美国的家庭农场大约有 200 万个，平均经营面积为 $800hm^2$，最多的达 $2\,000hm^2$。农场又分独有、合作、公司农场 3 种形式。还有一种中介组织，专门从事承接不种户土地和租赁给耕种户的工作。由于美国农业劳动生产率高、效益好，国内外许多有钱人都热衷于购买土地，交给这些中介组织去经营，从中牟利。在买地者中，日本人居多。现在，美国农场主经营的土地中，自有和租赁的面积差不多各占 1/2。

8. 科研机构服务链完善

政府立项资助农业科学研究，各县都有 1 名受大学雇佣的延伸服务代理人员，负责教授农场主或农民最新的农业科研知识和成果，他们每年都要回到学校接受一定的培训。

（四）美国在建设现代农业进程中的教训

1. 石油农业消耗了大量的能源，能源利用率低

美国每人一年中消费的食物，是用 1t 汽油生产的，能源的利用率极低。如果全世界各国都采用这种能源集约农业生产方式，那么占全球目前消耗量 50% 的汽油要用来生产食物，全球的石油储备在 15 年内就要告罄。中国、印尼、缅甸等亚洲国家传统的农业生产方式，用 0.05 ~ 0.1cal 的热量，可以生产 1cal 热量的食物；而美国现代化农业则需 0.2 ~ 0.5cal 的热量，才能生产 1cal 热量的玉米、大豆、花生等。美国人吃 1 罐只有 270cal 热量的罐头玉米，是用 2 800cal 热量生产的。

2. 农业保护政策加重了财政负担

应当肯定，农业保护政策具有一定的普遍性。许多农业资源尤其是人均资源很少的国家，在经济起飞时期，曾实施农业保护政策，甚至美国这样农业资源富饶的国家，也曾实行农业保护政策。还应肯定，农业保护政策能够增加国内农产品产量和农民收入。然而，同时更应看到，农业保护政策经济代价巨大，远远超其成效。农业保护政策实质是通过国内价格支持和边境控制手段，使国内粮食和其他农产品价格和数量组合与市场机制作用下形成的组合相背离。由于大规模利用政府干预经济手段超越和扭曲市场机制作用，必然产生各种效率损失和浪费。其代价和损失主要在几个方面。一是政府财政支出和纳税人负担沉重。二是资源配置效率损失大。三是高价格对消费者的福利损失。四是补贴出口和限制出口引起贸易摩擦。五是对农民的不利影响。

3. 土壤流失加重，加速地力衰竭

美国现代化农业大面积的连年单作，大量使用化肥、除草剂，加上长期的机械耕作，造成了严重的土壤流失现象。美国每年流失的土壤，高达 31 亿 t。美国农阿华州的土壤原来十分肥沃，经过长期的现代化农业的运作，损失了 1/2 的表土。平均来说，农阿华州农民每生产一蒲式耳（每蒲式耳为 35.238L）的玉米，要流失一蒲式耳的表土，种植大豆损失表土更多。美国中西部一带农田的表土，早年深达 6 英尺，是世界上罕有的肥沃土壤，目前表土只剩下 6 英寸，其余的都在冲刷过程中流失。流失的表土淤塞河湖和水库；水体由于硝酸盐等矿物富集，危及水体对废物的化解能力以及水产品生产。土壤侵蚀还使大气中每年增加 3 000t 尘土。大量残留农药损害土壤中微生物活动，危及植物的抗病力和土壤中养分的正常循环。

4. 单一作物种植减少了遗传的多样性

美国式的现代化农业往往只使用少数的几个品种，而过去的传统农业则使用众多的本地品种。单一种植作物减少遗传的多样性，对于农业生产是很危险的，因为一旦病虫害暴发，由于品种的单一可能全军覆没。1970 年美国玉米叶枯病，使全美 15% 的玉米产区颗粒无收，就是因为所有种子都是来自一个易感叶枯病的品种。

5. 大量使用化肥和化学农药，造成环境污染

进入 20 世纪以后，随着国家现代工业化的实现，美国的农业逐步进入了电气化、机械化、化学化和水利化时代，这种状况促进了农业生产力的发展，使美国农产品的产量大幅度提高，成为全球的农业强国。但是，现代农业生产方式所产生问题也越来越严重，美国衣阿华州大泉盆地从 1958～1983 年这 25 年中，地下水中的硝酸盐浓度增加了 3 倍，这是大量施用化肥的结果。美国 31 个州存在着化肥污染地下水的问题。大量使用化学农药，对于农业工人的健康也造成直接的危害。美国农业工人伤亡率仅次于建筑业、采矿业，被列为三大危险行业之一。

6. 美国现代的养畜业，特别是肉牛饲养业，对生态环境造成很大的破坏

美国的肉牛饲养主要集中在 13 个州，有 42 000 处肉牛育肥场，其中 200 处最大的肉牛育肥场，集中了美国肉牛总数的 50% 左右。鉴于高度集中饲养，厩肥处理十分困难，造成了很大的空中和地下水的污染。此外，高度集中饲养，用水量也十分集中，造成一些地区采水过量，水源日趋枯竭。美国肉牛育肥场集中的中西部和西部各州，主要依靠横跨 8 个州、世界上一个最大的地下蓄水层供水，现在其中 3 个州的地下水已开采了 1/2，如此长期不断采水，蓄水层早晚有枯竭之虞。

综上，对农业资源掠夺式地开发利用，滥伐林木，开垦荒地，加之工业发展和非农用地的迅速增加，使农业生态环境日趋恶化。到 20 世纪 30 年代，美国河流湖泊中的鱼虾几乎消失，环境成了现代农业的牺牲品。另一方面，在 30 年代发生了众所周知的著名特大"沙尘暴"灾害，给美国的农业资源和环境带来了沉重打击。残酷的现实使美国认识到，对包括生态环境在内的农业资源的开发和利用再也不能"自由放任"了，必须采取有效对策，保护生态环境和农业资源。因此，从 20 世纪 40 年代以来，美国在保持水土和保护生态环境方面实行了一系列立法和政策措施，采取了各种先进的科学技术，投入了巨额资金，经过 30 多年的努力，到 20 世纪 70 年代才使大部分农业环境得到改善。

美国走了一条对农业环境和自然资源先污染破坏，而后又进行艰难治理的道路，其中的教训是，不要等到农业环境遭受到严重破坏才觉醒，而是在现代化农业发展的起步时，就高度关注这一问题。

二、荷兰建设现代农业的模式

荷兰农业以集约化经营为特点，以家庭私有农场生产为主，普遍采用高新技术和现代化管理模式，主要农产品的单产水平都比较高。设施农业是荷兰最具特色的农业，居世界领先地位。荷兰是科学技术领先的国家，在环境技术、能源技术、信息技术、生物工艺学和材料技术等方面，荷兰都处于国际领先地位。

(一) 荷兰现代农业发展的背景

1. 荷兰现代农业的自然基础与发展

荷兰人口 1 620 万人，是一个比较典型的人多地少、农业资源贫乏的欧洲小国，其

人口密度比我国高出两倍，是欧洲人口密度最大的国家。荷兰地处西欧，西、北两面濒临北海，1/4 低于海平面，素称"低洼之国"。拥有温暖的海洋性气候，冬暖夏凉，天气多变而气候温和。荷兰的陆地总面积 4.15 万 km^2，人均耕地面积仅 0.062hm^2，比我国（人均耕地面积 0.08hm^2）还少。

目前，荷兰每个农业人口平均年产值为 17 745 美元，而我国同期仅 160 多美元。荷兰是世界农产品出口贸易第二大国，出口的农产品主要是花卉、乳蛋制品、肉制品、烟叶、饲料、蔬菜、水果等，年创汇 300 多亿美元，是我国的 4 倍多。其中蔬菜出口居世界第一，鲜花占全球市场的 60%，乳品和肉类出口世界第一。荷兰的小麦单产 7 575kg/hm^2，排名世界第一。

2. 荷兰现代农业的模式

（1）市场与农户连接型。表现为"拍卖市场"与农户连接和超级市场与农户连接两种模式。

（2）合作社与农户连接型。荷兰的农业合作社由"全国农业合作局"（NCR）组织管理，存在于农业产、供、销、加、贸易、贷等领域。

（3）企业与农户连接型。一些大的农产品加工企业或贸易企业，直接与农户连接，进行农产品生产、加工和销售的一体化经营。

（二）荷兰建设现代农业的基本做法

1. 荷兰政府对农业的宏观调控

政府对农业产业发展的不同阶段所采用的宏观政策不同。当产业处于"初级竞争"阶段，在出现"畸形"时，政府果断干预，使产业发展步入正轨。当产业处于稳定增长阶段，政府通过信贷政策和补贴政策，鼓励企业发展和出口创汇。当产业处于健康发展阶段，政府则尽可能地逐渐退出，真正展现出了农业产业运行中的"大社会、小政府"。在产业健康发展时，政府着重致力于农业宏观产业环境的营造。

2. 大力发展设施农业

采用农民家庭企业的形式，发展温控式设施花卉、蔬菜等，采用全自动智能控制温室种植，荷兰的畜牧业也实现了设施养殖。挤奶、牛奶的罐装、冷藏及圈养时的喂料、喂水、清圈等过程则全部是自动控制的，牧场的管理、牧草收割打捆以及玉米的种植、收割、粉碎、青贮等完全是机械操作。

3. 荷兰的农产品流通市场——拍卖市场

农户将所生产的产品按照质量标准规定进行分类、分级和包装并经检验合格后，送入拍卖大厅，购买者（一般是大批发商）按照规则进行竞价，出价高者获得产品。成交后，市场内部系统自动结算货款和配发产品。拍卖市场的最大优点就是交易效率很高，一般在一个小时甚至半个小时之内就可完成全部的交易。

4. 荷兰农业的投融资机制

①成立"农民合作银行"。②建立农业担保基金。政府设置农业担保基金机构，为向银行借款的农户服务，并提供担保。农民获得担保的前提是有可行的投资计划并保证在 8 年内全部还清。③设立农业安全基金。荷兰政府经济部设立了农业安全基金，对因

受自然灾害遇到困难的农户予以帮助。

5. 荷兰农业的人力资源

荷兰农民多数具有大学本科以上学历，有的还是双学位或硕士、博士，不仅熟悉和掌握现代种养殖技术及农畜产品加工技术，而且会使用甚至会修理各种农机农具和自控设备，及时收集和了解有关的农业信息。荷兰农业人力资源开发基本分为预备农业职业教育、中等农业教育、高等农业教育、农业成人教育等几类。

6. 荷兰的农业合作组织

荷兰农业合作社均具有独立的法人地位和完备的立法，每个合作社都有自己的章程，不受政府的干预，农民以缴纳会费的形式确定与合作社的联盟关系，并从合作社获得个体户难以实现的帮助和服务（产前、产中、产后全程服务）。

（三）荷兰现代农业的特点

荷兰素以"低洼之国"著称，有 27% 的国土低于海平面。荷兰人为了开发赖以生存的土地，从古到今，世世代代围海造田，其海堤长达 2 400多 km，故有"上帝创造了海，荷兰人创造了岸"之说。正因为如此，荷兰人"视地为金"，他们千方百计提高土地的利用率，十分周密地规划对土地的使用。荷兰的基本国情决定了其现代农业发展的基本特点。

1. 农业生产高度集约化、规模化、专业化

荷兰农业的集约化具体表现在高效益的产业结构、高生产力水平及高附加值的农副产品生产上。荷兰地势平坦，降水充足，水淤沙土适宜牧草生长，发展畜牧条件较好。为此，荷兰人减少了大田作物生产而大力发展畜牧业、蔬菜花卉和园艺业，大搞农副产品的加工增值，农业结构中种植业、畜牧业和园艺业分别占 40%、54% 和 6%，其创造的农产品产值比例分别为 10%、55% 和 35%。

荷兰农产品质量高，海外需求量大，农业和渔业产品出口额高达 300 多亿美元，占农产品总量的 60%，其中 80% 出口到欧盟国家。荷兰约有 80 万 hm^2 的种植面积用于种植业。在荷兰，畜牧业是最重要的农业部门。荷兰得天独厚的自然环境很适宜于牧草生长，荷兰虽然人多地少，牧场的面积要比耕地的面积大。同时由于采用了现代化科学技术，广泛应用机械化、人工授精种和优质饲料，乳牛奶产量逐年上升，每头牛每年奶产量 7 000L，而 1950 年平均每头牛每年仅 3 800L。荷兰 1998 年饲养的牛为 428.3 万头，荷兰奶牛场的平均规模不断扩大，1996 年，饲养量大于 100 头的大型奶牛场有 1 612 个；与此同时，奶牛的平均产奶量从 1970 年 4 332kg 上升到 1998 年的 6 890kg。黄油和奶酪的产量为国内消费量的 3 倍和 5 倍。在牛肉方面，1998 年荷兰的牛肉产量达到了 55 万 t。

荷兰是世界上最大的花卉出口国，花卉出口占国际市场的 70% 以上，成为该国的支柱产业，素有"欧洲菜园"、"欧洲花匠"之称。荷兰一年四季供应不同的鲜花达 5 500多种，不同的盆栽植物 2 000多种，庭院植物 2 200多种。郁金香是荷兰的国花，提供给拍卖市场的品种就有 200 多个。现在荷兰每天向世界出口 1 700 万枝鲜切花和 170 万盆花。观叶植物也是荷兰园艺业出口收入的重要来源。

荷兰温室农业无论是蔬菜或花卉，一般都是专业化生产，多品种经营。如维斯特兰德朗市的番茄种植公司专业生产番茄，与其他 5 家专营企业竟垄断了荷兰 90% 的番茄市场。位于布莱斯维克市的红掌公司专门研究和种植红掌花卉，从育种研究、种苗生产到种苗出售，全部由企业运作。公司研制并经营的红掌花卉就达 40 多个品种。

2. 规范有序的市场经营模式

荷兰农业的出口率高居世界第一，其人均创汇率也很高。自 20 世纪 90 年代以来，荷兰每年农产品净出口值约占世界农产品贸易市场份额的 10%，在美国、法国之后居世界第 3 位。在 1989 ~ 1998 年的 10 年里，荷兰每年平均农业的净出口值达到 138.07 亿美元，按农牧渔业以及涉农部门的就业人数平均，每人创汇超过 48 691 美元，遥遥领先于世界各国。

荷兰既是世界农产品的重要进口国，又是重要的出口国。从进口来看，荷兰是美国农产品在欧盟的最大市场，同时，还是德国、法国、比利时、卢森堡、英国等国农产品的重要进口国，荷兰也是北美、南美不少国家的大市场。从出口来看，荷兰是世界上农产品第二大出口国，欧盟其他各国是其农产品的主要市场。荷兰农业外向型以农产品加工出口创汇增值为其突出特点，围绕农产品加工增值进行大进大出，即大量进口用于食品加工的初级农产品，而大量出口高附加值的加工食品，从而大幅度提高创汇能力。

3. 集成化的工业技术在设施农业中被广泛应用

荷兰在农业生产中高度重视农业科研和采用先进科学技术，包括机械技术、工程技术、电子技术、计算机管理技术、现代信息技术、生物技术等。为了节省耕地，荷兰大力推行温室农业工厂化生产，室内温度、湿度、光照、施肥、用水、病虫害防治等都用计算机监控，作物产量很高。

荷兰大力开发土地资源，积极围海造田，制定了正确的农业发展战略和政策，重视发展农业教育及农业科技的研究和应用，通过几十年持续向农业的大量投入和大规模的农业基础设施建设，在国际上形成了巨大的农业产业竞争优势。

4. 网络化的农业科研、教育和推广体系

荷兰有着相当发达的农业科研、教育和推广系统，这三项被誉为荷兰农业发展和一体化经营的三个支柱。政府对农业科研、教育和推广非常重视，把促进其发展作为政府的重要职责。以农民为核心，建立全国性的农业科技创新体系和网络，是荷兰农业取得巨大成就的一条基本经验。

荷兰农业部门特别注重遗传工程的投资，采取优选本国或适合于本国环境的世界各地的家畜家禽、农作物良种，依靠遗传工程进行改良，生物防病和遗传防病并举，替代对人体有害的各种化学药剂的使用，这不仅取得了显著的经济效益，而且有效地保护了自然生态环境。

5. 农业合作组织发挥了重要作用

荷兰的农业是以家庭农场为经营方式，但彼此间视为具有共同利益的集体，而不是竞争的对手，他们生产的产品几乎完全相同，在市场上销售也没有自己的标志，因此，具有相同的市场地位。基于这种共同的特点，各农户间结合起来，其实体就是为农场服务的合作社。这些农业生产、供销、农机、加工、保险、金融等民间组织，以及农业合作社都为农户的农业生产提供各种周到的社会化服务。各种服务组织上为议会、政府制定农业政策提供建议，下连千家万户农民，反映农民的要求。

在荷兰，农民收入中至少60%是通过合作社取得的。据介绍，荷兰农民自己组织的服务组织，在保护农民切身利益、促进社会进步与稳定上发挥了巨大作用。它们帮助农民减少了生产、加工、销售过程中的成本，增加了收入。比如，农民入股创业的农业合作社为农民提供饲料、化肥、农机等农资，农民把农产品卖给合作社，再由合作社进行加工和销售。合作社在销售后，将其中大部分利润按农民提供原材料的份额进行返还，从而增加了农民的收入。正是这些合作社发挥了相应的作用，使得荷兰农民利益能够得到保护和提高。

另一种农民组织体系是"法定产业组织"，即各种协会。这些协会把农民联合起来，目的是加强农场主的政治地位和社会地位，有利于从根本上保护自己的利益。

三、韩国建设现代农业模式

（一）韩国现代农业的背景分析

韩国土地面积只有9.9万 km^2，人口4 571.7万人（首都占1/4），人口密度居世界前列，耕地1 724万 hm^2，人均耕地0.038hm^2，农业劳动力人均耕地0.633hm^2，耕地灌溉率67.5%。韩国是一个多山国家，自然资源贫乏，自然资源自给率仅30%，工业原料主要靠进口。通过战后几十年发展，特别是通过工业化过程，已经于20世纪60年代中期几乎与日本同步实现了现代农业，1998年人均国民生产总值达8 600美元，排名世界第12位。韩国农村人口仅占总人口的11.98%。

韩国战后经济成长可划分为5个阶段：

第一阶段：第二次世界大战后经济混乱时期（1945年8月至1953年7月），抗战后韩国为美国军事管制国，1948年成立"大韩民国"，并在美国经济援助下，开始进行土地改革，大力发展日用消费品生产。1950～1953年朝鲜战争，经济发展滞缓，但农业结构有所调整，农业就业结构由52%下降到41%。

第二阶段：经济恢复时期（1953年8月至1961年5月），重点发展内向型经济（农业、建筑工业的国内产销）。

第三阶段：经济快速增长期（1962～1971年），奠定工业化基础、完成经济向出口型转变，农业基本实现了现代化。

第四阶段：产业结构高级化、农业现代化时期（1972～1979年）。实现原料进口、产品加工、出口的"两头在外"的加工型经济模式，大米等主要谷物达到自给，农业实现了农业机械化。此期实行了著名的"新村运动"，促进经济高速增长。

第五阶段：经济稳定发展、经济结构进一步调整时期（1981年以后）。实行了以提高经济效率为目标的改革，充分发挥市场调节作用，实行自由化政策，经济迅速，有4年增长率在12%左右，产业结构正向主级化方向发展，农业产业结构进一步下降（1989年农业在GDP中的比重下降到10.5%）。

（二）韩国现代农业的措施和内容

1. 韩国农地制度的变迁

第一步，土地分配改革：第二次世界大战后，政府接收日本官、民所占土地分配给本国农民，颁布《土地改革法》，以低廉的价格收购了农户超过 3hm² 以上的土地，以更低的价格卖给佃民。经过土改，基本实现了均田制目标。

第二步，土地集约分配：1961 年开始，韩国经过 15 年开发，完成由农业国向工业国转变。政府解除对土地买卖和占有的限制性规定，鼓励务工经商的农民交出土地，使农户扩大经营规模。

第三步，土地现代化经营：1994 年韩国制定了新的《农地基本法》，进一步放宽土地买卖和租赁限制，允许建立拥有土地上限为 100hm² 的农业法人。韩国政府还鼓励年龄超过 65 岁以上的农民把土地出售或出租给专业农民 5 年以上（可获得每公顷 2 580 美元的补贴）。

2. 韩国的农业保护政策

（1）提高农产品收购价格。推行"平衡价格"制度（成本＋同期非农产品价格变动的因素）。

（2）改善农产品和农业机械的流通条件。大量增设农产品市场，向农民发放购买农机贷款。

（3）推行建设"农工地区"计划。在 20 万人以下的郡、镇所属的农村，选定地址，由政府建筑基础设施，吸引"民间"进入区内开办工厂企业。从而减少农业比重。

（4）调整农村产业结构和农业结构。投资巨笔预算费（42 兆韩元）用于调整结构，重点发展农村第二、第三产业、引导农产科学种田、扶持农产品深加工和改善农产品流通设施。

（5）改善基础设施。韩国政府采取了支持农协发展、扩大农业贷款规模、限制国外农产品进口等措施来支持和保护本国的农业。

3. 韩国新村建设

第一阶段：20 世纪 60 年代，注重农业灌溉、排水、耕地整理等农业生产设施方面。

第二阶段：20 世纪 70 年代初期开始，注重改善农民的生产和生活环境，修路架桥，修扩建农村电力工程，修建饮水配套工程，修建公共洗浴、洗衣场所，新建和翻修农民住宅等。到 70 年代末，韩国所有的乡村都通了公路，所有的农民都住上了瓦房或铁皮屋顶的房屋，农村实现了电气化，农户都安上了电灯，居民普遍饮用地下井水，农民的物质生活水平得到很大改善。

第三阶段：20 世纪 90 年代以来，注重农村文化内涵建设，实施先进的文化教育。加强环境管理，提高农村的地位，发展区域特色经济（注重国际化和地方特色），着力培养农村建设领导人，进行一些专门教育。创造勤勉、自助、团结、奉献精神的社会，而且在文化上实现工业和农业、城市和乡村的均衡发展。新乡村建设的效果十分明显，目前，城乡无论在物质文明上还是精神文明上差别都不大。

4. 韩国十分重视农业科学技术

（1）提倡"绿色革命"。1967年韩国科技人员用粳型和籼型水稻成功地培育出IR667稻种，它比一般品种增产约30%，随后优良品种迅速推广，单产和总产迅速提高（1975年韩国实现了大米自给）。目前韩国的水稻单产在世界上处于领先水平。

（2）重视农业科研、教育和推广事业，促进了农业科技含量提高和现代农业实现。在全国各道市郡分别设有农村振兴院和农村指导所，开展农业科研和科技推广工作。韩国在组织培养、细胞融合、核置换、基因工程等基础研究与动植物新品种选育，经济果蔬设施栽培、计算机联网和遥感技术应用和现代化养殖方面取得巨大成就（牛肉自给率提高到50%以上）。

（三）韩国现代农业的主要特点

1. 韩国的非农化和城市化程度高

第二次世界大战后30年，农业增加值占国内生产总值份额由36.5%下降到8.5%，非农就业份额由35.0%上升到81.7%，1999年农业人口占总人口的比例为9.7%。城市人口比例从1960年的28.0%上升至1999年的78.5%。

2. 完整和有效率的社会服务化体系

韩国自上而下设立三级农业服务体系：中央设立农村振兴厅（研究所、农业科学技术院、种子供给所、作物实验农场）—道（相当于我国的省）设立农村振兴院—市郡（相当于我国的县）设立农村指导所（直接服务于农户，指导所的所长与郡首的行政级别相同）。振兴院与指导所都有自己的综合农业科研所、培训楼和实验场地（科研、推广与培训三项工作纳入统一的管理程序，领导集中，效率高）。

3. 韩国农业附加值高

1989年开展的"区域特产"运动开发具有韩国传统特色的产品（包括初级产品如各种蔬菜、水果、花卉、人参、蘑菇等，也有很多加工品，如泡菜、辣酱、果酒及肉类制品，同时还有一些民间民俗工艺品），1991年政府增加拨贷资金，大力发展设施园艺，目前韩国的设施农产品已逐渐走向国际市场。

4. 开展新村运动，促进农村综合发展

新村运动的前10年是以农业、农村、农民为中心展开的，后来逐渐扩展到全国各条战线。在进行"绿色革命"提高效益的同时，改变农村面貌，提高农民思想素质，培养勤勉、自强、团结、奉献的新农民来促进农村综合发展。新村运动成果显著，先后有120多个国家派有关人员参观学习。

四、以色列建设现代农业模式

（一）以色列现代农业发展变革的历程

以色列是位于中东地区的国家，国土面积约为2.1万 km²，可耕地面积只有4 370 km²，大约为国土面积的20%。人口650万人，农业人口仅占全国人口的3%，农民人均年收入1.8万美元。以色列一半以上的地区属典型的干旱及半干旱气候，其余的地区大部分被丘陵及森林所覆盖，只有北部加利利湖周围平原和约旦河谷适宜农业。然而就在这块贫瘠缺水的土地上，以色列仅仅用一代人的时间就建成了现代农业，创造了令世界惊讶的奇迹。

1. 以色列农业发展的条件

（1）人口密度大，农业劳动力不足。以色列人口已从 1948 年建国初期的几十万人猛增到近 700 万人，人口密度高达每平方千米近 300 人，但农业人口和农业劳动力已减少至不足 8 万人。几乎所有的农作物在产前、产中和产后全过程，均广泛应用农业机械，并从泰国等国引进劳动力从事常规农业生产。

（2）农地资源少，自然质量差。土地总面积 2 万多 km^2，大部分土地被沙漠（约60%）和丘陵所覆盖；耕地总面积 44 万 hm^2，约占国土面积的 20%，其中水浇地占48%。大部分耕地为风积、冲积性沙质土，平均土层厚度 25～35cm，前者保水能力弱、后者结构黏重；内格夫沙漠虽然面积广大，但尚未形成农业土壤。

（3）温光资源充足，水资源稀缺。以色列属地中海式气候，热量充足（月均温10℃以上，部分地区 20℃以上），时空分异明显。年日照时数可达 3 200～3 300h，农业活动可终年进行。但其水资源却极度匮乏，且全部依赖降水（400～550mm）；地下水少而深，且多为咸水，干旱胁迫严重。尤其是植物生长旺盛的夏季根本无雨，不能与丰富的温、光资源有机结合成为气候资源优势。

2. 以色列农业现代化的历程

总的来看，以色列农业现代化建设大致经历了以下 3 个发展阶段。

第一阶段是农业发展快速起步阶段。从 20 世纪 50 年代开始，以色列农业开始大起步、大发展。建国初期，以色列在军事开支负担沉重的情况下，仍优先满足农业投资，在全国垦荒、兴建定居点，目标是粮食和农副产品自给自足。从 1952 年开始引种棉花起，10 年时间就解决了穿衣问题，棉花单产世界第一，出口创汇仅次于柑橘。1953 年开始兴建北水南调工程，全力开发和改造沙漠。

第二阶段是滴灌技术推动下的快速发展阶段。20 世纪 60 年代中期以色列发明了滴灌技术后，国家立即大力扶持。此后，农产品产量成倍增长，沙漠改造突飞猛进，可耕地持续增加，农业面貌得到根本改观。目前种植业产值 90% 以上来自于灌溉农业，占耕地 44% 的旱地农业产值不到 10%。事实上，滴灌技术不受风力和气候影响，对地形、土壤、环境的适应性强，肥料和农药可同时随灌溉水施入根系，不仅节水，而且省肥省药，还可防止次生盐渍化，消除根区有害盐分。

第三阶段是农业结构调整与现代化阶段。根据国际市场需要和本国的自然条件，20世纪 70 年代以来以色列开始进行农业生产结构调整，从以粮食生产为主，逐步转向发展高质量花卉、畜牧业、蔬菜、水果等出口创汇农产品和技术，并用高科技和现代管理手段不断提高农业效益，建成了一整套符合国情的节水灌溉、农业科技和工厂化现代管理体系，形成了独具特色的高投入、高科技、高效益、高产出的现代产业。一系列新技术在农业生产中广泛运用，不仅极大提高了劳动生产力，而且衍生出了诸如滴灌、温室、种子、加工、贮藏、保鲜以及计算机控制等越来越多的领域和行业，使农业发展成为一个具有高度社会化分工的现代产业，走出一条可持续发展的现代化之路。

3. 以色列现代农业的特点

（1）持续高效农业。以色列自然条件严酷，但拥有丰富的热量资源和发达的科学技术，农业生产高度集约化，实现了专业化生产、科技化支撑和产业化经营。自20世纪70年代进行了农业结构调整以来，大大减少了对土地资源要求较高的粮食作物的面积，积极发展对土地资源要求低但技术密集和产值高的蔬菜、水果和花卉等特色产业，使有限的自然资源发挥最大效益。

（2）独特的农业生产组织。以色列的农业生产组织形式是独树一帜的。目前，以色列已经建立了一大批农业合作组织和相应机构，形成不同层次、不同性质和不同特色的合作机制，构建了覆盖全以色列农业和农村各方面的完整合作体系框架。以色列农业总产值的80%左右是内农业合作组织创造的。

（3）高度发达的农业科技。以色列拥有世界先进的农业机械化技术、灌溉技术和生物工程技术。以色列每年投入的农业科研经费达8 000万美元，占以色列农业总产值的2.5%以上，农业发展的科技进步贡献率高达96%，而农业投入贡献率仅占4%。以色列重视将农业科技的基础研究、应用研究和创新研究有机结合，协调运作。以色列不仅注重商业化、实用化技术的研究，还成立了专门从事基础性研究的机构，以加强贮备技术和理论技术。如培育转基因动植物品种，以提高品种的抗虫性、抗病性、耐瘠性、抗旱性等。作为该国主要的农业科研机构的农研组织，几十年来研究开发出数以千计的科技成果，如节水灌溉系统、先进的农用塑料、适合于半干旱地区的大棚可控温室、农产品加工与贮存技术、家禽和奶牛的饲养与管理、水产养殖与微咸水灌溉技术以及新品种的甜瓜、葡萄、洋葱、甜椒、番茄等，仅番茄就已培育出40多个新品种。另外，以色列的农业机械化水平也很高，目前，从耕地、施肥、灌溉、收获直至产品分级、包装、贮运均为机械作业。由于有发达的农业科技和农业机械化的强有力支撑，以色列农业的劳动生产率和土地生产率及家畜生产率均名列世界前茅。

（4）大力发展外向型农业。以色列根据国内水土资源缺乏而光热资源充足的特点，充分利用地域上靠近欧洲的优势，集中力量把农业转向发展水果、蔬菜、棉花、花卉等高价值作物，经过一系列加工，大量向国外特别是欧洲国家出口，走创汇农业之路。以色列以国际市场为依托，实现了农产品的二次乃至多次增值，每年从包括农产品、技术、设备在内的面向国际市场的生物工程技术和独有技术开发中创汇90亿美元。

（5）世界一流的节水农业。以色列建国后46年内农业总产值增长了12倍，但单位土地耗水量却仍维持在原有水平，其主要原因是以色列大力发展节水农业。以色列先后研制出了喷灌和滴灌等世界上最先进的灌溉技术和装备，水资源的利用率高达90%以上，每毫米降水可生产粮食2kg（中国不足0.5kg）。在农业生产上，以色列主要采取以下节水措施和技术：第一，加大使用循环水的力度；第二，不断增建集水设施，最大限度地收集和贮存雨季天然降水资源，在农耕时用于生产种植；第三，推广普及使用压力灌溉技术和方法；第四，节水灌溉技术与高效农业相结合。

（二）以色列农业现代化的做法与经验

1. 政府高度重视与法制保障

建国后，以色列历届政府从政策、财政、信贷等方面采取了一系列倾斜政策与扶持措施，并逐步走向法制化、规范化。农业部负责宏观指导、规划、市场预测、大型基建、区域开发、提供贷款、农业科研和对外合作等，尤其是利用价格、贷款等市场调节机制进行宏观调控，实施资源节约型和出口导向型现代农业发展战略。

另一方面，以色列还特别重视法律的作用，倡导依法治水、治地，依法处理各类农业问题。以色列一建国就制定了《水法》、《水井控制法》、《量水法》等法律法规，宣布水资源为公共财产，对用水权、用水额度、水费征收、水质控制等都作了详细规定，并由专门机构进行管理。

2. 注重环境保护和资源配置

以色列土地贫瘠、资源匮乏，建国后即陆续制定了有关森林、土地、水、水井、水计量、河溪、规划与建筑等方面的法律法规，把水和土地作为最重要的资源严格计划使用。近年来，以色列环境部还先后制定了可持续发展战略规划以及一系列的资源与环境保护方面的法律法规，逐步建立起有限资源的"红线"制度，实行用水许可证、配额制及鼓励节水的有偿用水制，大力推广节水技术。目前，以色列正在建立国家绿色核算体系并加强宣传，污染税、环境许可证制度、绿色标志等环保制度都是为了引导、鼓励绿色消费。

以色列对资源保护和配置的主要做法包括：一是在农业发展中处处注意维护生态平衡、维护生物链的自然连接；二是有计划地开发荒地、坡地和沼泽、滩涂以改善自然环境；三是通过增加植被种植，绿化沙漠，科学使用农药、化肥等改善土质土层结构；四是通过"三污"回收与治理以改善空气、环境和海水的质量；五是通过湖水南送等北水南调工程改善全国的水资源配置。

3. 强大的农业科教与推广体系

以色列建有一整套强大的由政府部门（农业部等）、科研机构和农业合作组织（基布茨、莫沙夫）紧密配合的科研、开发与教育、推广服务体系，全国共有 30 多个从事农业科学研究的单位、3 500 多个高科技公司，不少大学也设有一些专业性研究单位。政府每年投入上亿元的农业科研经费，各公司用于研发的费用一般占公司总收入的 15%～20%。其研究重点是沙漠改造、适合当地自然条件的农畜品种培育以及太阳能的利用、农畜产品的高产、高速繁殖和病虫害防治等。

以色列的农业科研紧紧围绕生产，强调技术的实用性与经济效益。各项研究一旦取得成功，便通过技术推广服务站举办培训班、建立示范点，以实地讲解等方式迅速推广。实际上，以色列科研人员都是某一方面的专家，既为农业生产者、经营者提供技术指导、咨询和培训，同时还是技术推广者和技术承包的实践者，他们与农户签订有服务合同，从而使农民获得了更大的经济效益。

4. 高度组织化的农业合作与服务体系

以色列的农业合作组织有 3 种形式：即基布兹（Kibbutz）、莫沙夫（Moshav）、公社莫沙夫（Mos. shitufi），这 3 种形式的农业合作组织，为农村居民提供了若干可供选择的生活和生产方式。政府与合作组织的关系主要包括 3 个方面：一是补贴政策。吉布兹和莫沙夫所购买的农业设备，政府给予 40% 的补贴，农业用水价格低于工业用水的 80%。二是土地使用权。土地所有权属于国家，吉布兹和莫沙夫仅拥有土地的使用权。三是吉布兹和莫沙夫所有的经营活动都要向国家纳税。

另外，以色列还有农业劳动者联合组织和农产品合作销售组织等专业组织，尤其是各种专业协会很多。专业协会与政府间的关系，是政府购买技术，与专业协会共同开展技术推广，形成一种联合型推广体系，他们与吉布兹和莫沙夫是一种服务和被服务的关系。目前以色列农业生产经营全部实行订单生产，吉布兹的农民们只管精心种植，种植之外的加工、采购、财政、购销等繁琐的农业服务由区域合作组织承担，从而使农产品进入国内、国际市场。这也是其现代农业取得成功的关键因素之一。

5. 水资源的节约与高效利用

主要做法有：一是不断完善水管理体制。例如，政府选定 Mekorot 公司全面负责国内所有涉水公司的管理，这种做法以较低的成本取得了高效的管理。二是强调技术创新，用好每一滴水。例如，在滴灌设备上安装监测器，把生物技术和纳米技术用于节水目的。三是注重可持续发展。政府制订了可持续发展的战略规划，严格控制地下水的开采，注重水生态和水环境保护。尤其是严格实施"节约每一滴水"和"给植物灌水，而不是给土壤用水"等先进理念，并采用计算机控制的水肥一体喷灌、滴灌和微喷灌、微滴灌系统，严格按照作物生长的需求进行节水灌溉，水资源的利用率高达 95%。

以色列还在水费收取方面实行严格的奖惩措施，使农民们从每立方米水的最大经济效益方面来考虑农业生产。据统计，以色列农业用水量已由 13 亿 t 减少至约 10 亿 t，每公顷灌溉用水也从 8 000t 降到 5 000t，其中淡水、盐碱水、再生水各占 1/3。水产养殖方面，淡水养鱼主要利用水库进行，水库中安装了生物过滤器，水在鱼塘和水库之间循环利用。

6. 农地资源的节约与高效利用

一是大力实施耕地资源的有效保护与高效利用以及沙漠改造计划。自 20 世纪 80 年代开始实施荒山成片开发配套设施齐全的住宅小区计划和城市区域发展战略计划，避免城市的盲目扩张。

二是扩大耕地面积，提高产出水平。全面推行节水技术、大力改造沙漠，使旱地农业变为灌溉农业。半个多世纪以来，以色列政府还通过"两步走"的方式成功实施了改造和开发沙漠的宏伟规划。如今以色列的可耕地面积已由建国初期的 10 万 hm^2 增加到 44 万 hm^2，灌溉面积从 3 万 hm^2 扩大到 26 万 hm^2。

三是注重农业高新技术的开发与利用，大力发展资源节约与集约化生产。工厂化栽培技术、滴灌技术、无土栽培技术、营养液配合滴灌技术、精准栽培等技术的广泛运用，不仅节约了土地，而且大大提高了农产品的产量与品质，如番茄的产量每公顷达 100 ~ 150t、辣椒 15t，甚至在温室中创造出每季每公顷收获 300 万枝玫瑰花的奇迹。

五、先进国家建设现代农业的启示

1. 抓住结构调整这根主线，发挥农业的比较优势

我国人多地少、自然资源相对短缺，独立分散的农民个体生产经营方式均与荷兰有

相近之处。因此，结合国情进行研究和分析，坚持以市场为导向，大力调整农业经济结构，发展农村经济，按照比较优势原则进行农业资源配置和结构组合，使农业充分发挥比较优势，并做到引进与吸收创新相结合，示范与推广相结合。

2. 制定和实施切实有效的农业保护政策，对农业进行一体化的行政管理

主要体现在：实行价格支持，调节农产品供求状况；鼓励农产品出口，限制农产品进口；增加对农业的投入，实行财政金融支持和灾害保险；加强农业基础建设，保护农业资源和环境，提高农业综合生产能力等，其中保护农产品价格是核心内容。

以我国现实国情、国力为基础，集中有限资源，对需要而且是本国最为关键的区域和农产品进行补贴，即侧重于不同区域的关键农产品进行有重点的支持。比如，东北的大豆和玉米、华北的小麦、牧区的牛羊等，以增加比较优势和竞争优势的农产品生产，并提高这部分农民的收入水平。更重要的是，我国政府必须加强对农业综合生产能力提高有重要影响的农村公共产品的投资力度，强化基层政府对农业生产者的服务功能。

3. 尽快形成完善的市场经济环境

目前，我国农业迫切需要完善农业的组织和市场，着力发展各种经营形式的中间组织，弥补分散的小农与分散的市场之间的"真空地带"，使更多的农业经营活动成为市场行为。同时，应积极完善农产品市场和要素市场的建设。对土地商品化和土地市场的培植发育要给予引导，尽快改革不合理的制度安排，让农村市场真正实现商品交易普遍化，为现代农业生产和流通提供完善的市场环境（引导家庭经营形成适度的规模经营）。

4. 切实加强农业科学技术的研究和推广

目前，我国农业将进入到一次新的农业科技革命，要进一步加大关键技术研究与开发力度，使高新技术在工厂化农业生产中迅速的推广应用。完善科技推广体系，提高农业的科技含量。另外农业科研体系一定要与市场结合，要有相应的科研推广体系与之相配套。

5. 加大人力资本投入，提高农业劳动者素质

荷兰农业近几十年来发展很快，主要得益于农民技能的提高、政府对农业的保护等各方面的因素，同时国家教育、信息化、科学研究也发挥了重要作用。荷兰农业的生产者和经营者，把运用现代科学技术看成是企业生存与发展的源头，从种植品种选育到栽培过程的管理，每个环节都以最先进的技术为基础，不断地进行技术创新。

我国农业现处于由传统农业向现代农业转变的过程中，迫切需要科技资源投入和力量驱动。但由于体制方面的原因，我国目前农业科技与教育的投入有限，直接面向农民的科技创新体系尚不完善，农业科技推广和教育体系还不能充分发挥传播知识、信息和对农民进行技术培训和教育的功能，结果导致农民科学文化素质普遍较低、农业科研成果对农户的农业生产作用甚微。尽管政府启动了声势浩大的"丰收计划"、"星火计划"等一系列旨在改造传统农业生产体系的科技推广行动计划，可在面向农户的农业科技创新体系尚未体制化的背景下，这些行动计划的作用常常大打折扣，不能确立起农村综合生产能力提高的长效机制。

6. 加强农业合作组织建设

通过立法促进各种形式的农业社会化服务组织的建立、发展，使之成为农户进入市场并形成规模经营的良好媒介，使之成为能切实代表农民利益的农民自己的组织，通过这些组织架起农民与政府、科研机构、大学、非政府组织之间的桥梁，为农业提供技术、生产作业、供销、信贷、保险等服务。

近几年，在市场经济大潮中应运而生的各种民营服务组织、龙头企业生机勃勃，服务组织按市场经济规律办事，以经济效益为中心，以搞好服务、取得农民的信任和支持为前提。它们与农民的利益紧紧联在一起，显示了很强的生命力，应该鼓励支持，并逐步规范和完善。

7. 为农民提供良好的金融服务

各级农业部门和农村信用社要按照中央有关金融规定和合作社的扶持政策，从实际出发，积极开展调查研究，制定支持农民专业合作社发展的政策措施，适当放宽贷款条件、简化贷款手续，通过发放专项贷款或小额贷款等形式，探索农村信用社支持农民专业合作社发展的新路子，加大信贷支持力度。

8. 完善土地使用制度

探索家庭联营，也可尝试通过使用权入股、租赁、转包、抵押、联营、转让、收购等措施完善土地流转机制，明确农业主体的地位和权益，充分调动其积极性，提高农业综合效益和市场竞争力。

9. 大力发展工业及第三产业，保持农业和其他产业的协调发展

第一，工业的发展是建立现代化农业物质技术基础的前提条件。

第二，工业和其他非农业部门发展，农业人口下降，农业才能实现规模经营，进而实现现代化大生产。

第三，只有国民经济各产业普遍得到发展，人民生活水平得到提高，才能为农业产出提供广阔的销售市场，而市场消费是促进农业投入增加，促进现代农业的重要因素之一。

10. 加强新农村建设

社会主义新农村建设是指在社会主义制度下，按照新时代的要求，对农村进行经济、政治、文化和社会等方面的建设，最终实现把农村建设成为经济繁荣、设施完善、环境优美、文明和谐的社会主义新农村的目标。其中，生产发展，是新农村建设的中心环节；生活宽裕，是新农村建设的目的；乡风文明，是农村精神文明建设的要求；村容整洁，是实现人与环境和谐发展的必然要求；管理民主，是新农村建设的政治保证。新农村建设主要包括农业基础建设、农村基本建设、农村精神文化道德建设。

11. 统筹规划，重视环境治理

大力开展植树种草，治理水土流失，防治荒漠化，建设生态农业，经过一代一代人长期地、持续地奋斗，建设祖国秀美山川，是把我国现代化建设事业全面推向21世纪的重大战略部署。从我国生态环境保护和建设的实际出发，对全国陆地生态环境建设的一些重要方面进行统筹规划和综合治理，主要包括：天然林等自然资源保护、植树种草、水土保持、防治荒漠化、草原建设、生态农业等。

第五节 现代农业技术发展趋势与对策

现代农业技术是指由于生物技术、信息技术、工程技术、新材料技术、新能源技术、空间技术、海洋技术等现代高技术在农业科学技术领域的全面渗透和广泛应用，产生的以动物、植物、微生物遗传改良生物技术、农业信息技术为支撑性主导技术，以农业生物工程技术、农业工程技术、农业节水技术、海洋农牧业技术、农业空间利用技术、农用新材料、新能源技术等为相关技术体系的新型农业科学技术体系。

现代农业技术产业是指现代农业技术、劳动力和资金高度密集的新型产业。主要包括农业生物技术、农业信息技术、农业新材料技术、农业工程技术等及其产品的创新、转化、应用形成的农业新产业。它同时具备农业产业和高新技术产业的基本特征，即现代农业技术产业具有知识密集、技术密集、劳动力密集和资金密集，区域性和季节性强，投资和生产周期较长，高风险和高效益等特征。

现阶段我国现代农业技术产业主要有现代种业，高效节水旱作农业，现代工厂化设施农业，生态农业和特色农业，现代林草业，现代畜牧养殖业，水产养殖业，农产品加工产业，农业减灾防灾技术产业，农业信息技术产业等。

一、现代农业技术革命

从 20 世纪中叶开始，进行了一系列的农业技术革命，主要包括以下几个方面。

1. 绿色革命（Green revolution）

20 世纪 40～50 年代国际玉米和小麦改良中心和国际水稻研究所开始选育粮食矮秆品种并取得突破，育成矮秆、半矮秆小麦、水稻等品种 20 多个，并于 1960 年在墨西哥推广获得巨大效益，开启了第一次绿色革命的序幕。1966～1968 年印度引进矮秆品种，同时增加了化肥、灌溉、农机等投入，粮食生产得到极大发展。世界进行的"绿色革命"（主要在发展中国家），使得世界粮食总产提高 2 倍，有 18 个粮食长期匮乏的国家改善了粮食的供应状况。

问题：①生产成本过高。大量化肥、农药和农业机械的使用，使生产成本过高；②环境恶化。由于大量灌溉，长期使用化肥、农药，造成土地板结和盐碱化，环境污染等问题也日益突出；③推广的品种不适于旱地种植；④品质降低。高产谷物中矿物质和维生素含量很低，用作粮食常因维生素和矿物质营养不良而削弱了人们抵御传染病和从事体力劳动的能力。

针对第一次绿色革命存在的问题，世界各国以环境保护和持续发展为前提条件，以生物技术（主要是基因工程和分子生物学在育种上的应用）和信息技术与常规育种技术相结合为主要途径，开展了以培育超级木薯、超级水稻、特种玉米、短季抗病马铃薯、抗病小麦为代表性技术的第二次绿色革命。

2. 白色革命（White revolution）

1951 年日本用塑料薄膜覆盖进行蔬菜栽培，获得高产，此后掀起了"白色革命"的高潮。目前在生产上开发并应用了普通透明地膜、黑色膜、绿色膜等十几种，促进了地膜覆盖栽培技术的改进。我国 20 世纪 60 年代开始进行塑料薄膜地面覆盖的试验研究，80 年代初开始推广。地膜覆盖对促进作物早熟、增产有着显著作用，一般增产幅度在 30% 以上，不少作物增产超过 50%，使作物稳定早熟 7～10 天，产品质量也有明显提高。

覆盖地膜在农田上的作用主要有 6 点：①能够调节土壤温度，充分利用生长季节；②保持水土湿润，提高水分利用率，且在旱季能节水抗旱，在雨季能抗涝；③维持土壤疏松，减轻土壤盐渍化程度；④促进土壤养分分解转化，提高土壤肥力，从而提高产量；⑤防止和减轻病虫害，增强抗害能力；⑥使用地膜可抑制和减轻杂草的为害，显著增加收益。

最大缺点：白色污染。

3. 蓝色革命（Blue revolution）

人类向水域索取食物的重大技术革命，称为"蓝色革命"（海洋占地球表面积的 71%，蕴藏着丰富的资源）。是在原有的捕捞、养殖和加工基础上利用新的科学技术手段，充分合理地开发海洋生物链各环节资源，最大程度地提高海水生产能力，实现海洋资源的可持续利用。海水农业还包括利用海水灌溉种植陆生耐盐植物。目前，蓝色产业存在的主要问题是规划、管理、污染、可持续。

4. 白色农业（White agriculture）

白色农业又称微生物农业，是以蛋白质工程、细胞工程、酶工程为基础，运用现代基因工程技术组建的开发微生物资源的工程农业。白色农业是高科技生物工程，它在工厂化条件下生产，生产者穿着白色工作服，在洁净的厂房里工作，不污染环境，故称"白色农业"。

白色农业有着极其巨大的生产潜力，微生物是目前世界各国竞相开发的新蛋白质资源，其蛋白质含量一般为 30%～50%。利用单细胞蛋白资源，生产高蛋白质新型人造食品饲料，前景十分广阔。如用世界石油产品产量的 1%，利用微生物工程来生产单细胞蛋白质，可供 10 亿人吃一年。利用作物秸秆、谷壳，以及工农业废液、废渣、废气在微生物发酵作用下，均可生产微生物蛋白饲料。我国每年有 5 亿 t 作物秸秆，若将其中 20% 通过微生物发酵，就可获得相当于 400 亿 kg 饲料粮的饲料，相当于我国目前全国饲料粮的 1/3。

白色农业可有效解决"人畜争粮"问题，推动畜牧业的发展，有助于解决我国的粮食问题，并改善居民的膳食结构。

5. 设施农业（Facility agriculture）

设施农业是采用一定设施和工程技术手段，以充分利用太阳能并在必要时辅以其他能源，通过在局部范围改善或创造环境气象因素，为动植物生长发育提供良好的环境条件，从而在一定程度上摆脱对自然环境的依赖而进行的有效生产的农业。设施农业是农业工程学科最具典型的分支学科领域，是依靠科技进步形成的高新技术产业，是当今世界最具活力的产业之一，也是世界各国用以提供新鲜农产品的主要技术措施。

设施农业主要包括：

（1）设施栽培：目前主要指蔬菜、花卉、瓜果类的设施栽培，设施有各类塑料棚、各类温室、人工气候及配套设备。

（2）设施养殖：目前主要指畜禽、水产品和特种动物的设施养殖，设施有各类保温、遮阴棚舍和现代集约化饲养的畜禽舍及配套设施设备。

6. 工厂化农业（Factory farming）

1994 年我国提出工厂化农业，是设施农业的高级层次，是应用现代工业技术装备农业，在可控环境条件下，采用工业化生产方式，实现集成、高效、可持续发展的现代农业生产与管理体系。其发展的总趋势是着重在增加品种、提高质量、提高市场竞争能力，逐步实现专业化、规范化、标准化和系列化。当今世界，工厂化农业有了迅速发展，现已应用于蔬菜、花卉、养猪、养禽、养鱼乃至多年生果树栽培等许多领域，并达到高效率、高产值、高效益。

7. 现代节水农业（Water saving agriculture）

现代节水农业是节约和高效用水的农业，其根本目的是在水资源有限的条件下实现农业生产的效益最大化，其本质是提高农业水的利用效率。节水农业是随着近年来节水观念的加强和具体实践而逐渐形成的。它包括 3 个方面的内容：一是农学范畴的节水，如调整农业结构、作物结构，改进作物布局，改善耕作制度（调整熟制、发展间套作等），改进耕作技术（整地、覆盖等），培育耐旱品种等；二是农业管理范畴的节水，包括管理措施、管理体制与机构，水价与水费政策，配水的控制与调节，节水措施的推广应用等；三是灌溉范畴的节水，包括灌溉工程的节水措施和节水灌溉技术，如喷灌、滴灌等。

目前，我国现代节水农业领域的技术贮备还很薄弱，缺乏适合国情的现代节水农业新技术和产业化程度较高的产品设备，没有建立起适于不同农业类型区的节水农业技术体系和应用推广模式。国外的喷灌、滴灌技术投资较大，要大面积推广在资金上有困难。我国现代节水农业的重点应放在以下 4 个方面。

（1）提高作物水分利用效率、农田利用率、渠系利用率、水源再生利用率的技术研究。要求灌溉利用率达到 70% 以上。

（2）筛选抗旱节水农作物新品种开发研究。

（3）在不同类型区建立现代节水农业技术集成示范区。

（4）建立节水农业技术产业化基地。

二、现代农业技术发展趋势

20 世纪 60~70 年代，提出"有机农业"、"生态农业"、"跨越农业"、"替代农业"、"超石油农业"等，90 年代提出"可持续农业"。20 世纪农业将向以下 7 种类型发展。

1. 立体高效型农业技术

随着世界人口的不断增加和生态环境的恶化，发展立体高效型农业生产，开发产量更高、效益更好的农业产品和技术是当今世界的发展趋势之一。

利用系统学、生态学、植物学原理对传统生产技术改造，利用生物技术培育适于立体高效生产的动植物，利用信息技术对立体高效农业生产进行管理，以获取生态、社会、经济效益最大化生产。构成立体农业模式的基本单元是物种结构（多物种组合）、空间结构（多层次配置）、时间结构（时序排列）、食物链结构（物质循环）和技术结构（配套技术）。目前立体农业的主要模式有：丘陵山地立体综合利用模式；农田立体综合利用模式；水体立体农业综合利用模式；庭院立体农业综合利用模式。立体农业的特点：①"集约"。即集约经营土地，体现出技术、劳力、物质、资金整体综合效益；②"高效"。即充分挖掘土地、光能、水源、热量等自然资源的潜力，同时提高人工辅助能的利用率和利用效率；③"持续"。即减少有害物质的残留，提高农业环境和生态环境的质量，增强农业后劲，不断提高土地（水体）生产力；④"安全"。即产品和环境安全，体现在利用多物种组合来同时完成污染土壤的修复和农业发展，建立经济与环境融合观。

2. 超级型农业技术

利用高新技术、生物工程，培育动植物杂交种，实现高产高效，叫超级型农业。超级型农业具有超高产、超优质、超级发展特点。例如，每公顷产量达 12 000～15 000kg 的中国超级稻，产量高，米质好、抗寒、抗病、抗倒伏。又如高油玉米、高赖氨酸玉米、高蛋白小麦、高碘蛋等。

超级型的方向一般有两种：一个是大。利用高新技术把大型动物的生长基因，引入体型较小的动物体内，从而培育出个体粗壮的大型动物。例如：美国国会技术评价局认为，在今后一二十年中，肯定能培育出大象一般的牛，鹅一样大的鸡。例如，日本培育出一种马铃薯番茄新品种，株高 10m，结果 1.2 万个，足有 1 000 多 kg；培育出比普通米粒大 3 倍的新型水稻。另外，通过倍性育种，可以获得株高、茎粗、叶大的高产蔬菜或奇特的观赏植物。

另一个方向是小。培育精、优、小巧的微型动植物品种。例如中国的小型猪，体重不超 35kg。中国的矮马、矮鸡和英国的贵妇鸡。墨西哥的微型牛，身高 60～100cm，饲养 6 个月体重 150～200kg 即可宰杀。这种牛生长快，皮薄肉嫩，产奶量大，适应性强。美国培育出的柑橘一般大小的瓜，产量高，吃时一口一个，十分可口。目前，畜牧专家正在研究和试验把猪、兔、羊育成小到可放在菜盘子里的微型动物。其次是植物的矮化育种。如每 667m² 产量达 5t 以上的矮化苹果，两年即可结果。

3. 快速型农业技术

目前，所谓的快速型农业技术主要指植物克隆技术（植物快繁技术）、植物非试管快繁技术。通常，植物克隆技术（植物快繁技术）是指利用植物细胞的全能性，在适合的培养基上接种外植体（如叶片切块、下胚轴、茎尖等），在离体条件下使其经过脱分化、分化过程重新再生新的植株的过程。这其中培养基的激素成分和激素用量起了关键的作用。采用速生快繁技术生产荔枝，一年即可结果。利用组培技术脱毒生产草莓，

5 株过 8 个月后可产生 30 万株脱毒原种苗。

而植物非试管快繁技术其实也就是一种更小材料的嫩枝扦插喷雾育苗技术。喷雾是关键，生根剂应用很重要，再做好一些其他管理。

4. 设施型及无土型农业技术

设施农业属于高投入高产出，资金、技术、劳动力密集型的产业。它是利用人工建造的设施，使传统农业逐步摆脱自然的束缚，走向现代工厂化农业、环境安全型农业生产、无毒农业的必由之路，同时也是农产品打破传统农业的季节性，实现农产品的反季节上市，进一步满足多元化、多层次消费需求的有效方法。设施农业是个综合概念，首先要有一个配套的技术体系做支撑，其次还必须能产生效益。这就要求设施设备、选用的品种和管理技术等紧密联系在一起。设施农业是个新的生产技术体系，它的核心设施就是环境安全型温室、环境安全型畜禽舍、环境安全型菇房。它采用必要的设施设备，同时选择适宜的品种和相应的栽培技术。分类设施农业从种类上分，主要包括设施园艺和设施养殖两大部分。设施养殖主要有水产养殖和畜牧养殖两大类。

无土栽培是指不用天然土壤而用基质或仅育苗时用基质，在定植以后用营养液进行灌溉的栽培方法。由于无土栽培可人工创造良好的根际环境以取代土壤环境，有效防止土壤连作病害及土壤盐分积累造成的生理障碍，充分满足作物对矿质营养、水分、气体等环境条件的需要，栽培用的基本材料又可以循环利用，因此具有省水、省肥、省工、高产优质等特点。

5. 工艺型农业技术

工艺型农业技术指对植物或农产品在它的适合生育期内进行特别管理，例如，果实开始形成时，制造一合适的模具将果实放置其内，以塑造其独特的性状，从而满足人们的视觉需求。如寿桃、福果、方形西瓜（礼品瓜）、球形胡萝卜、鹌鹑鸡等。

6. 保健型农业技术

现代人的健康意识与日俱增，无公害、保健型、营养型、食疗型食品将备受青睐。专门开发有保健价值的动植物资源，是保健型农业产生与发展的根源。

培育出美味可口又有某种特殊疗效的动植物产品，如抗癌粮、防病瓜、健脑鸡、长寿果、保肝蛋、脱脂鱼等。我国引进国外技术生产的低胆固醇蛋、高碘蛋、高锌蛋等，均为功能性食品。

7. 观光型农业技术或休闲农业技术

观光农业又称旅游农业或绿色旅游业，是一种以农业和农村为载体的新型生态旅游业。利用当地有利的自然条件开辟活动场所，在农业区域内进行工艺美工化，如作物布置整齐有致，花卉、瓜果点缀，湖泊其间，青山绿水，提供设施，招揽游客，以增加收入。除了游览风景外，以林间狩猎、水面垂钓、采摘果实等休闲娱乐或农事活动为特色的休闲农业也受到游客的喜爱。游客不仅可以观光、采果、体验农作、了解农民生活、享受乡间情趣，而且可以住宿、度假、游乐。休闲农业是一种综合性的农业类型，它是利用农村的设备与空间、农业生产场地、农业自然环境、农业人文资源等，经过规划设计，以发挥农业与农村休闲旅游功能，提升旅游品质，并提高农民收入，促进农村发展的一种新型农业。

三、中国现代农业技术发展对策

新中国成立以来，我国现代农业技术经过半个多世纪的探索，取得了较大的进展。在新的农业发展阶段下，中国现代农业技术研究迎来了前所未有的机遇，也面临着严峻的挑战，当前，应紧紧围绕我国农业发展战略目标，循序渐进，建立合理的农业技术结构，选择适宜的农业技术，使科学技术真正发挥推动作用，把中国现代农业建设推进到较高的水平。

1. 优化结构，建立合理的农业生产结构和农村产业结构

（1）保障粮食的生产能力，不能盲目占用耕地。

（2）调整粮食及其他农产品的区域种植结构，优化农业区域分布。东部沿海地区发展创汇农业区（城市现代农业），中部和东北部发展商品粮基地农业区，西部地区发展生态农业区。

（3）调整农产品的品种结构，全面提高农产品质量。满足人们日益增长的需求。

（4）积极发展畜牧业、渔业，提高人们的营养水平。

（5）迅速完成农产品的生产标准化。

2. 实施科教兴农战略，促进农业科技进步

（1）大力推广先进农业技术。研究和开发现代农业生物技术，发展现代农业信息技术，推广现代节水灌溉技术，发展农业综合管理技术和管理科学技术，改进和加强食物和农产品加工技术体系。

（2）进一步完善农业技术推广服务体系。

（3）加快农业科研成果转化，实现农业科技成果产业化。

（4）加强农业教育，提高农民科技素质。

3. 加快农业基础设施建设，改善生态环境

立足传统农业向高效生态农业的转变，不断完善农业基础设施，实施农业综合开发项目，推进农业产业化、农民组织化、土地规模经营化等现代农业建设方面的发展；大力发展有机（绿色）、无公害农产品，大力实施农村沼气工程，大力推广太阳能等清洁能源，不断减少农业面源污染，不断改善农业生态环境。

4. 发展可持续农业技术

按可持续发展要求，将农业发展、节约资源和保护环境协调统一起来，能取得最佳的生产效益、经济效益、社会效益以满足当代人和后代人需求的技术系统。

复习思考题

1. 名词解释：农业、农业生产、农业生产的经济再生产、农业生产的自然再生产、都市型现代农业、有机农业、生态农业、绿色革命、白色革命、蓝色革命、设施农业。

2. 农业的内涵与重要性如何？

3. 农业生产的本质与特点是什么？

4. 如何理解现代农业？其有何特征？发展现代农业的意义如何？

5. 简述现代农业的主要形态。

6. 美国现代农业发展的教训。

7. 荷兰现代农业的特点？

8. 现代农业技术的发展趋势如何？

9. 针对我国实际状况，采取哪些对策来发展现代农业技术？

第二章　可持续农业

第一节　可持续农业的定义和内涵

一、可持续农业的定义

由于农业是人类生存的基础，是其他生产部门独立、存在和发展的基础，所以农业是国民经济的基础产业，农业的可持续发展是人类可持续发展的基石。在农业中，可持续性从根本上是指在维持资源基础的同时确保农业生产的持续增长能力。

1987年在日本东京召开的世界环境与发展委员会第八次会议通过《我们共同的未来》报告，第一次提出可持续发展的明确定义：在满足当代人需要的同时，不损害后代人满足其自身需要的能力。可持续发展农业是指采取某种合理使用和维护自然资源的方式，实行技术变革和机制性改革，以确保当代人类及其后代对农产品需求可以持续发展的农业系统。按可持续发展农业的要求，今后农业和农村发展必须达到的基本目标是：确保食物安全，增加农村就业和收入，根除贫困；保护自然资源和环境。

可持续农业（Sustainable agriculture）已经逐渐受到国际社会和许多国家的普遍重视。考虑到农业与农村的发展紧密相关，20世纪90年代初国外又提出了可持续农业和农村综合发展（Sustainable Agriculture and Rural Development）（以下简称SARD），把SA和RD有机地结合起来进行研究。

1991年联合国粮农组织（FAO）在荷兰召开的124个国家参加的农业与环境国际会议，通过了《登弗斯宣言》，对可持续农业的定义为：通过管理和保护自然资源，调整农作制度和技术，以确保获得并持续地满足目前和今后世世代代人们需要的农业，是一种能维护和合理利用土地、水和动植物资源，不会造成环境退化，同时在技术上适当可行、经济上有活力、能够被社会广泛接受的农业。其含义是在不破坏资源与环境、不损害后代人利益的条件下，允许合理的化学能投入，以实现当代人对农产品供求平衡的农业持续发展模式。也就是要合理利用自然资源，保护与改善生态环境，使农村经济得到持续、稳定、协调和全面发展的农业。

综上所述，可持续农业的概念可概括为：通过重视可更新资源的利用，更多地依赖生物措施，合理的化学能投入，在发展农业生产力的同时，保持资源、改善环境和提高食物质量，以实现农业可持续发展。其主要特点是把产量、质量效益与环境结合起来考虑，是在不破坏资源与环境、不损害后人利益的条件下，允许合理的化学能投入，以实现当代人对农产品供求平衡的农业持续发展。具体表现在以下几个方面。

1. 目的与着眼点

从世界范围看，持续农业的着眼点是注重环境的保护与产品质量，要求产品数量、经济效益与资源环境并重，将产品、效益、投资、环境、结构视为一体，尤其强调满足当代人及今后世世代代人的需求。而中国则强调：以现代工业和科学技术为基础，充分利用中国传统农业之技术精华，实现持续增长的生产率、持续提高的土壤肥力、持续协调的农村生态环境以及持续利用保护的农业自然资源，实现高产、优质、高效、低耗，逐步建立起一个采用现代科学技术、现代工业装备和现代经营管理方式的农业综合体系。

2. 我国农业可持续发展的特点

（1）坚持"高产、高效、持久"的可持续发展方向。以现代工业和科学技术为基础，充分利用中国传统农业之技术精华，实现持续增长的生产率、持续提高的土壤肥力、持续协调的农村生态环境以及持续利用保护的农业自然资源，实现高产、优质、高效、低耗，逐步建立起一个采用现代科学技术、现代工业装备和现代经营管理方式的农业综合体系。

（2）在耕作技术上，可持续发展应用用地和养地结合的科学耕作技术，主张建立生物防治和化学防治结合的综合防治系统防治病虫害，推广以有机肥为主、化肥为辅的施肥制度，多依靠作物秸秆还田，施牧畜粪肥、种豆科作物、绿肥等，合理的化肥、农药、生长调节剂和牲畜饲料添加剂的投入。

（3）强调高新技术的应用和高科技的投入。在物质上用现代工业装备农业，实现水利化、化学化、机械化、电力化、信息化；在技术上用现代科学技术装备农业，实现高产化、良种化、耕作制度与农业结构优化、栽培技术规范化、资源利用高效化、节约化；在经济上，用现代的经济管理科学指导农业，实现商品化、市场化、产业化、经营规模化、社会化。

二、可持续农业的要求和内涵

可持续农业是 21 世纪世界农业生产的必然趋势和主要模式。可持续的发展模式赋予了农业更深的内涵，同时也对我国农业发展提出了更高的要求。

（一）要求

1. 效益要求

可持续农业的发展首先要求要有高的生产效益。实现农业的高效益，就要用现代工业装备农业，用现代科技武装农业，用掌握现代科技的劳动者从事农业，用现代经营管理理论指导农业，实现农业的专业化、商品化、社会化生产。同时，可持续农业在强调农业发展的同时，更加重视自然资源的合理开发利用和环境的保护。因此，重视生产效益的同时，要把生产效益、质量效益与环境效益结合起来考虑，实现资源的科学开发、合理利用，尽可能减少浪费和污染。

2. 能力要求

在利用资源和物质投入过程中，要求维护和提高再生产能力，增强后劲。同时重视人力资源的投资，提高生产者自身的素质。

3. 农村农业结构要求

促进农村综合协调发展，增加农民收入，消除农村贫困状况是可持续发展的重大战略目标之一。为此，必须进行调整农村农业结构的优化和调整。

优化农业生产区域布局，大力推进农业产业化经营，推进乡镇企业技术进步和体制创新。努力开创多种经营，实行产供销一体化，增加农村经济收入。以结构调整为手段，以科技为依托，开展产业化经营，提高农产品附加值，促进农业向集约化、专业化方向发展。

突出培育优势产品，大力建设特色农业。在保持粮食生产的前提下，重点抓好农业结构调整，调优、调特。依托科技提升质量档次，大力建设品牌农业。实施产业化经营，大力建设规模农业，开展农业综合开发。构造和培育农民组织，提高农民组织化程度。

（二）基本内涵

1. "三个持续性"（经济持续性、社会持续性、生态持续性）是它的基本特征

（1）经济可持续性。经济可持续性指在经济上可以自我维持和自我发展。农业经营的经济效益和可获利状况，直接影响农业生产是否能够维持和发展下去。农业经济的可持续发展能力主要是指经营农业生产的经济效益及其在市场上的竞争能力，它最终要以增加农产品有效供给和农民收入为目的。缺乏经济可持续性的农业系统是不可持续的。由于事物间的相互联系和影响，经济的恶性循环会损害生态的良性循环。从这个意义上讲，经济效益不佳的农业生产，出卖农畜产品等于出卖地力和资源。因此，经济可持续性日益成为农业可持续发展的必要条件和重要特征。

（2）社会可持续性。社会可持续性指能满足人类食、衣、住等基本需求和农村社会环境的良性发展。持续不断地提供充足而优质的粮食等农产品直接关系社会的安危和百姓安居乐业的大局。农业发展的社会可持续性主要体现在：①农产品供应充足，保持农产品市场的繁荣与稳定；②农产品的安全、优质，能为社会所普遍接受；③农业生产结构、农产品数量结构以及区域发展能适应现代经济发展的总体需求。农村社会环境改

善主要包括人口的数量控制和素质提高，社会公平不断增加，资源利用逐渐良化，农村剩余劳动力就业机会不断增加和落后农村逐渐脱贫等。社会可持续性直接影响着农村社会的稳定和农业可持续发展，不容忽视。

（3）生态资源可持续性。资源问题是可持续发展的中心问题。可持续发展要保护人类生存和发展所必需的资源基础。因为许多非持续现象的产生都是由于资源的不合理利用引起资源生态系统的衰退而导致的。合理使用、节约和保护资源，提高资源利用率和综合利用水平，建立重要资源安全供应体系和战略资源储备制度，最大限度地保证国民经济建设对资源的需要。生态可持续的主要内容是：①维护可再生资源的质量，维护和改善其生产能力，尤其要保护耕地资源；②合理利用非再生资源，减少浪费和防止环境污染；③加强水利和农田基本建设，提高防灾抗灾能力，并与生态相结合，积极改善生产条件。

2. "三个生"（生产、生活、生态）是它的永恒主题

"生产、生活、生态"三位一体共同推进。农村环境与城镇环境不同，农业生产场地与农民居住场所紧密相连，因此，可持续发展过程中必须把农业生产、农民生活、农村生态作为一个有机整体，而不是割裂开来。

3. "三个农"（农业、农村、农民）是它的中心内容

农业、农村、农民问题在中华民族走向伟大复兴的新的历史征程中处于极其重要的位置，发挥着不可或缺的基础和保障作用。从这个意义上来说，中国的社会主义现代化建设成功与否取决于农业、农村、农民问题的解决与否，解决"三农"问题是中国现代化建设的重要工作任务，也是我国可持续农业发展的中心内容。

4. "三个原则"（公平性、持续性、共同性）是它的主要主张

（1）公平性原则。即机会选择的平等性，具有3方面的含义：①代际公平性，即当代人和后代人在利用自然资源、满足自身利益、谋求生存与发展上权利均等；②同代人之间的横向公平性，即同一代人中一部分人的发展不应当损害另一部分人的利益，而且也要实现当代人与未来各代人之间的公平；③人与自然，与其他生物之间的公平性。这是与传统发展的根本区别之一。

（2）持续性原则。人类的经济和社会的发展不能超越资源和环境的承载能力，在开发利用的同时必须要对资源加以保护，如对可更新资源的利用，要限制在其承载力的限度内，并采用人工措施促进可更新资源的再生产；对不可更新资源的利用，要提高其利用率，并要积极开辟新的资源途径，加强对太阳能、风能、潮汐能等清洁能源的开发利用以减少化石燃料的消耗。

（3）共同性原则。鉴于世界各国历史、文化和发展水平的差异，可持续发展的具体目标、政策和实施步骤不可能是唯一的。但是，可持续发展作为全球发展的总目标，所体现的公平性和可持续性原则，则是共同的。并且，实现这一总目标，必须采取全球共同的联合行动。从广义上讲，可持续发展的战略就是要促进人类之间及人类与自然之间的和谐。

（4）需求性原则。可持续发展则坚持公平性和长期的可持续性，要满足所有人的基本需求，向所有的人提供实现美好生活愿望的机会。

第二节　农业可持续发展技术

一、农业可持续发展技术概念和特征

1. 概念

农业可持续发展技术指按可持续发展要求，将农业发展、节约资源和保护环境协调统一起来，能取得最佳的生产效益、经济效益、社会效益以满足当代人和后代人需求的技术系统。从广义上来讲，它包括：①维护生态环境的可持续性技术；②有效节约农业资源技术；③保持农业生产的可持续性技术（优质高产低耗技术）；④促进社会经济发展的可持续性技术。

2. 基本特征

（1）高效性：可持续发展的战略目标首先体现在农业生产技术的优质、高产、抗病、低耗、无公害等特征。

（2）生态持续性：可持续农业技术重视对生态环境进行治理、立体种植和开发，在增加农田系统生产力的同时，使农、林、牧、渔等产业优化组合，改变对自然的掠夺性经营，增强生态适应性及农业生态系统的自我维持和自我修复的能力，实现生态的持久性和良性循环。此外，农业发展中无公害技术、清洁技术、环保技术的出现，在一定程度上为生态环境的持续性发展作出了贡献。

（3）区域性：因地制宜，根据区域内自然资源条件和生态性异质特点，合理综合开发区域自然资源。

（4）时效性：农业技术具有时效性，即原来使用的可持续农业技术可能变为不适用，现在不适用的技术可能将来适用。

（5）社会性：农业可持续发展技术要符合人类社会发展变化，满足人类需求。

（6）综合性：农业可持续发展技术的应用、扩散、推广需要农业各部门的参与合作来完成。

二、农业可持续发展技术体系的主要内容

农业可持续发展技术体系涵盖两大部分内容（图 2-1）：第一是农业生产技术体系，主要包括种植业、林果业、畜牧业和水产业等生产技术；二是农业技术检测和监督体系，主要包括技术检测监督、技术认证认可和相应的技术实践评价系统。这两部分相互补充，缺一不可。前者可为农业技术模型的建立和定量分析报告提供支持，是支撑和保障农业可持续发展的关键，后者则为农业的可持续发展提供了保障。

随着农业可持续发展技术体系的深化和逐步完善，农业生产技术体系的内涵不断增多，除了种植业、林果业、畜牧业和水产业生产技术外，目前我国还发展了如下技术。

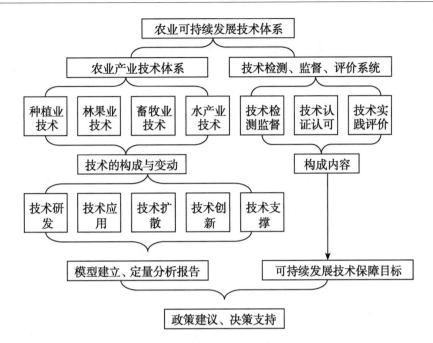

图 2-1 农业可持续发展技术体系的主要内容

（1）清洁化生产技术。清洁化生产技术主要指畜牧业生产过程中的产品清洁化、污水处理技术、粪便清洁无害化技术、沼气技术等；此类技术都有严格的要求，如养禽场应远离村庄、畜牧场、屠宰场和交通要道；场区布局符合动物防疫要求，生产区、生活区、污物处理区隔离分开，净道、污道分开；场门口、生产区门口设消毒池、消毒间，并配备消毒设备；废弃物处理区应有粪便、污水和病死禽等废弃物无害化处理设施，废弃物处理后应符合 GB 18596 污物排放标准；禽舍内应配有良好的饮水、通风换气、夏季防暑降温和冬季保温设施。

（2）低副作用技术。指不造成土壤有机质损害、土壤肥力下降的耕作技术，不造成土壤盐碱化的灌溉技术，及不造成土壤流失的生产技术。如节水灌溉技术、有机农业生产、合理轮作技术、秸秆覆盖技术等。

（3）生态良性化技术。主要指荒漠化治理技术和水土流失治理技术。荒漠化治理技术是通过铺设草方格，埋设防沙障等方式固定沙丘，防止沙漠进一步扩展；其次，推行土地的集约化经营，严禁过度放牧，提倡轮作、休耕，保持土壤肥力；再次，优化种植结构，有条件的实行精准灌溉。水土流失治理技术是通过修建水库、打坝淤地，在缓坡上修建水平梯田；因地制宜地调整农林牧用地结构退耕还林，种草种树。在水土流失严重的地区以牧业为主，农林牧相结合，同时要重视发展经济林木。

（4）自然灾害防治技术。加强自然灾害评估、预警、监测技术（包括病虫害监测）的研究与运用，根据各地情况，制定合理的自然灾害防治技术措施，是各国可持续发展技术中的一项重要内容。

（5）提高产出效率的品种技术和专业化技术。运用生物技术，培育高产高效生产品种，强化农田土壤治理，提高地力，大力发展节水灌溉技术，扩大产出地域。

（6）资源综合利用技术和产品（副产品）深加工技术。开展农副产品、畜产品、水产品、林业产品多用途化加工技术的深度开发，实现农产品的效益最大化。

（7）降低技术成本和提高技术管理效率技术。建立信息为主导的信息系统管理体系，采用现代化的自动控制技术和信息管理技术，降低成本，从而提高可持续发展的效率。

综上，我国农业的可持续发展技术体系的内涵得到了完善和补充。当然，除了依靠农业技术体系的进步和不断完善外，还应建立起现代可持续农业的政策、管理及监督评价体系，才能保证我国可持续农业的健康快速发展。

三、农业可持续发展技术体系的选择原则与标准

农业可持续发展是一个渐进的过程，农业可持续发展技术体系的选择原则实质上就是可持续发展技术体系的标准。

1. 技术体系选择原则

（1）协调均衡原则。强调人口、资源、环境、生产、经济协调均衡可持续发展；注重经济效益、生态效益和社会效益相统一，保护资源环境与降低生产技术成本相结合。任何不顾环境效益只顾经济效益的发展，都不是可持续的发展。

（2）渐进发展原则。农业可持续发展技术是动态的、发展的，农业可持续发展是阶段性的，即各个阶段有着不同的发展目标。在选用现代科学技术带来经济效益的同时，可能带来负面影响或弊端，只有通过权衡利弊，着重发展（解决主要矛盾），并注意兼顾其他方面，才能较好地实现可持续生产技术效益最大化。

（3）集成综合性原则。农业发展受多种因素制约，其技术体系也应与之适应，即遵循集成综合性的原则。所谓综合集成性是指可持续农业应集优质高产技术、无公害技术、环保技术为一体，综合利用各项配套技术，达到资源有效利用及环境与农业生产之间的良性循环，充分发挥整体效应。

（4）区域性原则。可持续发展以自然—经济—社会复合系统为研究对象，其基本概念、系统要素、系统功能、战略实施都具有区域性。在可持续发展技术应用时，应根据不同区域的农业资源条件、农业生态背景、社会经济背景、技术开发能力和技术投资及运转能力等生态经济特征，选择与之相适应的技术类型，包括耕作技术、管理技术、加工技术等。

2. 技术体系选择标准

（1）强调技术安全质量标准。

（2）强调经济效益、生态效益和社会效益相统一标准。

（3）强调保护资源环境与降低生产技术成本相结合标准。

第三节 农业自然资源与可持续利用

一、农业自然资源

(一) 定义

农业自然资源，指自然界可被利用于农业生产的物质资料、能量来源和劳动对象，主要包括气候资源、土地资源和生物资源（动植物和微生物）。组成农业资源的各种自然要素是互相联系、互相制约的。人类必须合理开发、利用农业资源，以免引起生态平衡的破坏，最后导致农业资源的枯竭。因此，查明不同地区农业自然资源的状况、特点和开发潜力，加以合理利用，不但对发展农业具有重要战略意义，而且有利于保护人类生存环境和发展国民经济。

(二) 分类

农业自然资源既是农业环境要素，又是人类生存和农村经济发展的物质基础。农业自然资源可分为以下 8 类：①土地资源；②水资源；③气候资源；④野生生物资源；⑤草地资源；⑥森林资源；⑦海洋资源；⑧农村能源。其中气候资源、水资源、土地资源和生物资源是农业资源中最主要的资源。

1. 气候资源

指太阳辐射、热量、降水等气候因子的数量及其特定组合。太阳辐射是农业自然再生产的能源，植物体的干物质有 90% ~ 95% 系利用太阳能通过光合作用合成。温度是动植物生长发育的重要条件，水是合成有机物的原料，也是一切生命活动所必需的条件；陆地上的水主要来自然降水。因此，气候资源在相当大的程度上决定农业生产的布局、结构以及产量的高低和品质的优劣。

2. 水资源

指可供工农业生产和人类生活开发利用的含较低可溶性盐类而不含有毒物质的水分来源。通常指逐年可以得到更新的那部分淡水量，包括地表水、土壤水和地下水，而以大气降水为基本补给来源。水资源对农业生产具有两重性：它既是农业生产的重要条件，又是洪、涝、盐、渍等农业灾害的根源。

3. 土地资源

一般指能供养生物的陆地表层。农业用地按其用途和利用状况，可以概分为：①耕地，指耕种农作物的土地，包括水田、水浇地、旱地和菜地等。②园地，指连片种植、集约经营的多年生作物用地，如果园、桑园、茶园、橡胶园等。③林地，指生长林木的土地，包括森林或有林地、灌木林地、疏林地和疏林草地等。④草地，指生长草类可供放牧或刈割饲养牲畜的土地，不包括草田轮作的耕地。⑤内陆水域，指可供水产养殖、捕捞的河流、湖泊、水库、坑塘等淡水水面以及苇地等。⑥沿海滩涂，又称海涂或滩涂，是海边潮涨潮落的地方，是沿海可供水产养殖、围海造田、喜盐植物生长等的特殊自然资源。

土地除农业用地外，还有一部分是难以利用或基本不能利用的沙质荒漠、戈壁、沙漠化土地、永久积雪和冰川、寒漠、石骨裸露山地、沼泽等。随着科学技术和经济的发展，有些难以利用的土地正在变得可以逐步用于农业生产。

4. 生物资源

指可作为农业生产经营对象的野生动物、植物和微生物的种类及群落类型。人工培养的植物、动物和农业微生物品种、类型，也可包括在生物资源的广义范畴之内。生物资源除用作育种原始材料的种质资源外，主要包括：①森林资源，指天然或人工营造的林木种类及蓄积量。②草地资源，指草地植被的群落类型及其生产力。③水产资源，指水域中蕴藏的各种经济动植物的种类及数量。④野生生物资源，指具有经济价值可供捕捞或采挖的兽类、鸟类、药用植物、食用菌类等。⑤珍稀生物资源，指具有科学、文化价值的珍稀动植物。⑥天敌资源，指有利于防治农业有害生物的益虫、益鸟、蛙、益兽和有益微生物等。

（三）农业自然资源的特征

1. 它们都是进行生物性生产不可缺少的因素或条件

生物生产是对自然能进行转化为生物能的一个复杂过程，对农业自然资源的需求是全面的和综合利用的，缺少任何一种关键因素将不能完成生产过程，如植物缺少水分，即使其他自然因素非常丰富，也不能完成生命活动。

2. 它们本身都处于不断演变的过程中，与生物体在自然界形成一定循环的生态体系

它们彼此间相互联系、相互制约，形成统一的整体。如在一定的水、热条件下，形成一定的土壤和植被，以及与此相适应的动物和微生物群落。一种自然因素的变化，会引起其他因素甚至资源组合的相应变化，如原始森林一旦被破坏以后，就会引起气候变化、水土流失和生物群落的变化，成为另一类型的生态系统。

3. 它们都有很强的区域性

由于地球与太阳的相对位置及其运动特点，以及由于地球表面海陆分布的状况和地质地貌变化，地球上各个地区的水、热条件各不相同。从而不仅大的区域如南方和北方、东部和西部、沿海和内陆、平原和山区自然资源的形成条件以至各种资源的性质、数量、质量和组合特征等都有很大差别；即使在一个小范围内，如在水田和旱地、平地和坡地、阳坡和阴坡，以及不同的海拔高度之间，也都有不同的资源生态特点。严格地说，农业自然资源的分布，只有相似的而无相同的地区。

4. 它们多具有可更新性或再生性

与矿产资源随开发利用而趋减少的情况不同，农业自然资源是可更新和可循环的。主要表现在土壤肥力的周期性恢复，生物体的不断死亡与繁衍，水分的循环补给，气候条件的季节性变化等。更新和循环的过程可因人类活动的干预而加速，从而打破原来的生态平衡。这种干预和影响如果是合理的，就有可能在新的条件下，使农业自然资源继

续保持周而复始、不断更新的良好状态，建立新的生态平衡；反之，则某些资源就会衰退，甚至枯竭。

5. 它们在数量上多是有限的，但在利用方面又是无限的

地球上土地的面积、水的数量、到达地面的太阳辐射量等，在一定地区、一定时间内都有一定的量的限制。人类利用资源的能力以及资源被利用的范围和途径，还受科学技术水平的制约。但相对而言，由于农业自然资源的可更新性和可培育性，它的生产潜力却是无限的。随着科学技术的进步，人类不但有可能做到保持农业自然资源的循环更新，而且可以不断地扩大资源的利用范围，使有限的资源能无限地发挥其生产潜力。如人类虽不能创造自然资源，但可以采取各种措施，在一定程度上改变它的形态和性质。如通过改土培肥、改善水利、培育优良的生物品种等，进一步发挥自然资源的生产潜力。

二、土地资源可持续利用

（一）我国土地资源状况

我国土地资源的绝对量大，但人平均占有的相对量少。根据统计资料，全国土地总面积约为 960 万 km^2，约占世界土地总面积的 7.3%，仅次于俄罗斯和加拿大而居世界第 3 位。耕地面积为 12 414 万 hm^2，约为世界耕地总面积的 7%，次于美国、印度、俄罗斯而居第 4 位。林地面积 11 533.3 万 hm^2，占世界森林总面积的 3%，仅次于俄罗斯、巴西、加拿大、美国而居第 5 位。草原面积 31 933.3 万 hm^2，其中可利用的面积约 22 466.7 万 hm^2，仅次于澳大利亚而居第 2 位，另有草山草坡约 4 800 万 hm^2。淡水水面 1 666.7 万 hm^2，其中可供养殖面积约 500 万 hm^2；海涂面积约 200 万 hm^2，水深 200m 以内的大陆架约 15 333.3 万 hm^2，为发展淡水及海洋渔业提供了较好的资源条件。

中国人平均占有的各类土地资源数量显著低于世界平均水平。山地多、平地少，海拔 3 000m 以上的高山和高原占国土的 25%。此外还有约 19% 难于利用的土地和 3.5% 为城市、工矿、交通用地。人均耕地面积仅约 0.1hm^2，为世界平均数 0.3hm^2 的 1/3，是人均占有耕地最少的国家之一。人均林地面积约 0.12hm^2，森林覆盖率为 12.7%，而世界平均分别为 0.91hm^2 和 31.3%。人均草地面积 0.33hm^2 多，也只及世界平均数 0.7hm^2 的 1/2。

（二）土地资源保护利用

1. 合理利用与保护土地的主要对策

（1）严格控制城乡建设用地，保护耕地。搞好土地资源的调查和规划工作，科学地开发利用土地。将耕地保护政策转化为法律。我国当前的耕地保护政策除了散见于相关法律之外，多为国务院或部门规章，缺乏专项的耕地保护法律，鉴于今后日益严峻的耕地保护形势，有必要加强这方面的立法工作，适时将已经成熟的政策法律化，进一步提高其效力和权威。

（2）农业发展应主要靠提高单产，走集约经营的道路。

（3）预防土地退化和破坏，积极治理已退化的土地。

（4）加强土地管理，进一步强化耕地保护共同责任制。由于耕地利用涉及面广泛，因此必须落实相关各方保护耕地的共同责任。

2. 土地资源保护与可持续利用主要技术

（1）现代肥料技术。①纵横向动态平衡施肥技术：根据作物生育阶段要求施肥，同时，考虑肥料、灌水、作物品种、植保及其他农业措施（如种植密度、种植方式、轮作周期、耕作等），兼顾施肥机具；②有机肥（农家肥、秸秆、生活垃圾）简易快速无害化处理技术：借助生物技术工程筛选出对有机物能高效快速分解微生物进行有机肥料简易快速分解，然后养分浓缩制成颗粒商品肥料技术；③精确农业施肥技术：综合适用地理信息系统（GIS）、全球卫星定位系统（GPS）、遥感技术（RS）和计算机自动控制系统为核心技术，做到精确、定量施肥；④生物肥料技术：利用生物技术，以各种工业、农业等有机废弃物，研制生产的肥料，可改善植物根际的微生物生态环境，调节土壤酶活力，帮助植株吸收养分，促进植株生长，提高植株自身的免疫力，增强其抗病能力。

（2）其他综合防治技术与措施。①土壤沙化防治技术与措施：大力发展植树造林技术，在特殊情况下，可采用化学方法固沙技术，对于放牧草场，则必须控制载畜量，严禁超载放牧。②次生土壤盐渍化防治技术与措施：健全排水系统，控制地下水位在临界深度以下，防止含盐地下水沿土壤毛细管上升到达地表；实施合理灌溉技术和排水技术。③水土流失防治技术与措施：平整土地，降低坡度，增加植被盖度，采用秸秆还田技术提高土壤抗蚀性能。④预防和治理草场退化的技术措施：确定合理载畜量，避免超载过牧，发展改良草场技术，提高草场生产力，改革放牧为割草饲养，提高畜牧业的集约度。⑤森林相间砍伐和森林更新技术措施：大力发展育林技术，科学合理采伐。

三、水资源可持续利用

（一）我国水资源状况及特点

1. 水资源状况

我国年平均降水总量约6万亿 m³（折合平均降水深628mm）中，约有56%的水量为植物蒸腾、土壤和地表水体蒸发所消耗，44%形成径流。全国河川多年平均径流总量为27 115亿 m³，在世界上仅次于巴西、俄罗斯、加拿大、美国和印度尼西亚而居第6位。但如折合为年平均径流深，则仅为284mm，较许多国家为低。人均占有年径流量仅为2 558m³，只相当于世界平均数10 800m³的1/4，美国的1/5，印度尼西亚的1/7，俄罗斯的1/10，加拿大的1/50。

按耕地每公顷平均占有径流量也只有27 285m³，只相当于世界平均数36 000m³的2/3略多。此外，地下水资源中参加短期水量循环（一年或几年）的浅层水概算每年平均综合补给量（天然资源）约为7 718亿 m³。扣除地下水和地表水之间的重复计算部分，全国水资源平均年总量约为27 362亿 m³，比河川径流量约增加3%。

水资源的地区分布很不均匀。长江流域及长江以南耕地只占全国总耕地的 37.8%，拥有的径流量却占全国的 82.5%；黄淮海三大流域径流量只占全国的 6.6%，而耕地却占全国的 38.4%。长江流域每公顷耕地平均占有水量达 42 000 万 m^3 左右，黄河流域为 260 万 m^3，海河流域仅为 160 万 m^3。水量在时空分配上也极不平衡，年际间变幅很大。如海河流域 1963 年径流量达 533 亿 m^3，1972 年仅只 99 亿 m^3，相差 5.4 倍。全国有相当大的地区，易受洪、涝、旱、渍等自然灾害的侵扰。

2. 水资源特点

（1）降水稀少，且时空分布不均。我国水资源的地区分布不均匀，南多北少，东多西少，相差悬殊。大巴山和淮河一线以南年降水量在 1 000mm 以上，其中华南沿海、云南南部、西藏东南部以及东南丘陵许多地区还可超过 1 500～2 000mm。西北部年降水量均小于 400mm，其中内蒙古、宁夏及其以西的西北内陆地区降水量均在 200mm 以下，柴达木、吐鲁番和塔里木等盆地年降水量均在 25～50mm 以下。

我国降雨年内分配也极不均匀，主要集中在汛期。长江以南地区河流汛期（4～7月）的径流量占年径流总量 60% 左右，华北地区的部分河流汛期（6～9月）可达 80%以上。但由于我国的雨热同期优势，农作物可以尽量利用天然降水，为提高农业产量创造了有利条件。

（2）可利用水资源开发潜力日渐减少。我国淡水资源总量为 28 000 亿 m^3，占全球水资源的 6%，但人均只有 2 200m^3，仅为世界平均水平的 1/4。扣除难以利用的洪水径流和散布在偏远地区的地下水资源后，中国现实可利用的淡水资源量则更少，仅为11 000 亿 m^3 左右。据统计，全国 600 多个城市中有 1/2 以上城市不同程度缺水，沿海城市也不例外。而且由于工业废水的肆意排放，导致 80% 以上的地表水、地下水被污染。

（3）我国河川径流总量大，但水土资源不协调，工程控制能力薄弱。我国河川径流量的年际变化大。在年径流量时序变化方面，北方主要河流都曾出现过连续丰水年和连续枯水年的现象。这种连续丰、枯水年现象，是造成水旱灾害频繁，农业生产不稳和水资源供需矛盾尖锐的重要原因。

（4）农业用水较粗放，水资源浪费严重。由于灌区工程不配套，灌溉管理粗放等原因，我国一些灌区仍采用大水漫灌的灌溉方式，平均灌溉定额高达每公顷 15 000～22 500m^3，再加上耕作制度、栽培方式等方面的问题，我国农业灌溉水的利用系数平均仅为 0.45，渠灌区只有 40% 左右，井灌区也只有 60% 左右，每立方米水生产粮食不足1.00kg，与发达国家的灌溉水分利用率 80% 以上、每立方米水生产粮食大体都在2.00kg 以上相比，差距较大。我国这种水资源短缺与粗放低效利用并存的状况，加剧了水资源短缺，使农业用水形势更加严峻。

（二）水资源合理利用——现代农业节水技术

节水农业技术包括渠道防渗、低压管道输水、喷、微灌等节水灌溉技术、农田保蓄水技术、节水耕作和栽培技术、适水种植技术、节水管理技术以及与这些技术相应的节水新材料、新设备等。发展节水农业就是要不断提高灌溉水利用率、农田水分生产效率及效益。目前，我国节水农业实践中几项主要的节水农业技术措施如下。

（1）渠道防渗技术。是为减少渠道的透水性或建立不易透水的防护层而采取的各项技术措施。与土渠相比，渠道防渗可降低渗漏损失 60% ~90%。

（2）低压管道输水灌溉技术。是用管道代替明渠的一种输水工程措施，它通过一定的压力将灌溉水输送到田间。由于管道输水一般采用地埋式，基本上消除了水的渗漏损失和蒸发损失，具有节水、省地、省工的优点。

（3）喷灌技术。是利用专门的设备将压力水喷洒到空中形成细小水滴，并均匀地降落到田间的灌水方法。与地面灌溉相比，大田作物喷灌一般可节水 30% ~50%，增产 10% ~30%。

（4）微灌技术。是利用微灌设备组装成微灌系统，将有压水输送分配到田间，通过灌水器以微小的流量湿润作物根部附近土壤的一种灌水技术。微灌技术包括滴灌、微喷灌、涌泉灌和地下渗灌等。微灌比地面灌节水 50% ~60%、增产 20% ~30%。

（5）改进地面灌水技术。包括先进的平整土地技术、改进沟畦规格技术（如长畦改短畦，宽畦改窄畦，短沟灌和细流沟灌等）。

（6）综合农业节水技术。耕作保墒技术、覆盖保墒技术、培肥改土，水肥耦合技术、节水生化制剂使用技术、抗旱品种选育。

（7）雨水汇集利用技术。在干旱、半干旱地区，通过雨水汇集、存贮和高效利用，促进当地农业生产。

（8）节水灌溉管理技术。包括用水管理、工程管理、经营管理和组织管理等。

第四节　我国可持续农业发展概述

一、我国可持续农业发展的背景

可持续发展战略是中国的必然选择，中国走可持续发展道路是中国的基本国情决定的，也是对传统发展模式冷静反思的结果和顺应国际潮流、履行国际承诺的需要。国情是一个国家的基本情况，是国家制定路线、方针、政策和发展战略的基础。中国的基本国情是人口基数大，人均资源少，经济和科技水平都比较低，这个国情决定了中国必须走可持续发展的道路。

1. 人口众多，农业资源缺乏

根据中国可持续发展模拟模型，按目前我国人口发展趋势预测，我国人口 2020 年将达到 14.48 亿人，如此庞大的人口增量将对社会经济发展产生巨大压力。人口的文化素质与发达国家相比差距很大，人口老龄化趋势在加大，形势不容乐观。

从总体上讲，我国是一个资源比较丰富的国家。其中有一部分资源的储备较多，具有一定的优势，还可满足国内较长时期的需要。如煤的贮量就很大，约占世界已探明贮量的 1/6，居世界第三位。其他如钨、锡、锑、汞、钒、钛等金属，以及石墨、大理石、花岗石等非金属矿，不仅能自给，保证国民经济发展的需要，而且还可少量出口。但是，我国的大部分资源贮备不足，后备资源有限，尤其是人类赖以生存的耕地和淡水资源，人均占有量分别只有世界平均水平的 32.3% 和 28.1%。我国经济技术水平低，经济增长方式粗放，资源利用率低，甚至破坏和浪费现象严重，农业和农村经济发展的同时，不可避免地加剧了自然资源短缺与经济发展的矛盾。

统计资料显示，耕地资源呈下降趋势。我国人均耕地已由 20 世纪 50 年代的 0.18hm^2 降为 1995 年的 0.096hm^2。预测到 2020 年，人均耕地占有量只有 0.058hm^2。我国的耕地后备只有 1 300 多万 hm^2 左右，它们大多分布在边远山区，土地贫瘠，开发利用难度较大。我国水资源总量每年 2 800 亿 m^3，人均占有量约 2 400m^3，为世界人均的 1/4，难以满足人口、经济发展的需求。地理分布极不均匀，局部地区缺水问题严重。

面对如此严峻的人口和资源形势，中国别无他选，只能走可持续发展的道路，把控制人口增长、节约资源、保护环境放在首要位置，使人口增长与社会生产力的发展相适应，使经济建设与资源、环境相协调，实现良性循环。这是我们唯一的选择。

2. 农业环境污染严重

农业经济飞速发展，加剧了环境污染，如化肥、农药的过量使用造成地表水和地下水的富营养化以及农产品中残留过量的有毒物质，危害人类健康；农作物秸秆的大量焚烧造成土壤养分损失和大气污染；大型畜禽养殖场的粪便不经无害化处理排入江河，造成水体污染；地膜的大量使用造成土壤的白色污染等。我国遭受不同程度污染的农田面积近 2 000 万 hm^2，全国有 82% 的江河湖泊受到不同程度的污染，直接威胁到农牧渔业生产和产品质量的提高。由此，人们开始逐步认识到发展经济不能以污染环境为代价。

3. 自然生态环境严峻

自然生态环境利用不合理，管理不善和超载放牧，重用轻养等现象，使耕地草地退化、盐碱化甚至向沙漠化趋势发展，进一步加剧了我国生态环境的恶化。农业生态环境恶化，资源衰退、土壤沙化、草原退化、水土流失严重，由生态环境恶化导致的气候变异和农业自然灾害频繁发生，已经成为农业和农村经济发展的制约因素。全国土壤沙化和土地沙漠化面积 1.53 亿 hm^2，草原退化面积达 7 300 万 hm^2，水土流失面积多达 367 万 km^2。

4. 农业结构不合理，生产力低

主要表现在：①农业经济结构不合理，农业投入效益不高。农业投资形成固定资产的比率一般只有 65%，化肥和灌溉水利用率较低，农业生产成本上升很快。②农业综合生产力较低，抗灾能力差，农业生产率常有较大的波动。③农村经济欠发达，农民平均收入甚低，而且增长缓慢。农村人口增长快，文化水平低，农业剩余劳动力多，约占农业劳动者总数的 1/4。

综上所述，日益缺乏的资源、污染严重的农业环境和严峻的自然生态环境问题使传统农业和经济发展方式难以为继，因而，必须转变发展方式，调整发展战略。根据我国的基本国情和到 20 世纪末以及 21 世纪中叶的农业发展目标，我国将可持续发展战略作为国家发展基本战略，确立了以生态环境保护、资源合理利用为核心的农业可持续发展战略。

二、我国可持续农业发展的原则、目标和技术对策

（一）指导思想

我国实施可持续发展战略的指导思想是：坚持以人为本，以人与自然和谐为主线，以经济发展为核心，以提高人民群众生活质量为根本出发点，以科技和体制创新为突破口，坚持不懈地全面推进经济社会与人口、资源和生态环境的协调，不断提高我国的综合国力和竞争力，为实现第三步战略目标奠定坚实的基础。

（二）基本原则

1. 持续发展、重视协调与科技创新相结合的原则

以经济建设为中心，在推进经济发展的过程中，促进人与自然的和谐，重视解决人口、资源和环境问题，坚持经济、社会与生态环境的持续协调发展。

充分发挥科技作为第一生产力和教育的先导性、全局性和基础性作用，加快科技创新步伐，大力发展各类教育，促进可持续发展战略与科教兴国战略的紧密结合。

2. 政府调控与市场调节结合原则

充分发挥政府、企业、社会组织和公众四方面的积极性，政府要加大投入，强化监管，发挥主导作用，提供良好的政策环境和公共服务，充分运用市场机制，调动企业、社会组织和公众参与可持续发展。

3. 积极参与广泛合作与重点突破、全面推进结合的原则

加强对外开放与国际合作，参与经济全球化，利用国际、国内两个市场和两种资源，在更大空间范围内推进可持续发展。

统筹规划，突出重点，分步实施；集中人力、物力和财力，选择重点领域和重点区域，进行突破，在此基础上，全面推进可持续发展战略的实施。

（三）发展目标

我国21世纪初可持续发展的总体目标是：可持续发展能力不断增强，经济结构调整取得显著成效，人口总量得到有效控制，生态环境明显改善，资源利用率显著提高，促进人与自然的和谐，推动整个社会走上生产发展、生活富裕、生态良好的文明发展道路。具体目标如下。

1. 实现粮食持续增产安全目标

积极增加粮食生产，保障粮食安全（粮食贮备量占年需求量的17%~18%为最低安全系数）。根据联合国粮农组织提出的"确保所有人在任何时候既能买得到又能买得起他们所需要的健康食品"，坚持从我国的实际出发，借鉴国际经验，把粮食生产、食物安全和提高农民收入列为我国种植业技术发展的长期目标和战略重点。

2. 农村综合发展，完成脱贫致富目标

（1）促进产业结构优化升级，减轻资源环境压力，改变区域发展不平衡，缩小城乡差距。通过国民经济结构战略性调整，完成从"高消耗、高污染、低效益"向"低

消耗、低污染、高效益"转变，促进工农结合、缩小城乡差距，使广大农村共同走上富裕道路。

（2）继续大力推进扶贫开发，进一步改善贫困地区的基本生产、生活条件，加强基础设施建设，改善生态环境，逐步改变贫困地区经济、社会、文化的落后状况，提高贫困人口的生活质量和综合素质，巩固扶贫成果，尽快使尚未脱贫的农村人口解决温饱问题，并逐步过上小康生活。

（3）严格控制人口增长，全面提高人口素质，建立完善的优生优育体系和社会保障体系，基本实现人人享有社会保障的目标；社会就业比较充分；公共服务水平大幅度提高；防灾减灾能力全面提高，灾害损失明显降低。

（4）形成健全的可持续发展法律、法规体系；完善可持续发展的信息共享和决策咨询服务体系；全面提高政府的科学决策和综合协调能力；大幅度提高社会公众参与可持续发展的程度；参与国际社会可持续发展领域合作的能力明显提高。

3. 合理利用和保护农业资源，促进环境良性循环目标

可持续农业，是一种帮助农民科学地选择优良品种、土肥措施、病虫草害综合防治措施、栽培技术、作物轮作制度、农业与相应工业的合理配置，以降低生产和经营成本，增加农业产出，提高农民的净收入，以及持续利用资源和保护生态环境的农业。由于生态系统的生产率有一个上限，基本的生态原则要求我们清楚地认识到农业生产率是有明确权限的，所以生产和消费必须在生态可持续水平上达到平衡。即在农业生产持续发展的同时，必须注重资源与环境的保护，强调资源的持续利用是人类持续发展的基础。

全国大部分地区环境质量明显改善，基本遏制了生态恶化的趋势，重点地区的生态功能和生物多样性得到基本恢复，农田污染状况得到根本改善。合理开发和集约高效利用资源，不断提高资源承载能力，建成资源可持续利用的保障体系和重要资源战略储备安全体系。

（四）技术对策

为确保我国农业的可持续发展，保护生态环境，必须大力发展可持续农业科学技术，包括高产、优质、高效、资源节约（节水、节能、节饲料）型科学技术、品种发掘和改良技术、生物防治和综合防治病虫害技术、环境保护和治理技术等。具体行动如下。

（1）对现有农业技术，从对资源利用率、产品产量和品质以及环境影响等方面，进行可持续评估，推广其中有利于可持续性的技术，淘汰不利于可持续性的技术。

（2）研究、推广提高农业投入物质利用效率的技术。到 2000 年，使化肥和灌溉水利用率由 35% 左右提高到 40% ~ 45%，农业机械利用率提高到 40% 以上，同时要提高油、电利用率。

（3）用生物技术培育优质、高产、抗逆的动植物新品种，提供优良的新种质资源，加强植物和动物基因工程育种技术研究与开发。建立和完善良种选育和繁殖体系，确保优良品种（组合）的纯度和最高应用年限。

（4）研究动植物重大病虫害综合防治和预警技术，加强生物农药的研制与开发，减少病虫灾害损失。

（5）积极推动可持续性农业技术的研究和开发，同时要加强基础性研究，增加科技储备和后劲。重点开展区域农业和农村可持续发展的决策支持系统和综合技术研究。

（6）建立健全广泛、有效的农业技术推广体系，加强农业技术推广、服务站和网络的建设，造就一大批农业技术推广人才。

三、我国可持续农业发展的战略与措施

中国人均农业资源相对紧缺，人均耕地、人均水资源占有量分别只有世界平均水平的 1/3 和 1/4。长期以来，中国一直处于农产品供给的短缺局面，政府的主要农业政策目标是增加农产品生产，并通过大量投入化肥、农药来提高农产品产量。迫于人口增长的压力和提高人民生活水平的要求，在当时条件下，只注重资源开发，适当保护环境和生态环境建设还未列入议事日程，致使经济发展的同时土地退化和环境污染问题也日趋严重。

到 20 世纪 90 年代中期，主要农产品供给实现了由长期短缺到总量基本平衡、丰年有余的历史性转变，农业和农村经济发展进入了一个新的阶段。1998 年，国家的农业政策进行了根本性的调整，将改善生态环境列入政府的农业发展目标之中，正式提出了农业要实行可持续发展战略。战略内容主要包括资源管理、环境保护和生态环境建设 3 个方面。

（一）战略内容

1. 资源管理

资源管理的范围主要涉及耕地资源、水资源、森林资源、草地资源和海洋渔业资源等，其主要内容是：

（1）对资源的合理开发、持续利用；

（2）资源保护，开发资源节约型生产技术，提高资源使用效率；

（3）通过基础设施建设，解决资源时空分布不均衡问题；

（4）解决资源利用率低、破坏和浪费严重的问题。

2. 环境保护

环境保护包含外部环境和内部环境两个方面。外部环境是指农业生产经营受其他行业环境污染的影响，造成农田污染、灌溉水污染等，直接威胁到农牧渔业生产和产品质量的提高。内部环境是指农业生产经营活动时环境的污染问题，如化肥、农药的过量使用造成地表水和地下水的富营养化以及农产品中残留过量的有毒物质；农作物秸秆的大量焚烧造成土壤养分损失和大气污染；大型畜禽养殖场的粪便排污造成的水体污染；地膜的使用造成白色污染等。

3. 生态环境建设

生态环境建设的内容有：

（1）制止不符合自然生态规律的生产活动和资源开发行为；

（2）治理耕地草地退化、盐碱化、沙漠化、水土流失和荒漠化；

（3）解决因生态环境恶化而导致的气候变异、自然灾害频繁发生和资源枯竭问题；

（4）建设有利于人类生存和农业生产经营活动的良好的生态环境。

（二）政策措施

为有效实施农业可持续发展战略，近年来已初步建立起由国家、省、市、县四级组成的农业、林业和水利等部门的资源管理、环境保护、生态环境监测以及技术推广体系。具体的政策措施有以下几个方面。

1. 资源管理

20世纪90年代以来，政府采取了一系列措施，制定《水土保持法实施条例》和《基本农田保护条例》，加强对农业资源的保护，并提高农业资源的使用效率，确保资源环境的合理利用和开发。

（1）实行永久性农田保护制度，把耕地划为基本农田保护区；

（2）实施"沃土计划"，提高土壤肥力。增加有机肥投入，提高科学施肥水平，改革耕作制度，防止土地退化，提倡秸秆还田；

（3）每年七八两个月实行禁捕休渔制度，使渔业资源得到有效保护；

（4）制定全国旱作节水农业规划，建设旱作节水农业示范基地，提高农业生产水平、改善生态环境。

2. 环境保护

在环境保护方面，实行"预防为主、防治结合"、"谁污染谁治理，谁开发谁保护"和"强化环境管理"的三大政策，制定《基本农田保护区环境保护规程》。主要措施如下：

（1）1996年国务院作出《关于环境保护若干问题的决定》指出，加强对乡镇企业环境管理，大幅度提高乡镇企业处理污染能力，发展生态农业，控制化肥、农药、农膜等对农田和水源的污染。

（2）为解决作物秸秆焚烧带来的污染问题，在重点高速公路两侧以及重点城市机场附近，农业部门大力开展了秸秆气化的试点示范工作。

（3）为解决大型畜禽养殖场的粪便不经无害化处理直接排入江河湖泊造成水体污染的问题，农业部与国家环境保护总局制定了《畜禽养殖业污染物排放标准》，并于2000年作为国家标准颁布实施。

（4）为解决农业白色污染问题，农业部门推广了农膜回收和生物防治、合理利用农药化肥等技术。

（5）加强渔业环境监测和监督管理，改善渔业生态环境。1995年国家在淮河流域实施了控制污染、保护环境的行动。1997年国家又在太湖流域实施"太湖水污染防治计划"。农业部门每年都对重要渔业水域环境进行常规性监测，同时对污染渔业事故开展应急性监测，及时掌握海洋渔业环境状况和渔业受污染损失的状况，加强监督检查养殖水域环境、渔业船舶排污情况，及时调查处理污染渔业水域事故。

（6）为治理淮河流域农业污染，关闭了淮河上游污染严重的小造纸厂、小皮革厂，乡镇企业污染得到很好的控制。

3. 生态建设

在生态环境建设方面，1992年国务院将发展生态农业列为中国环境与发展十大对策之一，开展生态农业试点。十五届三中全会通过的《中共中央关于农业和农村工作若干重大问题的决定》强调指出"要大力植树种草，加快流域综合治理，加强水源涵养、水土保持，提高防御风沙能力，切实改变江河泥沙严重淤积、草原沙化的状况"。为改善生态环境，近年来国家实施了几项大型生态建设工程。

（1）植树造林，绿化工程。我国先后开始了三北、长江、平原、沿海防护林、太行山绿化、防治荒漠化、黄河中游、辽河流域、珠江流域和淮河太湖防护林工程等十大生态林业工程建设，使我国部分地区的生态环境得到明显改善。

（2）水土保持工程。为了加快大江大河太湖的综合治理步伐，国家重点支持长江三峡、黄河小浪底等骨干工程建设，还先后进行了黄河中游水土保持、长江中上游水土保持工作。到1995年，已初步治理水土流失面积近60万 km²，今国9个省、自治区、盲辖市43个县的8大片水土流失重灾区。1996年重点治理规模进一步扩大，国家重点治理的区域增加到28个。经过重点治理，生态环境已大为改观。

（3）生态农业工程。政府提出"大力发展生态农业，保护农业生态环境"，针对生态环境恶化和水土流失加剧问题，推进生态农业示范县建设，强调生态农业示范县建设要与小流域综合治理相结合，把耕地逐步建成高产稳产农田。

自20世纪80年代初我国提出发展生态农业的思路以来，生态农业建设逐渐开展，经过十多年的努力，生态农业建设取得了显著的经济效益、社会效益和生态环境效益。目前，全国开展生态农业建设的县、乡、村已达到2000多个，遍布全国30个省、市、自治区，生态农业建设面积660多万 hm²，占全国耕地面积7%左右。据对多个国家级生态农业示范县的不完全统计，通过近5年建设，粮食总产年均增长8.42%，总产值年均增长7.9%以上，农民人均纯收入年均增长18.4%。同时农业生态环境明显改善，水土流失得到初步控制，农业抗灾能力和持续发展的后劲得到了一定程度的稳步提高。

（4）能源生态建设工程。我国农村地区能源供应主要以生物质资源为主，能源的短缺，导致农民生活与生态环境保护矛盾突出，尤其是中西部地区，能源短缺是造成植被破坏和生态环境恶化的重要原因。

围绕解决这一矛盾，农业部门组织开展了农村可再生能源利用建设，实施能源环境工程，按照"因地制宜、多能互补、综合利用、讲究效益"和"开发与利用并重"的方针，经过多年努力，有效地缓解了农村地区能源短缺，对保护植被和改善生态环境起到了积极作用。特别是省柴灶、太阳灶、沼气等技术的大量推广利用，使农村地区的生物质能源消费比例明显下降。

（5）草原生态建设工程。草原生态建设工程的建设重点是防治草原沙化、退化和盐碱化三化问题。主要措施有：农业部门大力组织开展人工种草、飞播牧草，提高植被覆盖率；对草地进行人工改良、围栏封育和轮牧，防治草原破坏、沙化、退化；解决百日开垦、滥采滥挖、过度放牧、只取不予、生态恶化等问题，提高广大牧民保护草原、建设草原的积极性；推行草地承包责任制，实行有偿使用制度。

（6）自然保护区工程。建立自然保护区，开展生物多样性保护。另外，建立可持续的经济体系需要大量资金支持，除主要依靠自身积累外、还需要国际社会的大力援助；需要建立促进可持续发展的政策体系和法规体系，建立可持续发展的管理机制；需要开发新技术，改善技术体系，形成生态上和经济上的良性循环，及时总结推广高产、优质、高效、低耗，并有利于生态农业发展的耕作制度和技术措施；需要社会进步的支持，共同树立可持续发展的理念，提高社会总体的可持续发展实施能力。

四、我国可持续农业发展的成就与问题

（一）发展成就

经过努力，我国实施可持续发展取得了举世瞩目的成就，主要体现在以下几个方面。

1. 经济发展方面

国民经济持续、快速、健康发展，综合国力明显增强，国内生产总值已超过 10 万亿元，成为发展中国家吸引外国直接投资最多的国家和世界第六大贸易国，人民物质生活水平和生活质量有了较大幅度的提高，经济增长模式正在由粗放型向集约型转变，经济结构逐步优化。

2. 生态建设、环境保护和资源合理开发利用方面

国家用于生态建设、环境治理的投入明显增加，能源消费结构逐步优化，重点江河水域的水污染综合治理得到加强，大气污染防治有所突破，资源综合利用水平明显提高，通过开展退耕还林、还湖、还草工作，生态环境的恢复与重建取得成效。

3. 可持续发展能力建设方面

各地区、各部门已将可持续发展战略纳入了各级各类规划和计划之中，全民可持续发展意识有了明显提高，与可持续发展相关的法律法规相继出台并正在得到不断完善和落实。

4. 社会发展方面

人口增长过快的势头得到遏制，科技教育事业取得积极进展，社会保障体系建设、消除贫困、防灾减灾、医疗卫生、缩小地区发展差距等方面都取得了显著成效。

（二）存在的问题、矛盾及对策

1. 问题

我国在实施可持续发展战略方面仍面临着许多问题，主要有：

（1）农业资源浪费，农村土地流失。我国基础设施建设滞后，国民经济信息化程度依然很低，自然资源开发利用中的浪费现象突出，环境污染仍较严重，生态环境恶化的趋势没有得到有效控制，资源管理和环境保护立法与实施还存在不足。人对自然环境的破坏，使得水土流失，田地肥力下降。据有关部门粗略估计，改革开放以来我国通过土地征用从农村转移出的土地资产收益超过 2 万亿元。以土地为唯一保障手段，导致

的社区成员总有一部分人有变更土地承包权的需求。

（2）人口综合素质和劳动生产率低。我国 80% 的人生活在农村，人口老龄化加快，缺乏大量的劳动力，人口综合素质低，经营方式以手工劳动为主。科技贡献率低，科技在农业增产中贡献份额只有 40%，而发达国家为 70% ~ 80%，这主要是由于我国的农业科技投入水平低、农民的文化技术素质与经济水平低、对科技成果的吸纳能力差所致。

（3）农业经济结构不合理。我国农业经济结构不合理，市场经济运行机制不完善，特别是农业经济结构的趋同。目前，各地农村都在扩大经济作物面积，或种果树或种蔬菜，一窝蜂追逐利润高的行业，长此以往就会导致农业产业结构失衡。要增加产品在市场上的竞争力，关键是要发展名、特、优、新产品。

走可持续发展道路是我国的必然选择，但这条道路同时也是十分艰难的，除上述问题外，还要考虑以下几个问题：我国经济实力薄弱是一大障碍；实现可持续发展需要科学技术特别是高新科学技术的支持，要达到这一点尚需长期努力；地区发展的不平衡，尤其是西部地区水土流失等生态恶化现象更加严重。

2. 矛盾

制约我国可持续发展的突出矛盾有：经济快速增长与资源大量消耗、生态破坏之间的矛盾，经济发展水平的提高与社会发展相对滞后之间的矛盾，区域之间经济社会发展不平衡的矛盾，人口众多与资源相对短缺的矛盾，一些现行政策和法规与实施可持续发展战略的实际需求之间的矛盾等。

3. 对策

（1）改变观念，节约资源。要改变观念，科学认识自然，掌握自然规律，顺应自然发展，科学地协调、改造自然，善待自然，改变过去那种"先发展、后治理"的老路，唤起公众的可持续发展意识，帮助人们树立正确的自然观，要珍惜节约资源，实现农业发展的良性循环。

（2）提高农业科技发展水平。注重人才培养，提高农民素质，壮大和提高农村科技队伍，以推动农业和农业科技进步，提高农村各种产品的科技含量，提高科技进步对农业和农村经济增长的贡献率，大量节约各种资源，从而达到提高资源利用率的目的。

（3）调整产业结构，协调人类与自然的关系。在农业科技投入增加的情况下，农业自然资源与环境的破坏基本停止发生，人口同农业自然资源与环境的破坏现象基本不再发生，区域内的农业活动不再对农业环境构成威胁，农业经济的增长基本依赖于农业科技进步及资源的深度开发，最终达到农业生态系统呈良性循环，土地生产力提高，人口同农业资源与环境之间实现全面的协调与平衡。

随着经济全球化的不断发展，国际社会对可持续发展与共同发展的认识不断深化，行动步伐有所加快。我国应以加入世贸组织为契机，充分发挥社会主义市场经济体制的优越性，进一步发挥政府在组织、协调可持续发展战略中的作用，正确处理好经济全球化与可持续发展的关系，进一步积极参与国际合作，维护国家的根本利益，保障我国的国家经济安全和生态环境安全，促进我国可持续发展战略的顺利实施。

走可持续发展道路是我国的必然选择，只要我国政府坚持发挥主导作用，充分运用科技力量，最广泛地动员公众参与，再加上国际社会的有力支持，随着经济体制改革、增长方式转变和科技进步的支持，我国可持续发展的前景是光明的。

复习思考题

1. 如何理解可持续农业？其基本内涵如何？
2. 农业可持续发展技术体系与选择标准是什么？
3. 农业自然资源的定义、特征及主要措施是什么？
4. 简述土地资源保护与可持续利用技术。
5. 试述绿洲水资源特点与现代农业节水技术。
6. 我国可持续农业发展的目标和基本原则是什么？
7. 简述我国可持续农业发展中取得的成就和存在的问题及矛盾。
8. 简述我国发展可持续农业的背景。

第三章 有机农业

20世纪70年代以来，现代化学农业的发展、生产中大量施用化肥和化学农药等虽给生产带来了良好的经济效益，为社会作出巨大贡献，但也付出了巨大的代价和带来极为不良的后遗症，如环境污染、地力退化、生态平衡破坏、农产品质量下降等，致使农业进一步发展受到严重阻碍。一些发达国家已意识到重新考虑今后农业生产发展的思路，因此，现代有机农业应运而生了。

第一节 有机农业发展现状

有机农业的概念于20世纪20年代首先在法国和瑞士提出。从80年代起，随着一些国际和国家有机标准的制定，一些发达国家才开始重视有机农业，并鼓励农民从常规农业生产向有机农业生产转换，这时有机农业的概念才开始被广泛接受。

一、国外发展概况

随着世界经济的发展，全球有机食品消费出现大幅度增加，有机产品市场正在以年20%～30%的速度增长。根据国际贸易中心估测，全世界有机食品和饮料零售总额在1997年约为100亿美元，2001年全世界零售总额则达到260亿美元，2008年全球有机食品零售额将达到800亿美元。有机食品的销售量占食品销售总量的百分比从20世纪90年代的1%上升到目前的5%。但不同地区有所差别，在发展中国家由于多数人还在解决温饱问题，有机农业的发展相对较慢；而在众多发达国家由于人们对这个问题认识较早、投入力度大，再加上国家给予相关政策来支持和鼓励农民进行有机农业生产，因此在欧美及日本等国家有机农业发展得比较快。如法国大约有10%的农场专门从事有机食品原料的生产，有机食品市场占整个食品市场15%，婴幼儿食品基本上都是有机食品；美国计划把加州谷地全部建为有机食品生产基地；德国计划把总耕地面积的10%转为有机食品基地，发展2万个有机农庄；意大利正试图让全国1.8万个农场过渡为有机农场。

（一）美国的有机农业

美国正式的有机食品法规是始于 1990 年出台的有机食品产品法，该法规详细规定了有机农作物和牲畜的生产方法与加工细则。在多次公开讨论后，一些技术如基因工程、辐射和用淤泥作肥料都被排除。许多美国有机农场主看重健康、环保和人类的共同利益，他们抵挡着害虫、鸟类、杂草和干旱的侵扰与为害，不采用化学农药、化肥、激素和转基因种子，以保证产品的质量。

近几年来，美国的有机农业每年以 20% ～25% 的速度增长，显示了良好的发展前景。应该说美国有机农业的快速发展得利于以下两个方面：一是有机农业新标准的制定。美国统一执行农业部颁布的新的有机食品与农产品国家标准，对各地有机农产品采取统一的标签。新的标签规定，能使消费者区分出传统食品和有机食品，明确知道他们所买食品中的有机成分。美国农业部有机标志向消费者表明了该产品的有机含量至少是95%，含 70% ～95% 的有机成分的产品不能打上有机标志，只能在标签上加以说明。当美国农业部制定出新的有机标志后，美国有机农业也就拥有自己最权威的标志，消费者就可以更放心选购自己需要的有机产品了。二是有机食品认证的支持。美国农业部每年拿出 500 万美元来帮助有机食品生产商和加工商支付有机食品认证费，以促进美国有机产业的迅速发展。2003 ～2007 年，美国农业部每年提供 300 万美元的财政经费来支持各州的合作研究、教育和推广服务，以加大有机产品的市场竞争力。

现在，美国有机食品销量最大的是乳制品及其副产品、新鲜食品和快餐食品。为了促进有机食品的销售，美国还开展种种活动，食品生产商从健康安全和环境保护到可持续发展方面展开全方面的宣传攻势，以吸引更多的消费者。在最近的天然产品博览会上，他们所展示的有机食品种类繁多，除牛肉、奶酪、奶油冻和沙拉酱外，还有宠物的有机食品。许多美国人把他们的宠物当作是自己的孩子，分析学家认为宠物有机食品很可能是市场的一大卖点。

（二）加拿大的有机农业介绍

加拿大国土辽阔，气候凉爽，作物病虫害低，是生产有机食品的理想国家。加拿大食品的特色在于"自然"，而这样的"自然"就归功于加拿大的绿色有机农业。2004年以来，有 3 670 名生产商可生产出合格的有机产品，生产有机产品的耕地为485 288hm^2，占加拿大总耕地面积的近 1.5%。加拿大有机食品行业规模不大，共有30家认证机构和 742 家加工、经营企业，但过去 10 年里该行业零售额以每年两位数的增长，其他行业几乎不能与之相比。

2001 年 6 月加拿大成立有机农业中心（The Organic Agriculture Centre for Canada），此中心通过信息传播、发展新研究项目与方针为从事有机农业和向有机农业转化的农民提供广泛服务。加拿大修改了国家有机标准，联邦法规于 2006 年开始实施。联邦法规要求加拿大有机产品符合国家标准并通过国际标准认证。2008 年 12 月 14 日加拿大实施新的有机食品标准，所有出口到加拿大的有机食品必须按照新标准。

据估计，加拿大每年有机食品出口创汇近 0.65 亿加元，其中，出口量最大的作物小麦创汇约 0.14 亿加元。加拿大的大多数有机产品出口到国外，主要包括美国、欧盟和日本。加拿大的有机行业正致力于巩固已有市场，不断拓展形式多样的新市场，提高有机产品的多样性。

二、国内发展前景

我国有机农业的发展起始于 20 世纪 80 年代，1984 年中国农业大学开始进行生态农业和有机食品的研究和开发，1988 年国家环保局南京环科所开始进行有机食品的科研工作，并成为国际有机农业运动联盟的会员。1994 年 10 月国家环保局正式成立有机食品发展中心，我国的有机食品开发才走向正规化。1990 年浙江省茶叶进出口公司开发的有机茶第一次出口到荷兰，1994 年辽宁省开发的有机大豆出口到日本。以后陆续在我国各地发展了众多的有机食品基地，在东北三省及云南、江西等一些偏远山区有机农业发展得比较快，近几年来已有许多外贸公司联合生产基地进行了多种产品的开发，如有机豆类、花生、茶叶、葵花子、蜂蜜等。进入 21 世纪以后，我国有机农业与有机食品生产得到快速发展，截至 2003 年年底，全国经农业系统认证的有机食品企业 203 家，产品 559 个，实物总量 17.9 万 t，占全国的 21.7%；年销售额 11.3 亿元，占全国的 44.5%；出口额 4 360 万美元，占全国的 30.7%；认证面积 62.86 万 hm^2，占全国的 31.4%。截至 2004 年 6 月底，农业系统有机食品认证企业达到 417 家，产品 662 个，实物总量 24.7 万 t，分别比 2003 年年底增长 3.7%、18.4% 和 40%；其中有机水产品产量位居全球榜首。由此可见，我国有机农业在近年发展迅速，有机产品在国际市场的竞争潜力已初步显现，前景广阔。

在中国发展有机农业有着众多优势：首先，我国有着历史悠久的传统农业，在精耕细作、用养结合、地力常新、农牧结合等方面都积累了丰富的经验，这也是有机农业的精髓。有机农业是在传统农业的基础上依靠现代的科学知识，在生物学、生态学、土壤学科学原理指导下对传统农业反思后的新的运用。其次，中国有其地域优势，农业生态景观多样，生产条件各不相同，尽管中国农业主体仍是常规农业依赖于大量化学品，但仍有许多地方，多集中在偏远山区或贫困地区，农民很少或完全不用化肥农药，这也为有机农业的发展提供了有利的发展基础。再次，有机农业的生产是劳动力密集型的一种产业，我国农村劳动力众多，这有利于有机食品发展，同时也可以解决大批农村剩余劳动力。最后，随着中国加入世贸组织脚步的临近，中国农产品的出口会受到绿色非贸易壁垒的限制，有机食品的发展能与国际接轨，可以开拓国际市场。同时随着我国人民生活水平提高和环境意识的增强，有机食品的国内市场在近几年内将有较大发展，因此有机食品在国内外都会有广阔的发展前景。

三、中国的有机农业道路

中国作为一个发展中国家，不能沿袭以牺牲环境和损耗资源为代价发展经济的道路，中国农业必须走"精准农业"+"有机农业"之路，在提高农业生产效率和解决粮食安全的基础上，充分利用有限的资源，大力发展有机农业，充分发挥其内动力的作用，努力改善生态环境，将有利于农业的可持续发展。

1. 加强政府扶持，实现观念转变

国家与地方政府应重视有机农业的发展，为常规农业生产向有机农业生产转换提供政策扶持，充分利用WTO允许的"绿箱政策"，出台有机农业相应的措施和政策。采取激励政策发展绿肥生产，培育地力，进行合理的政策引导和调控，针对有机农业在国内的发展势头，制定一系列发展规划并对其发展进行调控，在常规农业向有机农业转化期给予农民一定的经济支持以弥补由转换带来的经济损失。同时有机农业的发展还需要社会各界的理解和支持。应努力建立一种可持续发展的农业生产体系，使农业生态实现自我调节，农业资源实现再生利用。既造福于今人，又泽惠于后代，真正做到人和自然的和谐，实现社会效益、经济效益和生态效益同步提高。

2. 完善的有机农产品管理制度

有机农业和有机农产品的生产涉及到符合国际上有机农产品生产、经营、管理以及市场运行的标准和规则的制度体系建设问题，这方面中国还处于空白状态。因此，应积极努力争取获得国际权威有机食品认证机构的认证，建立有机农业的具体管理和生产程序上的较为完善科学的管理制度，从而取得进军国际市场的绿色通行证。

3. 建立行业协会，完善咨询服务体系

我国在有机农业发展的道路上要借鉴外国成功的经验，尽量少走弯路。日本在有机农业发展过程中，各级有机农业协会发挥了不可估量的作用，有机农业协会为农户进行技术咨询和各种培训等服务，协调农户、生产与市场间的关系，在克服各自为政状况，整合资源优势、产品优势和销售优势，形成一致对外的合力等方面将发挥不可替代的作用。

4. 依靠科技进步，积极发展有机农业

目前，中国在有机农业生产技术上还不是十分成熟，有些技术问题一时还没有完善的解决方案，有机农业生产资料的种类、质量和数量还不能满足有机农业生产的需要。因此，发展有机农业要依靠科技进步，组织科技攻关，解决有机农产品生产、加工、贮藏、运输和贸易过程中的技术难题；加强技术培训、技术咨询和技术服务，让有机生产者真正掌握有机农产品生产实用技术；加强生产关键技术的研究示范与推广，研究运用先进的科学配套技术，实现高效的有机生产，并根据国际市场需求和生产管理标准，在生态环境和生产过程控制良好的地区，有选择地进行有机农产品的生产、加工试点，并逐步展开；发展种植业和养殖业结合的综合农业，形成能量的有效循环，减少外部投入，提高经济效益。

5. 加强有机农业的宣传力度

有机产品发展离不开与之相适应的政治、经济和文化背景。目前，有机产品的生产理念在我国的认知程度仍然很低。有机产品要合理、稳步的发展，首先要提高生产者与经营者对有机农业及其产品的认知程度，通过各种媒体如报纸、电视等方式的宣传提高人们食品安全和环境意识，关注和消费有机食品。加强国家注册检查员培训，让每位检查员都成为有机农业理念和有机产品知识的传播者，通过加强企业内部检查员培训，让每个申报企业都成为有机产品生产的实践者和传承者。

第二节　有机农业和有机食品

一、有机农业的定义和特点

"有机农业"（Organic farming，Organic agriculture）一词最早出现在出版于 1940 年的诺斯伯纳勋爵的著作《Look to the Land》中，是指人们在没有化肥和农药的情况下进行农业生产的一种形式。现代有机农业并不同于古代传统的农业生产，而是采用了注重生态的系统方法（包括长期规划、详细跟踪记录），对设备和辅助设施的大笔投资，运用现代科学技术，实现农产品有机、优质、高效生产。

有机农业的发展可以帮助解决现代农业带来的一系列问题，如严重的土壤侵蚀和土地质量下降，农药和化肥大量使用给环境造成污染和能源的消耗，物种多样性的减少等；还有助于提高农民收入，发展农村经济。据美国的研究报道有机农业成本比常规农业减少 40%，而有机农产品的价格比普通食品要高 20% ~ 50%。同时有机农业的发展有助于提高农民的就业率，有机农业是一种劳动密集型的农业，需要较多的劳动力。另外有机农业的发展可以更多地向社会提供纯天然无污染的有机食品，满足人们的需要。

（一）有机农业的定义

有机农业有众多定义，而最为广知的定义是指完全不用人工合成的肥料、农药、生长调节剂和家畜饲料添加剂的农业生产体系。

欧洲把有机农业描述为一种通过使用有机肥料和适当的耕作措施，以达到提高土壤的长效肥力的系统。在有机农业生产中，仍然可以使用有机肥和有限的矿物质，但不允许使用化学肥料，通过自然的方法而不是通过化学物质控制杂草和病虫害。

由中华人民共和国国家质量监督检验检疫总局和中国国家标准化管理委员会发布的中国有机农业产品标准 GB/T 19630 对有机农业的定义是："遵照一定的有机农业生产标准，在生产中完全或基本不使用化学合成的农药、化肥、调节剂、畜禽饲料添加剂等物质，也不使用基因工程生物及其产物的生产体系，遵循自然规律和生态学原理，协调种植业和养殖业的平衡，采用有机肥满足作物营养需求的种植业，或采用有机饲料满足畜禽营养需求的养殖业等一系列可持续发展的农业技术以维持持续稳定的农业生产体系的一种农业生产方式。"

对于有机农业的定义，从以下几个方面进行理解。

（1）耕作与自然的结合：有机耕作不使用矿物养分提高土壤肥力，而是利用豆科、秸秆以及施用绿肥和动物粪便等措施培肥土壤、保持养分循环。采用合理的耕种措施保护环境，通过合理轮作、休闲等恢复地力。

（2）遵循自然规律和生态学原理：通过多样种植，建立包括豆科植物在内的作物轮作体系，以自然生态学方式控制病虫草害，营造良好的作物生长环境。防止水土流失，保持生产体系及周围环境的基因多样性等。当然，有机农业生产体系的建立需要有一定的有机转换过程。

（3）协调种植业和养殖业的平衡：按照土地承载量养殖牲畜，通过过腹还田，达到既满足生活需要，又保持良好生态环境。

（4）禁止基因工程获得的生物及其产物：转基因生物不是自然的产物，不符合有机农业与自然秩序相和谐的原则。

（5）禁止使用人工合成物质：包括化肥、农药、调节剂、饲料添加剂等。

（二）有机农业区别于传统农业的特点

传统农业生产技术和措施，仍然可以应用到有机农业中，但有机农业并不等同于传统农业。有机农业生产可以利用一些现代科技发展的技术，但不是所有现代科学技术都能在有机农业生产中采用。有机农业与传统农业相比较，有以下特点。

1. 可向社会提供无污染、好口味、食用安全的环保食品，有利保障人民身体健康，减少疾病发生

化肥农药的大量施用，在大幅度提高农产品产量的同时，不可避免地对农产品造成污染，给人类生存和生活留下隐患。目前人类疾病的大幅度增加，尤以各类癌症的大幅度上升，无不与化肥农药的污染密切相关。以往有些地方出现"谈食色变"的现象。有机农业不使用化肥、化学农药，以及其他可能会造成污染的工业废弃物、城市垃圾等，因此其产品食用就非常安全，且品质好，有利保障人体健康。

2. 可以减轻环境污染，有利恢复生态平衡

目前，化肥农药的利用率很低，一般氮肥只有20%～40%，农药在作物上附着率不超过10%～30%，其余大量流入环境造成污染。若化肥大量进入江湖中造成水体富营养化，影响鱼类生存。农药在杀病菌、害虫的同时，也增加了病菌、害虫的抗性，杀死了有益生物及一些中性生物，结果引起病菌、害虫再猖獗，使农药用量愈来愈大，施用的次数愈来愈多，进入恶性循环。改用有机农业生产方式，可以减轻污染，有利于恢复生态平衡。

3. 有利提高我国农产品在国际上的竞争力，增加外汇收入

随着我国加入世贸组织，农产品进行国际贸易受关税调控的作用愈来愈小，但对农产品的生产环境、种植方式和内在质量控制愈来愈大（即所谓非关税贸易壁垒），只有高质量的产品才可能打破壁垒。有机农业产品是一种国际公认的高品质、无污染环保产品，因此发展有机农业，有利于提高我国农产品在国际市场上的竞争力，增加外汇收入。

4. 有利于增加农村就业、农民收入，提高农业生产水平

其一，有机农业是一种劳动知识密集型产业，是一项系统工程，需要大量的劳动力投入。我国人口众多，充足的劳动力资源为发展有机农业提供人力保证的同时，也解决了农村的就业问题；其二，有机农业食品在国际市场上的价格通常比普遍产品高出

20% ~50% ，有的高出 1 倍以上。因此发展有机农业可以增加农民收入，提高农业生产水平，促进农村可持续发展。

二、有机食品

现代农业的发展所导致的众多环境问题越来越引起人们的关注和担忧。20 世纪 30 年代英国植物病理学家 Howard 在总结和研究中国传统农业的基础上，积极倡导有机农业，并在 1940 年写成了《农业圣典》一书，书中倡导发展有机农业，为人类生产安全健康的农产品——有机食品。

目前，世界上生产有机食品的国家有 100 多个，其中非洲 27 个，亚洲 15 个，拉丁美洲 25 个，欧美国家均生产有机食品。有机食品市场主要在发达国家，2006 年欧盟有机食品销售额达 580 亿美元，美国 470 亿美元。我国目前已建立了 100 多个有机食品生产示范点，2002 年出口 2 000 万美元。

（一）有机食品的定义和标准

有机食品（Organic food）是目前国际上对无污染天然食品比较统一的提法，指来自有机农业生产体系，根据国际有机农业生产要求和相应的标准生产加工的，并经独立的认证机构认证的农产品及其加工产品。包括粮食、蔬菜、水果、奶制品、畜禽产品、蜂蜜、水产品、调料等。有机食品是有机农业生产产品的主要表达形式，随着人们环境意识的逐步提高，有机农业所涵盖的范围逐渐扩大，有机农业生产中除了食品外，还包括纺织品、化妆品、皮革等其他与人类生活相关的产品。

有机食品是一类真正意义上的无污染、纯天然、高品位、高质量的健康食品，其最大特点是在生产、加工过程中，拒绝使用农药、化肥、添加剂等合成物质，也不使用基因工程的产物。作为有机食品，通常需要符合以下 4 个标准。

（1）原料必须是来自已建立或正在建立的有机生产体系（或称有机农业生产基地），或采用有机方式采集的野生天然产品。

（2）产品在整个生产过程中必须严格遵循有机食品的生产、采集、加工、包装、贮藏、运输等的要求，禁止使用化学合成的农药、化肥、激素、抗生素、食品添加剂等，禁止使用基因工程技术及该技术的产物及其衍生物。

（3）生产者在有机食品的生产和流通过程中，有完善的跟踪审查体系和完整的生产、销售的档案记录。

（4）必须通过独立的有机食品认证机构认证审查。

（二）有机食品的正确理解

1. 有机食品与其他食品的区别

（1）有机食品在其生产加工过程中绝对禁止使用农药、化肥、激素等人工合成物质，并且不允许使用基因工程技术；而其他食品则允许有限使用这些技术，且不禁止基因工程技术的使用。如绿色食品对基因工程和辐射技术的使用就未作规定。

（2）生产转型方面，从生产其他食品到有机食品需要 2～3 年的转换期，而生产其他食品（包括绿色食品和无公害食品）没有转换期的要求。

（3）数量控制方面，有机食品的认证要求定地块、定产量，而其他食品没有如此严格的要求。

因此，生产有机食品要比生产其他食品难得多，需要建立全新的生产体系和监控体系，采用相应的病虫害防治、地力保护、种子培育、产品加工和储存等替代技术。

2. 对有机食品的正确理解

在有机农业发展的初级阶段，特别是在有机食品与绿色食品并存的中国，正确理解有机农业和有机食品的概念，有助于有机农业的健康发展。

（1）有机食品不等同于无污染的食品。不少人认为，不含任何化学残留物质，绝对无污染的食品就是有机食品。严格地说，食品是否有污染物质是一个相对的概念。自然界中不存在绝对不含任何污染物质的食品，只不过有机食品中的污染物质含量要比普通食品低得多。因此，过分强调有机食品的无污染特性，会导致人们只重视对环境和终端产品的污染状况的分析，而忽视对整个生产过程的全程质量控制。很多生产者和贸易者过去误认为，只要他们的产品中没有污染物质，就可以获得有机食品证书。

（2）并非一定要在无污染的地区才能从事有机农业生产，关键在于是否使用有机农业生产技术体系。有机食品的主要特点来自生态良好的有机农业生产体系。如果片面强调有机食品的无污染特性，过分强调对生产基地的环境质量标准，而把有机农业的基地大多放在边远无污染的贫困地区，忽视在发达地区逐步建立有机生产体系。但从发挥有机农业在减轻农用化学物质污染的作用来分析，在农用化学物使用量较大的地区，发展有机农业更有重要的环境保护意义。

（3）有机农业不等同于传统农业，它不仅仅是为了获得较好的经济效益。有机农业生产充分利用了农业系统内的废弃物，减轻了对环境的污染，从而减小了社会用于治理环境污染的费用，减轻了由于环境污染对人体健康和社会造成的直接和间接经济损失。人们在计算有机农业和常规农业的投入时，不应忽视了这些投入的真正价值。由于有机食品的价格比普通食品高，因此，不少贸易者开发有机食品的目的是为了获得较好的经济效益；少数贸易者为了垄断有机食品贸易，不让基地的合作伙伴了解他们作为有机生产者应该了解的信息，使真正的有机生产者没有从中得到应该获得的利益；也有的贸易者利用有机生产标准对新开垦地有机认证的特殊规定，在新开垦地从事有机作物的生产时，播种不管，掠夺性种植，出现问题后，再在其他地区寻找新开垦地。这样做与有机农业的原理背道而驰，也违反了发展有机食品旨在保护环境、保持农业生产的持续发展的方向。

三、有机食品、绿色食品与无公害食品的区别

随着人类环保意识的加强和对消费理念的提高，越来越多的人倾向于选择有机食品，人们逐步认识到有机食品的好处：①较为健康。研究显示有机产品含有较多铁质、镁质、钙质等微量元素及维生素 C，而重金属及致癌的硝酸盐含量则较低；②味道较

好。有机农业提倡保持产品的天然成分，因此可保持食物的原来味道；③含有较少化学物质。在有机生产的理念下，所有生产及加工处理过程均只允许在有限制的情况下施用化学物质；④生产过程不含基因改造成分。在有机生产的理念下，所有生产及加工处理过程中均不可使用任何基因改造生物及其衍生物。

在对食品安全等级划分上，我国有关部门还推行的其他标志食品如无公害食品和绿色食品。目前，虽然人们的消费观念日益提高，开始注重消费质量，但也有不少人对于现代农业中的有机食品和无公害食品及绿色食品不太了解，经常把它们混为一谈。

无公害农产品是指产地环境、生产过程和产品质量符合国家有关标准和规范的要求，经认证合格获得认证证书并允许使用无公害农产品标志的优质农产品及其加工制品。严格来讲，无公害食品应当是普通食品都应当达到的一种基本要求。绿色食品是我国农业部门在 20 世纪 90 年代初发展的一种食品，是指在无污染的条件下种植、养殖，施有机肥料，不用高毒性、高残留农药，在标准环境、生产技术、卫生标准下加工生产，经权威机构认定并使用专门标识的安全、优质、营养类食品的统称。绿色食品分为A 级绿色食品和 AA 级绿色食品。其中，A 级绿色食品生产中允许限量使用化学合成生产资料，AA 级绿色食品则较为严格地要求在生产过程中不使用化学合成的肥料、农药、饲料添加剂、食品添加剂和其他有害于环境和健康的物质。从本质上来讲，绿色食品是从普通食品向有机食品发展的一种过渡产品。从食品安全等级上看，有机食品最高，绿色食品次之，无公害食品低于绿色食品（图 3 - 1）。

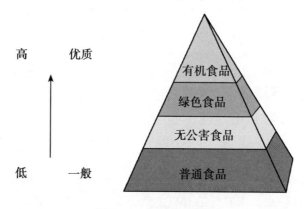

图 3 - 1　食品安全等级

无公害农产品、绿色食品、有机食品都是经质量认证的安全农产品。无公害农产品是绿色食品和有机食品发展的基础，绿色食品和有机食品是在无公害农产品基础上的进一步提高。无公害农产品、绿色食品、有机食品都注重生产过程的管理，无公害农产品和绿色食品侧重对影响产品质量因素的控制，有机食品侧重对影响环境质量因素的控制。三者在目标定位、质量水平、运作方式和认证方法等方面存在不同。

1. 目标定位

无公害农产品是为了规范农业生产，保障基本安全，满足大众消费；绿色食品是为了提高生产水平，满足更高需求、增强市场竞争力；有机食品则是为了保持良好生态环境，人与自然的和谐共生。

2. 质量水平

无公害农产品达到中国普通农产品质量水平；绿色食品达到发达国家普通食品质量水平；有机食品达到生产国或销售国普通农产品质量水平。

3. 运作方式

无公害农产品采取政府运作，公益性认证，认证标志、程序、产品目录等由政府统一发布，产地认定与产品认证相结合；绿色食品采取政府推动、市场运作，质量认证与商标使用权转让相结合；有机食品属于社会化的经营性认证行为，因地制宜、市场运作。

4. 认证方法

无公害农产品和绿色食品认证依据标准，强调从土地到餐桌的全过程质量控制；检查检测并重，注重产品质量。有机食品实行检查员检查制度；在国外通常只进行检查，在国内一般以检查为主，检测为辅，注重生产方式。

第三节　有机农业生产基地的建设

随着我国加入 WTO 后农产品面临着激烈的国际竞争和出口贸易中的绿色壁垒，以及人民生活水平的提高和食品安全意识的增强，发展有机农业、开发有机食品日益受到政府、贸易公司和消费者的广泛重视。因此，建设有机农业生产基地是发展有机农业的关键和良好保证。

建设有机农业生产基地不仅要求建设者具备生态文明的思想意识，还要有先进的生态道德观，在生产的同时更要注意对自然物的尊重与保护。

一、有机农业生产基地建设的理论基础

20 世纪 20~40 年代德国的著名哲学家 Steiner 提出生物动力农业，英国的 Howard 和 Balfour 从提倡健康的角度提出有机农业，强调在相对封闭的系统内循环使用养分来培育土壤肥力和生命力，使作物健康地生长，生产出健康的产品。他们不是简单地看待人类疾病和导致疾病的原因，而是努力从整个生态系统探索健康的根源，正如 Balfour 发表的对健康的著名论述："健康的土壤→健康的作物→健康的动物→人类的健康"，即土壤、植物、动物和人类的健康是息息相关不可分割的整体，只有健康的土壤、在健康的农业生态系统条件下才有可能生产出安全的农产品，才能获得人类的健康。

因此，进行有机农业生产基地建设，必须以生态系统健康理论为指导，循环使用系统中的各种有机废弃物，科学合理地施用充分腐熟的有机肥，种植绿肥，实行多样性种植和作物轮作，以培育健康的充满生命活力的土壤，建立健康的生态系统，生产出安全健康的有机食品。

二、有机农业基地建设的基本原则

要建设好一个有机生产基地，应遵循以下几个基本原则。

（一）生物与环境的协调发展，营养物质封闭式持续循环

生物与环境之间存在着复杂的物质交换和能量流动的关系。环境影响生物，不同的环境孕育了不同的生物群体，生物也影响环境，两者不断相互作用，协同进化。生物既是环境的占有者，也是环境的组成部分；它不断地利用环境资源，又不断地分解动、植物残体，使之重新回到环境中，保持生态系统的平衡和生物的再生。

有机农业把人、土地、动植物和农场看作一个整体，建立生态系统内营养物质循环的所有营养物质均依赖于农场本身。这就要求我们全面合理规划农场土地面积、种植结构、饲料种类和数量、饲养动物的数量、有机肥的数量和利用方式等，以保证营养物质的均衡供应和持续发展；充分发挥生态系统中各元素之间的关系，设计多级物质传递链，多层次分级利用，减少污染，肥沃土壤。

由于有机农业遵循着生物与环境协调发展和营养物质封闭式循环的原理，因此，从基地选择或开始建设时起，就应该合理规划、因地制宜，合理布局，优化产业结构。

（二）生态系统的自我调节机制

自然生态系统本身具有很强的自我修复和抗干扰能力，然而有机农业生态系统是介于农田生态系统和自然生态系统的中间类型，因此必须在人为的干预下，使之既具有农田生态系统的生产量，又具有自然生态系统的自我调节机制。在有机农业基地建设过程中，合理安排作物的轮作和布局，充分提高土地的利用率，增加作物的产出量；通过生态系统中食物链的量化关系，形成生态组合最优、内部功能最协调的生态系统。生态防治是病虫防治的基础，要充分采取农艺措施（耕作、抗性品种、轮作、间作套种、地面覆盖、肥水管理、清洁田园等），辅之于恰当的生物防治（保护利用自然天敌、释放天敌益虫、Bt 等微生物农药、植物性农药等）、物理防治（灯光诱杀、防虫网、调节温湿度等）措施，控制病虫害的大量发生，以达到良好的自我调节。

（三）经济、环境、社会三大效益相结合，生态效应和经济效应相统一

实现经济、环境、社会三大效益是可持续农业发展的共同目标，也是有机农业生产管理人员追求的重要目标。经济效益是有机生产中极为重要的目标，追求高价格是有机农业经济效益的重要保障。有机农业一方面要通过种养结合、循环再生、多层次利用的农业生态工程方式来降低生产成本，提高整体生产力，另一方面通过较高的价格回报来实现高的经济效益。环境效益，包括建造丰富多彩的田园景观，保护野生生物和生物多样性，对基地的绿化美化、尽量减少裸地，对土地的保护，对水资源的保护，避免水土流失，减少污染等，保护好农业生态环境是消费者愿意花高价购买有机食品以激励农民从事有机生产的原因之一。社会效益包括为广大消费者提供安全、健康、优质的产品，

为劳动者提供更多的就业机会，提高整个社会的环境保护意识等。三大效益中，经济效益是实现环境效益与社会效益的动力因素，环境效益、社会效益是经济效益的基础，三者相辅相成，互相影响。因此，有机生产基地建设过程中，三大效益的有机结合才能达到生态效应和经济效应的统一。

（四）生产与市场开拓结合

有机食品作为健康、安全、优质的环保产品，越来越受到人们的青睐，产品价格也普遍高于常规产品的30%～50%，甚至翻几倍，但是再高价格也要以市场接受为前提。因此，基地建设过程中，要同时考虑市场开拓问题。

目前，有机生产通常有两种情况：一是一些贸易公司或龙头企业有有机食品的出口订单，再组织农户或农场进行生产；二是政府鼓励农民或农场先进行有机生产转换，再寻找市场。前者不存在市场危机，是很多生产基地所期待的生产组织方式，而后者则经常具有盲目性。因此，有机生产基地建设者必须具备很强的市场意识，要充分考虑产品的市场前景，做好产品的营销策划，否则会造成很大的经济损失。

（五）标准化与科学化的统一

有机农业的良好运作体现了标准化和科学化的统一。有机生产的标准化是指在有机农业基地建设过程中要严格遵守有机认证标准和认证要求进行操作。即有详细的标准规定什么行为与方法或物质是允许的，什么是限制甚至是禁止的，并且有专门的认证机构按照有机生产标准对基地进行检查认证，如果违背了标准，基地就不能通过认证，其产品也不能以"有机产品"出售。科学化是指在遵守标准的基础上更深层次地应用现代科学技术和经营管理方法，如生态农业技术、生态经济、循环经济理论、农业产业化经营等，对基地进行规划设计，提高基地的科技含量和综合生产力，从而实现良好的经济效益。

目前，我国有机生产基地强调标准化，而科学化体现不足。多数生产管理者对有机标准理解不透彻甚至不正确，一味禁锢思想，被动地严守标准做到标准化，或者只是进行单一的替代式的生产方式，除了不使用农药、化肥外，与常规农业几乎没有多大差别。在经济效益方面，对产品价格也过分依赖，一旦没有获得较好的价格，没有进入有机食品市场，经济效益不好，最终就会影响到生产者的积极性。

三、有机农业生产基地建设的内容

有机农业生产在标准、技术、管理诸方面都区别于常规农业，有机农业生产基地的建设必须从总体出发，明确现有优势、发展潜力和不足，根据基地实际情况和市场需求，采用集约化、系统化、产业化为一体的种植经营模式，完善有机农业设施建设，作出合理的总体规划，为长期战略性发展有机农业奠定坚实的基础。基地建设包括以下几方面内容。

（一）选择理想基地

有机生产基地是有机初级产品、畜禽饲料的生长地，基地的生态环境条件直接影响有机产品的质量。因此，开发有机食品，必须选择理想的生产基地。通过基地的选择，可以全面地、深入地了解基地及基地周围的环境质量状况，为建立有机食品基地提供科学的决策依据，为有机食品产品质量提供基础保障。

有机农业是一种农业生产模式，故原则上所有能进行常规农业生产的地方都可进行有机农业生产基地建设。有机农业生产强调转换期，通过生产管理方式的转换来恢复农业生态系统的活力，降低土壤的农残含量，而非强求必须有一个非常清洁的、偏远的生产环境。通常，选择生产基地主要从以下几个因素考虑。

1. 环境条件

环境条件主要包括空气、水、土壤等环境因子，虽然有机农业不像绿色食品有一整套对环境条件的要求和环境因子的评价指标，但作为有机食品生产基地应选择空气清新，水质纯净，土壤未受污染或污染程度较轻，具有良好农业生态环境的地区。

（1）空气。周围不得有污染源，特别是上游或上风口不得有有害物质或有害气体排放；在周围存在潜在的大气污染源的情况下，要按照《保护农作物的大气污染物最高允许浓度 GB 9137—88 对大气质量进行监测，空气质量符合国家大气环境质量一级标准 GB 3095—82。

（2）水和土壤。按照《农田灌溉水质标准 GB 5084—92》和《土壤环境质量标准 GB 15618—1995》检测灌溉用水和田块土壤质量（尤其是怀疑水、土受到污染时），水质要达到相应种植作物的水质标准，土壤耕性良好，具有较高的肥力，无污染，至少要达到二级标准即可。对于灌溉用水、渔业用水、畜禽用水及食品加工用水，要符合国家有关标准。特别是水产养殖，水质要求比较高，要按照《渔业水质标准 GB 11607》进行养殖水面的水质检测，且在水源周围不得有污染源或潜在的污染源。

（3）污染。土壤重金属的背景值位于正常值区域，周围没有金属或非金属矿山，没有严重的农药残留、化肥、重金属的污染。

（4）其他。生产基地应避开繁华的都市、工业区和交通要道，基地周围有充足的保持土壤肥力的有机肥源供应。另外对于基地的农田基本建设状况，产品特色，劳动力资源，农民的生产技术也要加以考虑。选择产品知名度高，农民生产技术强，文化教育良好的地区作为有机生产基地，有机转换可顺利进行，并实现产品的有机与优质相结合，产生良好的经济效益。野生植物的有机农业开发，基地必须选择在近三年内没有受到任何禁用物质污染的区域和非生态敏感的区域。

2. 生态条件

除了具有良好的环境条件外，生态条件也是有机农业可持续发展的基础条件。

（1）土壤肥力。通过对基地的土壤肥力进行检测，分析土壤的营养水平，从而制定出合理的适于基地开展有机农业的土壤培肥措施。

（2）生态环境。基地内的生态环境包括地势、镶嵌植被、水土流失情况和保持措施。若存在水土流失，在实施水土保持措施时，选择对天敌有利，对害虫有害的植物，这样既能保持水土，又能提高基地的生物多样性。

（3）周围生态环境。调查基地周围的生态环境包括植被的种类、分布、面积、生物群落的构成，建立与基地一体化的生态调控系统，增加天敌等自然因子对病虫害的控制和预防作用，减轻病虫害的危害和生产投入。

（4）隔离带和农田林网。选择的基地田块要相对集中连片，尽量减少相邻常规地块对有机地块的影响，种植树篱、建立防风林障等明显的缓冲隔离带（根据美国 OCIA 认证标准的规定，需要建立 8m 宽的缓冲带），避免在废水污染和废弃物集中地周围 2 ~ 5km 范围内进行有机食品生产。

充分明确隔离的作用，建立隔离带并不是为了应付检查的需要。一方面隔离带起到与常规农业隔离的作用，避免在常规农田种植管理中施用的化肥和农药渗入或漂移至有机田块，能有效防治有机农业生产区外部的偶然污染（风吹等）。所以，隔离带的宽度与周围作物的种类和作物生长季节的风向有关；隔离带的树种和类型（多年生还是一年生，乔木还是灌木，诱虫植物还是驱虫植物等）依具体情况而定。另一方面隔离带是有机田块的标志，起到示范和宣传的作用。

（5）种植历史。了解基地种植作物的种类和种植模式；种植业的主要构成和经济地位；当地主要的病虫害种类和发生的程度，作物的产量；肥料的种类、来源和土壤肥力增加的情况；病虫害防治方法等，便于更好地开展有机农业或有机农业的转换。

（二）进行科学规划

制定科学的规划是开展有机农业生产成功的关键，而有机农业区域的现状评估是有机农业基地建设规划的前提。在对区域现状评估过程中，要对生态系统、社会发展要素、经济基础做出系统的调查、分析和研究，从整体出发，明确现有的优势、不足和发展的潜力，抓住主要矛盾，为制定有机农业发展的总体规划提供科学的背景材料。生态系统是一个有机的整体，生态系统内生物与非生物因素间相互依存、相互制约，若内部关系处理不好，就无法实现生态系统内部的良性循环。

在对生态系统、社会发展要素、经济基础做出系统的调查、分析和研究的基础上，制定出具有指导性、适应性、先进性和科学性的总体规划，其中种植和加工模式是科学规划的核心内容。

1. 种植经营模式

种植模式的选定应建立在基地的实际情况和市场需求基础之上。种植经营模式的产生、完善和发展，离不开稳定性和相对可变性。稳定性是指基地主导产业不变或基本确定；可变性，是指某一商品的数量、种植规模受市场需求的调节而变动。总的来说，种植经营模式的选择应遵循以下原则。

（1）互利的原则。系统的整体效益产生于系统各组分之间的交互作用。例如，在种植区域发展养殖业，种植业可以为养殖业提供饲料；反过来，养殖业又可以为种植业提供足够数量的有机肥料等。

（2）科学配套的原则。在有机生态系统中，任何部分和其中的元素都不是孤立的，有机农业种植模式科学配套，才能发挥更大效益，才能做到可持续发展。如发展有机畜牧业，必须抓好饲料基地和相配套的加工厂的建设，使种畜生产、防疫技术、产品加工等系统相配套；发展有机蔬菜，必须以充足的有机肥料供应、消费者购买需求较高、购买能力较强及便利的交通条件城镇近郊为前提，只有这样，才能形成集约生产和持续发展。

（3）量比合理的原则。根据市场供需变化反馈的信息，综合考虑生产基地的自然条件和生产能力，及时调整有机食品的生产规模和产出量，避免原料不足或生产过剩而导致生产率下降。有机农业提倡种养结合，而且要求养殖的规模与饲料供给量、供给时间成正比，否则，就会出现饲料不足而导致效益下降。

2. 加工设施建设

集约化、系统化、产业化是有机农业的发展方向，也是有机农业进步和发展的有效衡量方法。在抓好基地生产的同时，围绕农业第一产业，适当投入多层次、多途径的加工业，以推动有机农业的快速发展。要做好这一点，必须遵循以下原则。

（1）因地制宜的原则。在有机生产区域内建设工程，一定要根据本身的地理位置和发展目标，因时因地制宜，切忌只讲规模，不注重内在的技术含量和发展的创新点和增长点。否则，必将导致规模越大损失越大的不良结果。许多高新农业示范区、现代化农业示范区的失败都证明了这一点。

（2）综合效益的原则。实施一个项目，不能单纯地计算经济效益，应综合考虑其整体效益。如建立1座沼气池，要综合考虑处理废弃物和减少环境污染的效益；经发酵后产生优质有机肥的直接效益和使作物增产增收的潜在效益；沼气作为燃料的节能效益等。

总之，进行科学的规划必须根据生态经济发展原理，综合考虑自然生态、经济和社会发展，利用系统学的原理，将经济、生物、技术和人口素质等进行系统的有机结合，建立自然、社会、物质、技术等多元多层次的保障体系及长、中、短期相结合的阶段性发展目标和与之相适应的综合配套技术方案。

（三）重视人员培训

有机农业是对现代常规农业的挑战，是一种劳动、知识与技术集约型的农业，有机农业生态工程牵涉的技术面更广，农业生产技术人员了解并掌握有机农业的生产原理与生产技术是有机农业成功开发的关键因素之一。因此必须由有机农业专家和生态工程专家以及相应种植、养殖领域的专家在基地召集与有机农业生产、加工相关的技术人员、生产人员进行包括标准、技术、管理、销售在内的全方位的培训。只有当生产者确实具备了有机生产和生态工程的意识，消除了对有机农业的误解，并掌握了相应的技术后，基地建设才能顺利进行。经验表明，有机生产的成功转换，首先在于生产者的意识与思想观念的转换，当他们能够摆脱常规生产的思路，用有机农业的原理与技术方法来指导生产行为时，有机农业转换就离成功不远了。因此，有机基地建设一定要重视对生产者的培训和技术人才的培养。

（四）建立质量控制体系

为了充分保证基地的生产完全符合有机农业的标题，保证有机产品在收获、加工、贮存、运输和销售各个环节不被混淆和污染，必须在基地内建立专门的内部质量管理控制体系。

建立良好的内部质量控制体系是有机认证对生产基地的基本要求。内部质量控制是指生产基地本身采取的保证质量的措施，其实也就是一种诚信的保证。每个生产基地只依赖于每年一次的有机检查来控制质量是远远不够的，如果缺乏诚信，有机生产的质量就得不到保证。

内部质量控制体系包括两个部分，一是要建立起质量管理体系，即建立从主要负责人至管理人员，再至生产人员代表的质量管理小组，要制定基地的生产管理方案，监督基地的生产过程严格遵守有机生产标准，与农户签订相应的质量保证合同与产品收购合同等；二则是基地必须建立完整的质量跟踪审查体系，即文档记录体系，通过基地地块分布图、田块种植历史、农事日记、详细的投入、产出、贮藏、运输、销售记录，产品标贴、产品批号来保证能从终产品追踪到作物的生产地块，从而保证产品有机质量的完整性。跟踪审查文档记录同时还有助于生产者制定良好的生产管理计划。对于小农户认证，除做好文档记录外，还要求生产者彼此相邻，种植作物与农事操作必须统一，使用同样的投入物质，产品统一加工和销售，要有内部检查员，并制定违反标准的惩罚制度等。

除质量控制外，质量教育也是保证有机产品质量的重要手段，只有当有机生产、加工等各个环节的具体操作人员具备了很好的质量意识，质量控制措施才能有效实施。质量意识的培育要通过对有机农业的原理、意义、理念的培训来达到，如日本有机产品认证标准（简称 JAS 法）就规定有机生产、加工过程的管理者必须参加认证机构指定的培训班的学习。

总之，有机农业生产基地的建设是一项涉及基地选择、总体规划、有机生产管理和质量控制体系以及市场开拓的复杂的生态工程，要求生产与管理人员不断学习与领会有机农业的理论，在生产实践中积累技术与管理方面的经验，不断地完善基地的生产结构和质量控制体系，挖掘基地的生产潜力，从而不断地改善基地的生态环境，提高基地的综合生产力和基地的知名度与信誉度，实现经济、环境与社会效益。

第四节　有机农业生产的技术体系

有机农业是总结自然界生物自身适应环境条件的能力，继承传统农业精华，结合现代科学技术形成的现代有机农业技术体系。有机技术体系的建立就是让植物、动物、微生物等生命体在生长、发育、繁殖过程中，与周围环境相互密切配合，最大限度地形成农业生产需要的物质，并把这种通过实践积累起来的经验和知识推广到生产实践中，产生更大的综合效益。

一、立体种养综合利用技术

立体种养综合利用技术主要是科学地对时间与空间进行综合利用，它是在传统耕作模式的连作、间作、套种、轮作换茬等技术的基础上，运用生态学上物种共生互惠的原理，对时间、空间和营养结构等多因子生态位进行组合，具有生态合理性、效益综合性的特点。

它通过控制物种结构、生物空间分布、食物链结构等，以保证农业生态系统的良性循环，由于各个地区自然条件、经济条件、生产水平的不同，形成了不同的模式。

1. 农田互利共生种植模式

它是将农田与农业生物（作物、果树、食用菌等）合理组合排布，充实不同生态位，互利共生，农田四季常青，寸土不闲，以提高产量和效益。

（1）以粮、棉、油为主的农田间套复种模式。粮—棉间套复种、粮—油间套复种、粮—烟间套、粮—粮间套复种等。

（2）粮棉油菜菌共生模式。粮—菜（瓜）共生、棉—菜（瓜）共生、花生—蔬菜共生、蔬菜—食用菌共生等。

（3）农果（林）共生模式。农—果模式、农—林模式等。以在果园的树行间种植小麦、豆类、花生、蔬菜、牧草和食用菌为例，该模式不仅对果园起到保墒、固土，加速土壤有机质的腐熟，增加土壤团粒结构，提高土壤肥力水平和有机质含量的作用，而且还可以改善果园的小气候，创造有利于植物生长，天敌增殖、繁衍和不利于蚜虫、红蜘蛛等害虫发生的环境条件，及增加天敌的种类、数量及群落的丰富度和生物多样性，提高天敌控制害虫的效果。

（4）粮—草共生模式。粮—油（花生）—草共生、粮—棉—草、粮—菜—草模式、农—林—牧共生等。

2. 种、养结合型模式

种植业与养殖业紧密结合，以农养牧，以牧促农，是传统农区和农牧过渡区的主要生产种植业模式。

（1）鸡—猪—沼气—食用菌—蚯蚓养殖模式。鸡粪加配合饲料养猪，猪粪加作物秸秆入沼气池生产沼气作农用能源，沼液肥田，沼渣栽培食用菌，菌糠或沼渣或牛粪养蚯蚓，蚯蚓加配合饲料再养鸡。

（2）菌—猪—沼—肥模式。棉籽壳培养食用菌—菌糠加配合饲料养猪—猪粪和秸秆生产沼气—沼渣、沼水肥田。

（3）鱼—田—蚕—猪—蚯蚓模式。鸭粪和配合饲料养鱼—粪塘污泥肥桑田—桑叶养蚕—蚕叶梗屑加饲料养鸭、鱼、猪—猪粪养蚯蚓—蚯蚓加配合饲料养鸭。

（4）果、林、茶—水库（池塘）—水产模式。在水库或鱼池边栽种林、果、茶或粮食作物，库内或池内养鱼，水面养鸭，形成水库（鱼池）中的鱼、鸭与岸边林、果、茶共生互惠的综合效果。该模式的最突出的优点是将农业有机废弃物资源化，通过多级利用生物质达到资源的充分开发。

（5）杨梅—茶叶——一年生作物—家禽（鸡）模式。南方杨梅树下种茶叶，在杨梅和茶叶的行间种植一年生或多年生的草本植物，充分利用土壤不同层次的营养和地面以上的空间和阳光，使植物的营养层形成乔、灌、草相结合的立体层次，进而合理利用资源、控制病虫害。在此系统中还可以散养家禽，发展有机禽类。

此外，随着科学的进步，人们可以通过各种技术措施对植物生长的环境进行调控，不仅拓宽了发展范围，而且打破了季节的限制，做到周年种植，周年生产。如北方城市郊区开发的日光型节能温室技术，就是利用太阳光能，增加温室内的温度，通过对小气候温度的调控，生产反季节蔬菜。

二、有机农业施肥技术

1. 增施有机肥技术

有机肥（农家肥）是有机农业生产的养分基础，适合小规模生产和分散经营模式，是综合利用能源的有效手段。例如，以种植业为主的有机基地，有机农业生产种植与养殖有效结合，既可以为作物和牧草提供优质的有机肥，又可将秸秆等废弃物得以综合利用，从而实现低成本的良性物质循环。有机肥的种类很多，施用方法也多种多样。

（1）人粪尿。人粪尿中尿素和氯离子含量高，并有寄生虫卵和各种传染病菌。人粪尿要经过彻底腐熟，经过无害化处理后才可使用；忌氯植物（如烟草）不宜多用，干旱、排水不畅的盐碱土应限量施用。禁止人粪尿与草木灰等碱性物质混存、混用造成氮素大量损失。

（2）猪粪尿。猪粪尿是有机农业生产中使用量较大，使用比较普遍的一种有机肥。猪粪尿质地细、成分复杂、木质素少、总腐殖质含量高（占碳的25.98%），比羊粪高1.19%，比牛粪高2.18%，比马粪高2.38%。猪尿中以水溶性尿素、尿酸、马尿酸、无机盐为主，pH中性偏碱。在积存时应注意，要加铺垫物，北方常用土或草炭垫圈，南方一般垫褥草（肥分损失大，褥草：土为3∶1最好）。提倡圈内垫圈与圈外堆制相结合，做到勤起、勤垫，不仅有利于猪的健康，而且有利于粪肥养分腐熟。禁止将草木灰倒入圈内，以免引起氮素的挥发流失。

（3）牛粪。其成分与猪粪相似，粪中含水量高、空气少、有机质分解慢，属于冷性肥料，加入马粪、羊粪等热性肥料以促进腐熟。牛粪可以使土壤疏松，易于耕作，对改良黏土有好处。为防止可溶性养分流失，在肥堆外抹泥，并加入钙镁磷肥以保氮增磷，提高肥料质量。在使用时应注意：宜作基肥；腐熟后才可施用，以达到养分转化和消灭病菌和虫卵的目的；不宜与碱性物质混用。

（4）鸡粪。鸡粪是优质的有机肥，可提高作物的品质，施用鸡粪的小白菜，葡萄糖和蔗糖的含量超过施用豆饼的小白菜。在葡萄树上施用鸡粪，可活性糖和维生素C的含量提高。鸡粪养分含量高，全氮为1.03%，是牛粪的4.1倍，全钾0.72%，是牛粪的3.1倍。在堆肥过程中，易发热，氮素易挥发。鸡粪应干燥存放，施用前再沤制，并加入适量的钙镁磷肥起到保氮作用。鸡粪适用于各种土壤，因其分解快，宜作追肥，也可与其他肥料混用作基肥。

（5）马粪。马粪纤维较粗，粪质疏松多孔，通气良好，水分易于挥发；含有较多的纤维素分解菌，能促进纤维分解。因此，马粪较牛粪和羊粪分解腐熟速度快，发热量大，属热性肥料，是高温堆肥和温床发热的好材料，适合各种作物的基肥和追肥。在使用时应注意：多采取圈外紧密堆积法，以免有效成分分解，养分流失；一般不单独使用，可作发热材料，与猪粪和牛粪混合堆积，能促进猪、牛粪的腐熟速度，也有利于其养分保持；冬季施用马粪，可提高地温。

（6）堆肥。堆肥是利用秸秆、落叶、杂草、绿肥、人畜粪尿和适量的石灰、草木灰等物质进行堆制，经腐熟而成的肥料。堆肥不仅要达到堆制材料的腐解，而且要经过堆沤的过程，实现无害化。常用的堆制方法有高温堆肥（将秸秆、粪尿、动物氮素、植物氮素、污水、污泥等按照一定配比，再混入少量的骡马粪或其浸出物进行堆积，堆内温度可达 60~70℃，以利于灭菌）和活性堆肥（在油渣、米糠等有机质肥料中加入谷壳等，经混合、发酵制成肥料，其活性高、营养丰富）两种。堆肥的主要作用是用作基肥改良土壤，一般用作基肥时需配合一些偏氮的速效肥料如厩肥、新鲜绿肥、腐熟的人粪尿等施入土壤。用量多时，可结合耕地犁翻入土，全耕层混施；用量少时，可采用穴施或条施。

2. 培肥技术

有机农业土壤培肥是一项复杂的技术问题，必须树立有机农业土壤的系统观和整体观，综合考虑肥料、作物、土壤等各种因素，树立"平衡施肥"的观念。只有统筹规划，用地养地相结合，才能在获得优质、高产和安全有机农产品的同时保持土壤肥力的持久性。农田培肥技术的主要措施有：

（1）根据我国传统经验，合理轮作倒茬，一方面要考虑茬口特性，另一方面要考虑作物特性，合理搭配耗地作物、自养作物、养地作物等，做到用地与养地相结合。

（2）合理的耕作可以调节土壤固、液、气三相物质比例，增强土壤通透性。深耕结合施有机肥料，是增肥改土的一项重要措施。深耕可以加厚耕作层，改善土壤结构和耕性，降低土壤容重，使土肥水相融，促进微生物的活动，改善作用的环境条件，加速土壤熟化。

（3）合理的排灌会有效地控制土壤水分，调节土壤的肥力状况。因为水是土壤最活跃的因素，以水控肥是提高土壤水和灌溉水利用率的有效方法。所以农业生产中，应根据具体情况，确定合理的灌溉方式。

（4）农作物秸秆还田技术。对农田作物产品收获后遗留的秸秆、根茬等耕翻可有效增加土壤有机质含量，改善土壤理化性状。

（5）种植绿肥作物。我国绿肥作物资源丰富，常用的绿肥作物有80多种，其中大多数属于豆科。主要种类有：紫花苜蓿、紫云英、毛苕子、三叶草、黑麦草等。绿肥作物的茎叶茂盛，能较好地覆盖地面，具有良好的固沙护坡、减少肥水流失、缓和暴风雨对土坡的直接侵蚀，减少地表径流，防止水、土、肥的流失，对培养山坡游地的土壤肥力有良好的效果；此外，绿肥覆盖能调节土壤温度，有利于作物根系的生长。

（6）防止土壤侵蚀和土壤沙化，保护土壤资源。我国土壤沙化面积每年扩大 3 436hm^2，防治土壤沙化形式严峻。在防治过程中，除了注重生态环境的改善和优化作物布局及农业资源的高效利用外，还应该采取农田免耕、少耕技术，种植防护林网，加强农田抵抗恶劣环境的能力，保护土壤资源。

3. 使用其他生物肥料

使用其他生物肥料，如采用特定发酵与合成技术，对动植物残体及废弃物进行无害化处理，生产的生物有机肥具有微生物肥料和有机肥效应，能改善土壤结构、增加土壤养分、提高土壤生物活性、提高产量和改善产品品质等。微生物肥料目前主要有根瘤菌肥、"5402"菌肥、EM 肥料、磷细菌肥料等。

4. 测土配方施肥技术

测土配方施肥技术的核心是调节作物需肥与土壤供肥间的矛盾，有针对性地补充作物所需营养元素，实现养分平衡供应。开展测土配方施肥，能有效减少肥料用量，提高作物产量，改善品种，实现节支增收的目的。

三、病虫草害防治技术

1. 推广间作、混作和轮作

各种作物都有分泌特殊物质的特性，这些特殊物质对某些病虫具有一定的防治和驱避作用。因此，掌握各类作物分泌物的特性，进行合理搭配、间套，利用其互补作用就能达到防病驱虫的目的。例如，大白菜与韭菜间作，能防治白菜根腐病；大蒜与马铃薯间作，可抑制马铃薯晚疫病；大蒜与油菜间作能防治蚜虫；葱与胡萝卜相邻栽培，它们各自散发出的气味可以相互驱逐害虫，互利共生；卷心菜与莴苣间作，可避免菜粉蝶在菜心上产卵；甘蓝与番茄或莴苣间作，可使多种甘蓝害虫避而远之；葱蒜类同蔬菜等作物间作、混作或轮作，均能有效地阻止病原菌的繁殖及降低土壤中已有病原菌的密度，达到土壤消毒、防治多种蔬菜病害的目的。

轮作方式没有统一模式，应根据各地具体情况确定。粮食作物之间、蔬菜作物之间、蔬菜与粮食作物之间都可进行有效轮作，达到既可调节地力，又能减少作物病虫害的发生，特别是对寡食性害虫和单食性害虫以及寄主范围较小的病原生物所引起的病害的防治效果更显著。

2. 病虫害的综合防治

病虫害的综合防治措施主要有 3 种，分别是生物防治、物理防治和农业防治。生物防治指建立有利于天敌增殖繁衍的生态环境，种植天敌繁衍带，利用取食性天敌对害虫的捕食和寄生性天敌对害虫的寄生作用，以及利用昆虫病原微生物及其代谢产物杀死害虫，达到以天敌治虫和以菌治虫的目的；物理防治是在害虫与寄主之间形成一道物理屏障，避免寄主与病虫害接触而免受为害的防治方法；农业防治主要是利用农业耕作措施，破坏病虫的寄主环境，消灭越冬虫卵和病菌。或者推广间作、混作和轮作，以减少病虫害发生。

3. 天然药物防治技术

我国植物、动物资源丰富，可以用来防治病虫的植物有 140 多科、1 300多种。实践证明，许多杀虫、防病植物对目前很多重要病虫害的防治效果很好，天然植物制剂将是化学农药的主要替代物。

4. 生物农药防治技术

生物农药是指用来防治农业病、虫、草等有害生物的生物活体及其代谢产物,制成的生物源制剂包括细菌、病毒、真菌、线虫、植物、昆虫天敌、农用抗生素、植物生长调节剂等。生物农药具有高效、无残留、无抗药性等优点,在有机农业病虫害防治领域得到广泛的应用。生物农药对环境条件敏感,故在使用中应注意掌握温度和湿度,及时喷施。

四、废弃物资源的综合利用

有机农业强调在有机生产区域内建立封闭的物质循环体系,通过对生产基地的作物秸秆、藤蔓、皮壳、饼粕、酒糟、畜禽粪便、食品工业和畜禽制品的下脚料及各种树叶的综合利用和减量化、无害化、资源化、能源化处理,将废弃物变成一种资源,使处理与利用统一起来。

1. 有机肥的堆制生产技术

有机肥是种植业的基础,无论是作物残体还是畜禽粪便,都含有对作物和环境有害的物质和成分,必须经过无害化处理。高温堆肥和活性堆肥是无害化处理和提高肥效的重要措施和环节。通常的处理方法是将植物秸秆或畜禽粪便掺入适量的化肥(尿素),调节 C/N 比至 45∶1,加入适量水分,在 55～70℃ 的高温下腐熟,持续 10～15 天。

废弃物的利用率、腐熟速度、堆肥的质量、无害化程度是堆肥技术的衡量指标。

2. 沼气发酵工程

通过沼气工程技术,将种植业和养殖业有机地结合起来,形成多环结构的综合效应。

3. 微生物处理技术

作物残体含有碳水化合物、蛋白质、脂肪、木质素、醇类和有机酸等,这些成分通过微生物的作用,可以变成富含蛋白质和氨基酸的动物饲料(如青贮饲料),提高饲料的利用率。

4. 利用植物残体生产食用菌

食用菌一般是指真菌中能形成大型子实体或菌核类组织并可食用的种类,味道鲜美,具有较高的营养价值。食用菌大多以有机碳化合物为碳素营养,所以许多农产品加工中产生的废弃物均可作为培养食用菌的原料。

第五节　有机农业标准和有机产品认证体系

起初的有机食品在品种和数量上都很有限,而且销售也只是局限于当地市场,很多情况下是消费者走进农场,直接向农民购买自己需要的有机产品。后来,随着有机农业的发展,有机食品市场的逐渐扩大,不可避免地出现了跨地区直至跨国贸易。如果继续沿用过去小范围内供需双方见面协商的模式已远远不能满足有机产品贸易的需要。那么，如何在生产者与消费者之间建立一座信任的桥梁？于是就有了认证机构和产品认证标准。认证机构是一种中介机构，是独立的、公正的、权威的第三方。认证机构的主要职能是替消费者对有机生产进行监督，同时替有机生产者证明其产品是有机产品。认证与有机农业本身一样，是一个过程，它起始于标准。认证标准是有机产品认证机构实施认证行为的主要依据，也是认证机构决定能否给予认证的重要参考。

有机产品认证是目前一些国家和有关国际组织认可并大力推广的一种农产品认证形式，也是我国国家认证认可监督管理委员会统一管理的认证形式之一。推行有机产品认证的目的，是推动和加快有机产业的发展，保证有机产品生产和加工的质量，满足消费者对有机产品日益增长的需求，减少和防止农药、化肥等农用化学物质和农业废弃物对环境的污染，促进社会、经济和环境的持续发展。

一、国际有机农业认证体系

目前，国际有机农业和有机农产品的法规与管理体系主要分为 3 个层次：联合国层次、国际性非政府组织层次以及国家层次。

联合国层次的有机农业和有机农产品标准是由联合国粮农组织（FAO）与世界卫生组织（WHO）制定的，是《食品法典》的一部分，目前尚属于建议性标准。我国作为联合国成员国也参与了标准制定。《食品法典》的标准结构、体系和内容等基本上参考了欧盟有机农业标准 EU2092/91 以及国际有机农业运动联盟（IFOAM）的《基本标准》。具体内容包括有机农业的定义、种子与种苗、过渡期、化学品使用、收获、贸易和内部质量控制等。此外，标准对有机农产品的检查、认证和授权体系作了具体说明。联合国有机农业标准能否成为强制性标准目前还不得而知，但为各个成员国制定有机农业标准提供了重要依据。联合国标准一旦成为强制性标准，就会成为 WTO 仲裁有机农产品国际贸易的法律依据。

国际有机农业运动联盟（International Federation of Organic Agriculture Movement，简称 IFOAM）的基本标准尽管属于非政府标准，但其影响却非常大，甚至超过国家标准。国际有机农业运动联盟成立于 1972 年，到目前已经有 110 多个国家 700 多个会员组织。它的优势在于网络了国际上从事有机农业生产、加工和研究的各类组织和个人，其制定的标准具有广泛的民主性和代表性，因此，成为许多国家甚至联合国制定有机农业标准时的参考。IFOAM 的基本标准每两年召开一次会员大会进行修改。2000 年 8 月在瑞士再次进行修订。国际有机农业运动联盟的基本标准内容涉及农产品生产的所有环节。

国家层次的有机农业标准以欧盟、美国和日本为代表，其中已经制定完成并生效的是欧盟的有机农业条例 EU2092/91 及其修改条款。欧盟的 EU2092/91 是 1991 年 6 月制定的，对有机农业和有机农产品的生产、加工、贸易、检查、认证以及物品使用等全过程作了具体规定。欧盟标准适用于其 15 个成员国的有机农产品生产、加工和贸易。欧盟标准制定完成后，对世界其他国家的有机农产品生产、管理特别是贸易，产生了很大影响。

根据欧盟的规定，①所有的有机种植、养殖、加工、经营者，进行有机生产和销售，如果要冠以"有机"或类似有机字样，都必须接受认证机构的检查和认证。操作标准以 EU2092/91 为依据，但成员国的标准可以比欧盟标准更为严格。目前，欧盟对销售环节的控制不如对生产环节控制得严格。②有机农产品的生产和认证不仅强调过程控制，还包括政府当局对生产者和认证机构的管理。③对于从非欧盟国家进口有机农产品，又分为两种情况：第一种是从"第三国"进口。包括阿根廷、以色列、奥地利、澳大利亚和瑞士等有国家层次有机农业法规的国家。从这些国家进口有机农产品一般需要所在国有机认证机构的检查认证。对于每一批进口的有机农产品，都要贴有欧盟证书。第二种情况是从中国、印度等没有国家有机标准的国家进口。从这些国家进口农产品需要经过欧盟认可机构的检查和认证，但在进行审批时一般要比从"第三国"进口严格。

以欧盟标准为范本，美国和日本也加紧了标准制定。1990 年，美国颁布了《有机农产品生产法案》，并成立了国际有机农业标准委员会（NOSB）。1997 年 NOSB 完成了标准的第一稿，修改后的第二稿于 2000 年 3 月份推出，供公众评论。美国有机农业标准于 2001 年 4 月 21 日开始试行，2002 年 10 月 21 日正式执行。日本于 2000 年 4 月推出有机农业标准，其内容与欧盟标准 95% 以上是相似的。目前在日本，农产品生产分常规农产品（施用化肥农药）、环保型农产品（又分三个层次，农药、化肥使用量分别为常规农业的 50%、30% 和 10%）、过渡期有机农产品和有机农产品等不同级别。目前，从中国等发展中国家出口到日本经过欧美认证机构认证的有机农产品，对日本国内的有机农产品冲击很大。

二、我国的有机农业认证体系及发展

加入世贸组织后，无论是保护国内市场，还是参与国际大市场的竞争，我国的农产品及其加工产品在品质上都面临两大挑战：质量和价格，而首要的是质量。如果我国农产品在品质和安全性上达不到国际市场的认可，再低的价格也无法进入市场。

当前，国际农产品市场看好的是在有机农业生产体系中按规范要求生产、加工并经过有机食品认证的农副产品，即由有机农业生产出来的农副产品。我国的有机农业处于刚刚起步阶段，有机农产品的生产认证和标准体系与欧、美、日、韩等国有一定差距，国内有机农产品认证制度不健全，仅有少量有机农产品得到国外的认可、接受。随着加入世贸组织后经济一体化进程的加快，尽快在我国建立有机农业生产体系和认证制度已成为农业生产建设中一项极其重要紧迫的任务。

（一）有机农业认证的概念

有机食品的认证主要是通过认证组织的检查员，对有机生产者的检查和审核以及必要的样品分析完成的。有机食品认证可以保护生产者、特别是依靠有机食品增值来补偿有机生产的高成本的生产者的利益，同时有机食品认证和标志又是消费者可以信赖的重要证明。检查认证包括连续（每年）监督有机生产，帮助生产者建立持续稳定的有机农业生产体系;涉及有机农产品的种植、加工、贸易等,是从土地到餐桌的全程质量控制;注重生产过程的检查,必要时对产品进行检查;保障产品质量和数量具有可追踪性。

(二) 有机农业生产体系的内容

有机农业生产体系包括:生产环境、生产技术、产品加工工艺及过程,其主要目标是使农产品达到三高。①安全性高;②产品品质高;③在市场上价格高。是否能使我国的农产品在国际市场上占有一定的地位,关键是要对生产的有机农产品进行科学的国际上认可的认证,其中农产品的生产环境评估非常重要,其主要内容有:空气质量评估,主要是气候类型、气候特点、大气污染状况,气候与农业及植物的关系;生产区内主要环境污染物及特性,主要是非金属污染物,如氮素化学肥料、二氧化硫、氟、氯、氰化物、苯、酚、砷等;主要金属污染物,如汞、镉、铝、铬、镍、铍、钴、铜、锰、锑、钼等元素污染现状;农药施入残留量认证,有机磷农药、有机氯农药在农产品及土壤中的残留程度;水资源质量评价,农田灌溉水、生产加工用水、饮用水的水质分析等;农产品(动物、植物)的安全性、生产加工过程和环境,以及食品卫生质量标准等。

长期以来,我国有机产品认证一直由多个部门管理。2002 年 7 月,国务院发出《关于加强新阶段"菜篮子"工作的通知》,明确要求国家认监委加强对与"菜篮子"产品有关的认证认可工作的统一管理、监督和综合协调,建立有关认证和产品标识制度,规范"绿色食品"、"有机食品"、"无公害农产品"等认证工作和认证标识。2003年 2 月,国家认监委、农业部等 9 部委联合下发《关于建立农产品认证认可工作体系实施意见》,中国认证机构国家认可委员会(CNAB)也相继发布了《认证机构实施有机产品生产和加工认证的认可基本要求》(CNAB-AC23:2002)和《有机产品生产和加工认证规范》(CNAB-SI21:2003)。至此,我国有机产品认证认可制度已经形成并启动实施。

(三) 我国有机食品认证程序

1. 认证要求

有机食品是指来自于有机农业生产体系,根据国际有机农业生产要求和相应的标准生产加工的、并通过独立的有机食品认证机构认证的一切农副产品,包括粮食、蔬菜、水果、乳制品、禽畜产品、水产品、调料等。

(1) 有机食品生产的基本要求:①生产基地在最近三年内未使用过农药、化肥等违禁物质;②种子或种苗来自自然界,未经基因工程技术改造过;③生产单位需建立长期的土地培肥、植保、作物轮作和畜禽养殖计划;④生产基地无水土流失及其他环境问题;⑤作物在收获、清洁、干燥、贮存和运输过程中未受化学物质的污染;⑥从常规种植向有机种植转换需两年以上转换期,新垦荒地例外;⑦生产全过程必须有完整的记录档案。

(2) 有机食品加工的基本要求:①原料必须是自己获得有机颁证的产品或野生无污染的天然产品;②已获得有机认证的原料在终产品中所占的比例不得少于 95%;③只

使用天然的调料、色素和香料等辅助原料，不用人工合成的添加剂；④有机食品在生产、加工、贮存和运输过程中应避免化学物质的污染；⑤加工过程必须有完整的档案记录，包括相应的票据。

（3）有机食品主要国内外颁证机构是：中国的 OFDC（有机食品发展中心）；美国的 OCIA（国际有机作物改良协会）；德国的 ECOCERT（国际生态认证中心）、BCS 和 GFRS；荷兰的 SKAL；瑞士的 IMO（生态市场研究所）；日本的 JONA；法国的 IFOAM（国际有机农业运动联合会）等。

2. 申请

（1）申请人向分中心提出正式申请，领取《有机食品认证申请表》和交纳申请费。

（2）申请人填写《有机食品认证申请表》，同时领取《有机食品认证调查表》和《有机食品认证书面资料清单》等文件。

（3）分中心要求申请人按本标准 4 的要求，建立本企业的质量管理体系、质量保证体系的技术措施和质量信息追踪及处理体系。

3. 预审并制定检查计划

（1）分中心对申请人预审。预审合格，分中心将有关材料拷贝给认证中心。

（2）认证中心根据分中心提供的项目情况，估算检查时间（一般需要 2 次检查：生产过程一次、加工一次）。

（3）认证中心根据检查时间和认证收费管理细则，制定初步检查计划和估算认证费用。

（4）认证中心向企业寄发《受理通知书》《有机食品认证检查合同》（简称《检查合同》）并同时通知分中心。

4. 签订认证检查合同

（1）申请人确认《受理通知书》后，与认证中心签订《检查合同》。

（2）根据《检查合同》的要求，申请人交纳相关费用的 50%，以保证认证前期工作的正常开展。

（3）申请人委派内部检查员（生产、加工各 1 人）配合认证工作，并进一步准备相关材料。

（4）所有材料均使用书面文件和电子文件各 1 份，拷贝给分中心。

5. 审查

（1）分中心对申请人及其材料进行综合审查。

（2）分中心将审核意见和申请人的全部材料拷贝给认证中心。

（3）认证中心审查并作出"何时"进行检查的决定。

（4）当审查不合格，认证中心通知申请人且当年不再受理其申请。

6. 实地检查评估

（1）全部材料审查合格以后，认证中心派出有资质的检查员。

（2）检查员应从认证中心或分中心处取得申请人相关资料，依据本准则的要求，对申请人的质量管理体系、生产过程控制体系、追踪体系以及产地、生产、加工、仓储、运输、贸易等进行实地检查评估。

（3）必要时，检查员需对土壤、产品抽样，由申请人将样品送指定的质检机构检测。

7. 编写检查报告

（1）检查员完成检查后，按认证中心要求编写检查报告。

（2）检查员在检查完成后两周内将检查报告送达认证中心。

8. 综合审查评估意见

（1）认证中心根据申请人提供的申请表、调查表等相关材料以及检查员的检查报告和样品检验报告等进行综合审查评估，编制颁证评估表。

（2）提出评估意见并报技术委员会审议。

9. 认证决定人员决议

认证决定人员对申请人的基本情况调查表、检查员的检查报告和认证中心的评估意见等材料进行全面审查，作出同意颁证、有条件颁证、有机转换颁证或拒绝颁证的决定。证书有效期为一年。

当申请项目较为复杂（如养殖、渔业、加工等项目）时，或在一段时间内（如6个月），召开技术委员会工作会议，对相应项目作出认证决定。认证决定人员/技术委员会成员与申请人如有直接或间接经济利益关系，应回避。

（1）同意颁证。申请内容完全符合有机食品标准，颁发有机食品证书。

（2）有条件颁证。申请内容基本符合有机食品标准，但某些方面尚需改进，在申请人书面承诺按要求进行改进以后，亦可颁发有机食品证书。

（3）有机转换颁证。申请人的基地进入转换期一年以上，并继续实施有机转换计划，颁发有机转换基地证书。从有机转换基地收获的产品，按照有机方式加工，可作为有机转换产品，即"转换期有机食品"销售。

（4）拒绝颁证。申请内容达不到有机食品标准要求，技术委员会拒绝颁证，并说明理由。

10. 标志的使用

根据证书和《有机食品标志使用管理规则》的要求，签订《有机食品标志使用许可合同》，并办理有机食品商标的使用手续。

我国有机食品认证流程如图3-2所示。

三、日本有机农业认证制度

日本地方政府十分注重有机农业的发展，并鼓励农民从常规农业生产向有机农业生产转换，推行积极的有机农业政策，促使有机农业的广泛应用。目前，日本从事有机农业生产的农户占农户总数的30%以上，提供的有机农产品达到130多种，其中有40多种出口到欧美等国家。日本有机农业主要以农作物栽培为主。在实行有机栽培的作物中，有机稻米占50%，有机蔬菜占35%，其余为有机水果、有机茶和有机奶肉蛋等。

日本有机农业政策是建立在国土狭小、农产品自给率低的基础上，侧重于农业的土地保护、水源涵养、自然资源保护以及景观保持等功能，通过土壤改良以及减少或尽量

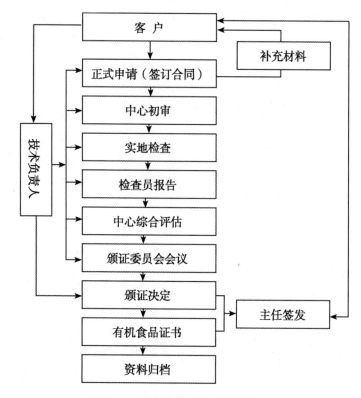

图 3 - 2 我国有机食品认证流程

不使用农药、化肥，减少对环境的污染或减轻环境的负荷，在兼顾环境保护的基础上，有效地提高农业生产效率，生产出高档次的优质绿色食品。

（一）有机农产品的生产规定

有机农产品及加工食品生产的基本要求：生产基地是从播种或耕作起 2 年以上不使用禁止的农药和化学合成肥料的水田和旱地，特殊情况下，只能使用基准所列出规定的品种；种子或种苗来自自然界，不使用转基因种苗或基因工程技术改造过的；生产单位需制定长期的土地培肥、植保、作物轮作和畜禽养殖计划；生产基地无水土流失及其他环境问题；作物在收获、清洁、干燥、贮存和运输过程中未受化学物质的污染，并且在加工过程中必须是在不受到农药和洗净剂等污染的工厂生产的；产品在整个生产过程中严格遵循有机食品的加工、包装、贮藏、运输标准；所加工的产品必须除去水分和盐后原材料重量的 95% 以上是有机农产品或其加工食品的实物；要求有从生产到上市的生产流程管理和规格、数量的全程记录；从常规种植向有机种植转换需两年以上转换期，新开垦地、撂荒地需至少经 12 个月的转换期才有可能获得有机农业认证书：必须通过独立的有机食品认证机构的监督以及符合有机农作物加工食品规定的认证。

（二）有机农产品的标识

"有机"是一种标识概念，有机食品的标识是依据日本 1999 年的 JAS 法修订案所制定的有机农产品及其加工食品的日本农林标准（有机 JAS 标准）生产的产品，并通过独立的有机食品认证机构认证的农副产品才能贴有机标识，以区别于非有机产品。为规范有机农产品市场，日本政府在加强市场管理的基础上，加大了对有机农产品的监管力度，2001 年 4 月 1 日正式实施有机农产品的标识制度。JAS 法对农户、加工厂、包装以及进口商都提出了具体标准和要求，符合 JAS 基准的商品包装袋和农产品上必须贴有机 JAS 标识，如有机番茄或有机栽培白菜等。未经有机认证，不允许在产品包装物上标识"有机"字样。而在加工的过程中，使用的原材料是有机农产品的可贴有机 JAS 标识，即便是加工产品没有得到 JAS 标识认定，也可用"使用有机——"来强调使用原料来自有机农产品。如"使用有机大豆生产豆腐"或"使用××% 有机番茄加工的番茄酱"等。

（三）认证制度的体系

JAS 法实际上是日本有机农产品生产标准化和品质的法律制度，是为了促进有机农产品的品质改善、生产的合理化、交易的公正和公平化、使用或消费的安全性而制定的有机农产品生产基准。有机农产品和有机农产品加工食品认证条件必须是符合有机 JAS 标准和县、市的有机认证基准以及符合有机 JAS 标准实施规则即技术认证基准。检查分别对申请的文件和实地进行审查，实地检查的内容有生产设施状况、相关生产设备，如农田和贮藏设施、生产管理和产品鉴别机构、担当生产管理和产品鉴别者的资格和人数，生产过程中必须要有生产记录。

（四）认证的监督机制

在日本，由政府制定、颁布法令、法规和标准，成立认可的认证机构；认证机构负责进行有机农产品生产加工各个环节的检查；由有机农业协会负责生产者的生产、销售的咨询服务以及生产者之间的相互协调；促使农民自发并自愿地按照有关标准进行生产。生产过程严格控制，农户从事有机农业的一切活动，必须有详细记录，以便认证机构的检查员随时审查，发现违规，轻者罚款，重者取消资格。

各县、市分别申请成立了农林水产省授权的登记认证机构，实施有机食品的检验和认证业务。登记认证机构必须接受农林水产省审查，满足基准机构的，农林水产省大臣给予认可并登记，确定实施登记认证业务，对农户等的申请者是否符合认证基准进行检验和判定。认证后，生产者自己负责对所生产或制造的农产品或加工品依据 JAS 基准进行检查，认为符合标准可以贴有机 JAS 标识，但生产者仍要定期接受登记认证机关的抽检，对于不符合 JAS 基准的取消其有机农产品生产资格。只有日本农林水产省授权各县、市所设立的有机农产品认证机构，才有资格实行有机农业认证业务，农林水产省检查员不定期对执行有机 JAS 基准情况进行检查，对执行不力的停止认证业务，限期进行整顿，随后要重新申请登记认证资格，并建立民众举报制度。

（五）认证的程序

1. 确定生产计划

生产者个人可以申请认证，但必须满足学历和具有农业经历等条件。最好是若干农户组成的生产小组较为合适。其中包括：选择生产过程管理者，选任产品鉴定者，制定生产小组公约，制定栽培指导方案。

2. 栽培管理记录的整理

需要有生产有机农产品前的 2 年（多年生作物为 3 年，其中轮作 1 年）栽培管理记录。

3. 制作向登记认证机构提交的认证申请书

需要有当前的农田图、水系图、设施平面图等，以及要申请从事生产过程管理者和品质鉴别者参加登记认证机构举办的培训证明材料。

4. 实地检查与判定

由登记认证机构的检查员进行文书审查和实地检查，认证委员依据审查报告书，决定是否给予认证资格。

5. 认证

被认证后，由登记认证机构发给"认证书"。认证后所播种或种植的农作物可以实行 JAS 有机标识。

6. 认证后的业务

取得认证后必须提出播种或种植前的栽培计划、收获前的栽培管理记录、收获完成时的品质鉴定记录以及每年 6 月末的上年度品质检查实际记录。

复习思考题

1. 有机农业概念与特征是什么？
2. 有机食品概念与特征。
3. 有机食品、无公害食品、绿色食品的异同点。
4. 简述有机农业生产的技术体系。
5. 有机农业生产基地建设的基本原则是什么？
6. 简述有机农业生产建设的主要内容。

第四章　生态农业

第一节　生态农业的内涵及特点

一、生态农业的基础知识

（一）生态农业的发展

生态农业最早于 1924 年在欧洲兴起，20 世纪 30~40 年代在瑞士、英国和日本等国得到发展。20 世纪 60 年代欧洲的许多农场转向生态耕作，70 年代末东南亚地区开始研究生态农业。至 20 世纪 90 年代，世界各国开始补贴支持生态农业，生态农业用地面积具有一定规模，其产品产值也在不断增加，从而使生态农业有了较大发展。生态农业发展最快的是欧盟，1986~1996 年欧盟国家生态农地面积年增长率达到 30%，生态食品和饮料销售额从 1997 年的 5 255 亿美元增加到 2000 年的 955 亿美元。截至 2009 年，全球 162 个国家开始或已经开始发展生态农业。预计 2009~2020 年，全球生态农业生产面积将达到农业生产面积的 20%~35%。

据国际有机农业运动联合会（IFOAM）统计，截至 2009 年，全球生态农地种植用地面积共计 3 200 万 hm^2。其中澳大利亚生态农地面积最大，拥有 600 万 hm^2，占世界总生态用地面积的 19%；中国约有 450 万 hm^2，仅次于澳大利亚居世界第二；其次是意大利和美国，分别有 145 万 hm^2 和 138 万 hm^2。若从生态农地占农业用地面积的比例来看，欧洲国家普遍较高。大多数亚洲国家的生态农地面积较小。

我国生态农业发展起始于 20 世纪 80 年代，在 1993 年，农业部联合国家计委、财政部、科学技术部、水利部、国家环境保护总局和国家林业局在全国开展了首批 51 个生态农业试点县建设；2000 年 4 月八部委在全国启动了第二批 50 个生态农业示范县建设；据全国农业环保体系 30 个省（自治区、直辖市、计划单列市）农业环保站的统计结果，截至 2005 年年底，全国生态农业县 590 个，生态农业乡 2 900 个，生态农业村 28 747 个，全国生态农业建设覆盖耕地面积达 1 857.4万 hm^2。

（二）生态农业概论

生态农业（Ecological agriculture，eco-agriculture）是指在保护、改善农业生态环境的前提下，遵循生态学、生态经济学规律，运用系统工程方法和现代科学技术，所进行的兼顾资源、环境、效率、效益的综合性现代农业生产体系，是按照生态学原理和经济学原理，运用现代科学技术成果和现代管理手段，以及传统农业的有效经验建立起来的，能获得较高的经济效益、生态效益和社会效益的现代化农业。

生态农业是以生态学理论为主导，运用系统工程方法，以合理利用农业自然资源和保护良好的生态环境为前提，因地制宜地规划、组织和进行农业生产的一种农业。是20世纪60年代末期作为"石油农业"的对立面而出现的概念，被认为是继石油农业之后世界农业发展的一个重要阶段。主要是通过提高太阳能的固定率和利用率、生物能的转化率、废弃物的再循环利用率等，促进物质在农业生态系统内部的循环利用和多次重复利用，以尽可能少的投入，求得尽可能多的产出，并获得生产发展、能源再利用、生态环境保护、经济效益等相统一的综合性效果，使农业生产处于良性循环中。生态农业不同于一般农业，它不仅避免了石油农业的弊端，而且发挥了它的优越性。通过适量施用化肥和低毒高效农药等，突破传统农业的局限性，但又保持其精耕细作、施用有机肥、间作套种等优良传统。它既是有机农业与无机农业相结合的综合体，又是一个庞大的综合系统工程和高效的、复杂的人工生态系统以及先进的农业生产体系。

生态农业是一个农业生态经济复合系统，将农业生态系统同农业经济系统综合统一起来，以取得最大的生态经济整体效益。它既是农、林、牧、副、渔各业综合起来的大农业，又是农业生产、加工、销售综合起来适应市场经济发展的现代农业。

生态农业的生产以资源的永续利用和生态环境保护为重要前提，根据生物与环境相协调适应、物种优化组合、能量物质高效率运转、输入输出平衡等原理，运用系统工程方法，依靠现代科学技术和社会经济信息的输入组织生产。通过食物链网络化、农业废弃物资源化，充分发挥资源潜力和物种多样性优势，建立良性物质循环体系，促进农业持续稳定地发展，实现经济效益、社会效益、生态效益的统一。因此，生态农业是一种知识密集型的现代农业体系，是农业发展的新型模式。如20世纪70年代主要措施是实行粮、豆轮作，混种牧草，混合放牧，增施有机肥，采用生物防治，实行少免耕，减少化肥、农药、机械的投入等；80年代创造了许多具有明显增产增收效益的生态农业模式，如稻田养鱼、养萍，林粮、林果、林药间作的主体农业模式，农、林、牧结合，粮、桑、渔结合，种、养、加结合等复合生态系统模式，鸡粪喂猪、猪粪喂鱼等有机废物多级综合利用的模式等。

二、生态农业的基本内涵

生态农业的基本内涵是：在经济和环境协调发展方针指导下，总结吸收各种农业方式的成功经验，运用生态学和经济学原理以及系统工程方法，因地制宜，利用现代科学技术并与传统农业精华相结合，依据经济发展水平及"整体、协调、循环、再生"的要求，通过全面规划及生态系统与经济系统的良性循环，发挥区域资源优势，合理组织农业生产，实现高产、优质、高效与持续发展目标，达到经济、生态、社会三大效益统一，使整个农业生产步入可持续发展的良性轨道。在中国，发展生态农业则要求按照生态学原理和生态经济规律，因地制宜地设计、组装、调整和管理农业生产和农村经济的系统工程体系。把发展粮食与多种经济作物生产，发展大田种植与林、牧、副、渔业，发展大农业与第二、第三产业结合起来，利用传统农业精华和现代科技成果，通过人工设计生态工程，协调发展与环境之间、资源利用与保护之间的矛盾，形成生态上与经济上两个良性循环，经济、生态、社会三大效益的统一。

三、生态农业的特点

生态农业要求农业发展同其资源、环境及相关产业协调发展，强调因地、因时制宜，以便合理布局农业生产力，适应最佳生态环境，实现优质高产高效。生态农业能合理利用和增值农业自然资源，重视提高太阳能的利用率和生物能的转换效率，使生物与环境之间得到最优化配置，并具有合理的农业生态经济结构，使生态与经济达到良性循环，增强抵御自然灾害的能力。生态农业既不同于现代石油农业，也不同于传统农业，而是遵循生态学原理发展起来的一种新的生产体系，其具有以下基本特点。

（1）高效性。在现代生态农业系统中，各子系统与环境之间较协调，资源被充分利用，物质循环再生，实行多种经营，合理施用化肥、农药，使生态农业系统整体生产成本降低，产业链加长，生产效益提高，农民收入增加。生态农业生产中，人们可以根据市场需求对系统内的生物品种结构、产品结构和产业结构进行调整；可以运用信息技术精确及时地输入能量和物质，使系统的生产水平保持最佳状态；可以运用生物技术提高生物转化率和生物产品的利用率，提高生产效率。

（2）持续性。生态农业能保护和改善生态环境，防治污染，维护生态平衡，提高农产品的安全性。由于建立高效人工生态系统，在最大限度地满足人们对农产品日益增长的需求的同时，通过物质循环再生，减少对环境的污染和破坏，使自然环境得以恢复，提高生态系统的稳定性和持续性。

（3）综合性。生态农业强调发挥农业生态系统的整体功能，以大农业为出发点，按"整体、协调、循环、再生"的原则，全面规划，调整和优化农业结构，使农、林、牧、副、渔各业和农村第一、第二、第三产业综合发展，并使各业之间相互支持，提高综合生产能力。

（4）多样性。生态农业在吸收传统农业精华的基础上，结合现代科学技术，以多种生态模式、生态工程和丰富多彩的技术装备农业生产，形成的模式具有多样性。

（5）稳定性。生态农业系统是优化之后良性循环的农业生态系统。内部组成与结构复杂，具有较强的抵御外界干扰的缓冲能力。因此，系统本身在有外界干扰的情况下，仍然能够稳定地发展。

（6）有机性。生态农业强调充分利用农业生态内部的资源和能量，尽量减少对外来投入的依赖，提高使用有机肥和注重农业病虫害的生物防治，以减轻农用化学物质对生态环境的污染与破坏。

第二节　生态农业的模式类型与综合评价

一、生态农业的模式类型

1. 时空结构型

这是一种根据生物种群的生物学、生态学特征和生物之间的互利共生关系而合理组建的农业生态系统，使处于不同生态位置的生物种群在系统中各得其所，相得益彰，更加充分地利用太阳能、水分和矿物质营养元素，是在时间上多序列、空间上多层次的三维结构，其经济效益和生态效益均佳。具体有果林地立体间套模式、农田立体间套模式、水域立体养殖模式，农户庭院立体种养模式等。

2. 食物链型

这是一种按照农业生态系统的能量流动和物质循环规律而设计的一种良性循环的农业生态系统。系统中一个生产环节的产出是另一个生产环节的投入，使得系统中的废弃物多次循环利用，从而提高能量的转换率和资源利用率，获得较大的经济效益，并有效地防止农业废弃物对农业生态环境的污染。具体有种植业内部物质循环利用模式、养殖业内部物质循环利用模式、种养加工三结合的物质循环利用模式等。

3. 时空食物链综合型

这是时空结构型和食物链型的有机结合，使系统中的物质得以高效生产和多次利用，是一种适度投入、高产出、少废物、无污染、高效益的模式类型。

二、生态农业的原则

1. 要求

德国生态农业的要求是：不使用化学合成的除虫剂、除草剂，使用有益的天敌或机械的除草方法；不使用易溶的化学肥料，而是有机肥或长效肥；利用腐殖质保持土壤肥力；采用轮作或间作等方式种植；不使用化学合成的植物生长调节剂；控制牧场载畜量；动物饲养采用天然饲料；不使用抗生素；不使用转基因技术。

2. 规定

生态产品必须符合"国际生态农业协会（FOAM）"的标准。生态产品在生产过程中，其原料必须是生态的。所采用的附加料如在生产过程中必须使用，则允许部分附加料来自传统农业，但不得高于25%。一旦使用了传统农业附加料，则应在产品中标明使用的比例。只有95%以上的附加料来自生态的，才可作为纯生态产品出售。某一企业欲加入"生态农业协会"，将其产品作为生态产品销售，必须经过3年的完全调整方可。并由国家授权的检测中心对申请转入生态农业生产的企业进行检查，检查每年至少进行 1 次，此外也可进行不定期抽查。如检查不合格，则要延长调整期。

3. 标识

所有符合欧盟《生产规定》（注：德国生态农业协会的标准高于欧盟的生产规定）的产品，允许标以生态标识。统一的生态印章提高了德国生态食品的信任度和透明度，它给消费者提供了巨大的便利，也为经营者带来了很好的收益。

例如：1999～2000 年，对 150 家生态企业的收益状况调查表明，由于生态企业不使用化肥和农药，产品产量虽有所下降，但生态产品价格远高于传统农产品，故企业总利润及人均收入仍高于传统农业企业。生态农业不使用化肥和农药，土壤一直施用有机肥，并且采用轮作、间作种植方式，这样不仅提高了土壤肥力，从长远利益来看，生态企业产品产量会逐渐高于传统农业。

三、生态农业综合评价

综合评价是对以多属性体系结构描述的对象系统作出全局性、整体性的评价，即对评价对象的全体，根据所给的条件，采用一定的方法给每个评价对象赋予一个评价值（又称评价指数），再据此择优或排序。对生态农业的综合评价是出于管理与实践的需要。农民、管理者、决策者需要知道某一户、某一村、某一县的农业是不是生态农业。如果"不是"生态农业，要怎样建设，才能"是"生态农业；如果"是"生态农业，要怎样改进，才能使生态农业朝着更好的方向发展。这些都是一些迫切需要解决的实际问题。

生态农业综合评价的方法主要包括：模糊数学、全息论、BP 人工神经网络、物元论、灰色关联以及多元统计等理论在生态农业综合评价中应用较广。此外灰色关联分析评判法、系统聚类分析法和图论分析法也被应用于生态农业综合评价中。这里主要介绍目前采用最多的层次分析方法（The Analytic Hierarchy Process，AHP）、特尔斐法（Delphi）和模糊综合评价（Fuzzy Comprehensive Assessment）相结合的方法对生态农业进行综合的评价。

1. 层次分析方法（AHP 法）

层次分析方法是美国著名数学家 T. L. Saaty 于 20 世纪 70 年代提出的。这种方法把复杂的问题分解为各个组成因素，按一定支配关系分组形成有序的递阶层次结构。通过两两比较的方式，确定层次中诸因素的相对重要性，然后综合人们的判断，给出决策因素重要性排序。用层次分析法确定指标权重的基本步骤如下。

（1）建立递阶层次结构：对生态农业综合效益评价来说，该步骤即是建立生态农业评价指标体系的递阶层次结构的过程。

（2）建立判断矩阵：以上一层的指标（目标）A 为准则，对比两个指标 B_i、B_j 的相对重要性，写成判断矩阵（表 4 - 1）。

表 4 - 1 判断矩阵

A	B_1	B_2	…	B_n
B_1	B_{11}	B_{12}	…	B_{1n}
B_2	B_{21}	B_{22}	…	B_{2n}
…	…	…	…	…
B_n	B_{n1}	B_{n2}	…	B_{nn}

两个对比指标相对重要性定量化采用 1 ~ 9 的标度方法予以表示（表 4 - 2）：

表 4 - 2 层次分析法的标度含义

标度	含义
1	两个指标同等重要
3	两个指标相比，一个指标比另一个指标稍微重要
5	两个指标相比，一个指标比另一个指标明显重要
7	两个指标相比，一个指标比另一个指标强烈重要
9	两个指标相比，一个指标比另一个指标绝对重要
2，4，6，8	两相邻判断的中值

（3）层次单排序（单层次权重向量计算）和一致性检验：层次单排序指某层次指标对于上一层指标而言的权重排序（权重向量）。其计算方法可以归结为计算判断矩阵的特征值和特征向量的问题。

第一步，计算判断矩阵每行判断值的几何平均值。

第二步，对向量进行正规化处理，即单层次排序向量。

第三步，计算最大特征根，求一致性指标和随机一致性比值：

$$一致性指标 \; CI = \frac{\lambda_{max} - n}{n - 1_m}$$

$$一致性比值 \; CR = CI/RI$$

随机一致性指标 RI 可通过查表求得。上式中的 λ_{max} 为判断矩阵的最大特征根，n 为判断矩阵的阶数。当 $CR < 0.1$ 时，判断矩阵的一致性可以接受，否则，应对判断矩阵作适当修改（表 4 - 3）。

表 4 - 3 随机一致性指标 RI

阶数 n	1	2	3	4	5	6	7	8	9	10
RI	0	0	0.52	0.89	1.12	1.26	1.36	1.41	1.46	1.49

（4）多层次排序（计算各层指标的组合权重）和一致性检验：多层次排序即根据

各层次的单排序进行加权综合，以计算同一层的指标对于上一层次的相对重要性（权重），这样可一层一层向上进行，直至最上一层（总目标层）。如若上一层次包括 m 个因素，B_1、$B_2\cdots B_m$，其层次总排序值为 b_1、$b_2\cdots b_m$；下一层 C 包含 n 个因素 C_1、$C_2\cdots C_n$，它们对于因素 B_i 的层次单排序权值分别为 c_{1j}、$c_{2j}\cdots c_{nj}$。

2. Delphi 法（专家咨询法）

通过匿名征求专家意见的方法得到指标的权重，其步骤如下。

（1）将评价小组确定的指标权重发给每个专家，要求专家根据个人意见提出新的指标，去除不合理的指标，并简要陈述理由。评价小组根据专家的意见汇总，形成一个增选改进的评价指标权重全集。

（2）将改进的指标权重全集发给专家，由专家对所有指标权重再进行一次评判，由评判小组汇总。

3. 模糊综合评判法

指标间由于其量纲与综合效益间的函数关系不同，不具有可比性，无法按照多目标规划的基本思想综合成一个从总体上衡量综合效益的单一指标，为此必须通过建立模糊隶属函数模型对同一指标在不同值下的价值进行量化。

（1）指标优劣值的确定。确定各指标优劣上下限，也即各指标的最劣值 a_i 和最优值 b_i。通过调查、计算指标的实际值，参照生产现实和理论数值进行推算。

（2）指标的隶属函数模型。在模糊数学中，隶属函数就是描述从隶属到不隶属的渐变过程。

根据每个指标的性质求出所有指标的评价向量，得出评价矩阵。最后，通过权重矩阵 W 和评价矩阵 R 求出生态农业综合效益的评价值 U。

综合评价流程如图 4-1 所示。

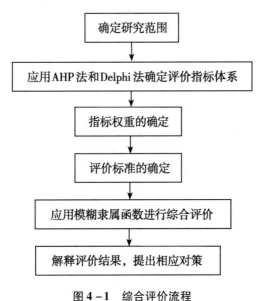

图 4-1 综合评价流程

第三节　中国的生态农业建设与生态农业的主要类型

一、发展生态农业的好处

未来我国的农业生产将面临病虫害日趋严重、空气污染、大气变异、土壤侵蚀、良田被占、农用物质价格上涨等难题。因此，发展生态农业的呼声越来越高。生态农业就是以生态理论为依据，在一定的区域内，因地制宜的规划、组织和进行农业生产。生态农业集生产发展、生态环境保护、能源再生利用、经济效益为一身，因此，生态农业的优越性是显而易见的。

1. 降低生产成本

生态农业采用有机农业技术，不用化肥和农药，降低了生产成本，同时改善了土壤耕作性。

2. 改善环境质量

由于生态农业不用或严格控制使用农药（据农业部门测定：农业使用的化肥，只有30%左右为植物所利用，其余则进入地下水、地表水或挥发损失），使水体中的农业化学物质含量降低。采取作物之间的轮作、少耕或免耕，间种套种、增施有机肥，增加土壤通透性，减轻土壤板结。

3. 提高农产品质量

随着人们的生活水平的不断提高，绿色食品、无公害蔬菜等成了人们的热门话题，而且需求量越来越大。生态农业免去了化学物质对植物和果实的影响，自然不必怀疑其中含有对人体有害的化学物质。

4. 保护自然资源

生态农业通过有机废物循环利用使这些废物变成农作物的营养源，同时改善了土壤，也解决了这些废物的处理问题。土壤有机质的增加使土壤保水保肥能力增强。有机肥养分比较齐全，能满足作物对养分的需求。

5. 经济效益高

生态农业不用或极少用化肥和农药，使生产投资减少。生态农业产品安全可靠，深受消费者的喜爱，其销售价亦高出常规农业产品，单位面积内的经济效益提高，对从事生态农业的农民有好处。

二、中国生态农业发展中存在的主要问题与对策

（一）中国生态农业发展中存在的主要问题

目前，虽然在生态农业的理论研究、试验示范、推广普及等方面已经取得了很大成绩，但不能否认，还存在着一些问题。这些问题正成为限制生态农业进一步发展的

障碍。

1. 理论基础上不完备

生态农业是一种复杂的系统工程，它需要包括农学、林学、畜牧学、水产养殖、生态学、资源科学、环境科学、加工技术以及社会科学在内的多种学科的支持。以前的研究，往往是单一学科的，因此可能对这一复杂系统中的某种组分有了一定的，甚至是比较深入的了解，但是对于这些组分之间的相互作用还知之甚少。因此，需要进一步从系统、综合的角度，对生态农业进行更加深入的研究，特别是要素之间的耦合规律、结构的优化设计、科学的分类体系，客观的评价方法方面。这种研究应当建立在对现有生态农业模式进行深入的调查分析基础上，必须超越生物学、生态学、社会科学和经济学之间的界限，应当是多学科交叉与综合，需要多种学科专家的共同参与，需要建立生态农业自身的理论体系。

2. 技术体系不够完善

在一个生态农业系统中，往往包含了多种组成成分，这些成分之间具有非常复杂的关系。例如，为了在鱼塘中饲养鸭子，就要考虑鸭子的饲养数量，而鸭子的数量将受到水的交换速度、水塘容积、水体质量、鱼的品种类型和数量、水温、鸭子的年龄和大小等众多条件的制约。在一般情况下，农民们并没有足够的理论知识和经验对这一复合系统进行科学的设计，而简单地照搬另一个地方的经验，也是非常困难的，往往并不能取得成功。目前在生态农业实践中，还缺乏技术措施的深入研究，既包括传统技术如何发展，也包括高新技术如何引进等问题。

3. 政策方面存在着需要完善的地方

如果没有政府的支持，就不可能使生态农业得到真正的普及和发展。而政府的支持，最重要的就是建立有效的政策激励机制与保障体系。虽然目前中国农村经济改革是非常成功的，但是对于生态农业的贯彻，还有许多值得完善的地方。在有些地方，由于政策方面的原因，使得农民缺乏对土地、水等资源进行有效保护的主动性。而农产品价格方面的因素，有时也成为生态农业发展的一个限制因子。因为对于比较贫困的人口来说，食物安全保障可能更为重要；但对于那些境况较好的农民来说，较高的经济效益，可能会成为刺激他们从事生态农业的基本动力。

4. 服务水平和能力建设不能适应要求

对于生态农业的发展，服务与技术是同等重要的。但目前尚未建立有效的服务体系，在一些地方，还无法向农民们提供优质品种、幼苗、肥料、技术支撑、信贷与信息服务。例如，信贷服务对于许多地方生态农业的发展都是非常重要的，因为对于从事生态农业的农民们来说，盈利可能往往在项目实施几年之后才能得到，在这种情况下，信贷服务自然是必不可少的。除此以外，信息服务也是当前制约生态农业发展的重要方面，因为有效的信息服务将十分有益于农民及时调整生产结构，以满足市场要求，并获得较高的经济效益。

另外，尽管必要的激励机制是十分必要的，但生态农业应当更趋向于开发一种机制，以使农民们自愿参与这一活动。要想动员广大的农民自觉自愿、并能够自力更生地通过生态农业发展经济，能力建设自然就成为一个十分重要的问题。到目前为止，并没有建立比较有效的能力建设机制，对于更为重要的基层农民来说，很少得到高水平的培训与学习的机会。

5. 农业的产业化水平不高

发展生态农业的根本目的是实现生态效益、经济效益和社会效益的统一，但在中国的许多农村地区，促进经济的发展、提高人民的生活水平，仍然是一项紧迫的任务。目前生态农业的实际情况还不能满足这一需求，因为在一些地方，仅仅依靠种植业的发展，难以获得比较高的经济收益。世界经济的全球化和中国加入 WTO，既为中国生态农业的发展提供了新的机遇，也使之面临着新的挑战。为适应这一新的形式，生态农业的发展还有许多的问题有待解决，而其中，农业的产业化无疑是一个极为重要的方面。从另外一个方面来看，人口问题一直是中国社会发展中的主要问题之一。据估计，到 2030 年前后，中国人口将达到 16 亿人。土地资源相对短缺，耕地面积还在不断减少，而人口在继续增加，农村剩余劳动力的转移也已经成为农村地区可持续发展的一大障碍。为了解决这一问题，必须通过在生态农业中延长产业链、促进农业的产业化水平来实现。

6. 组织建设存在着不足

在生态农业的发展过程中，组织建设是一个重要方面。正如世界环境与发展委员会在其报告《我们共同的未来》中所指出的那样，新的挑战和问题的综合与相互依赖的特征，与当前组织机构的特征形成了鲜明的对比。因为这些机构往往是独立而片面的，与某些狭隘决策过程密切相关。中国当前的生态农业，也同样存在这种组织建设的不足。

7. 推广力度不够

虽然生态农业有着悠久的历史，政府也较为重视，但仍然没有在全国范围内得到推广。101 个国家级生态农业县与全国相比是一个非常小的数字。因为从总体方面而言，沉重的人口压力，对自然资源的不合理利用，生态环境整体恶化的趋势没有得到根本的改善，农业的面源污染在许多地方还十分严重。水土流失、土地退化、荒漠化、水体和大气污染、森林和草地生态功能退化等，已经成为制约农村地区可持续发展的主要障碍。从某种程度上说，目前的生态农业试点，只不过是"星星之火"，还没有形成"燎原"之势。

（二）中国发展生态农业的对策

1. 加强对生态农业发展的政策支持和投入

我国应加强对生态农业的政策支持力度。在我国财政收入连续多年保持较高的增长率的情况下，中央财政已经储备了较为雄厚的财力，具备一定的能力对生态农业进行投资。地方政府可集中精力为全国提供最优质的生态环境与农业产品，从而达到中央和地方的双赢。在解决生态农业建设资金问题，可采取 4 种方式：一是国家投资。二是募集社会资金。成立生态治理与保障基金会，发动社会各界广泛参与，使生态治理的主体由少数部门变成多数组织，由少数人的行为变成社会性行动。三是制定一些优惠政策，吸引民营企业、社会团体、个人参与生态建设，对生态治理的投资者给予优惠政策。四是引导农民投资。

2. 加快生态农业技术的研发和应用

发展我国生态农业的关键是要加快生态农业技术的研发、应用和创新，形成一套既适合中国国情又符合国际市场要求的生态农业核心技术标准与体系，并且能在广大农村普遍推广和应用。建立、健全我国生态农业发展机制、生态农业生产的技术体系与标准。

3. 建立健全农产品质量安全检测体系

当前，我国市场上的生态农产品虽然很多，但鱼目混珠，产品质量参差不齐。更为严重的是，我们还没有建立起一套成熟的生态农产品质量检测体系，没有认定生态农产品真正价值的判断标准。因此，我们应尽快建立生态农产品管理体系、生态产品质量与监测体系等。逐步实施生态农产品市场准入制，以最大限度保护生态农产品生产者的合法权益和生产的积极性。同时，加强农业的生态环境监测，确保生态农业的安全生产环境。

4. 大力发展区域生态农业

我国发展生态农业的战略重点应突出区域生态农业的发展与布局。区域生态的资源状况是区域生态农业系统建设与运行的基础。区域生态农业发展的地域差异和发展阶段性具有相似性：区域农业生态经济状况（自然环境本底状况、生物结构状况、产业结构状况、经济条件、人口状况生产力水平等）；区域农业生态的布局可把种植业、林业、畜牧业、渔业、农副产品加工业等生产部门，以及各业内部的各种生产门类进行种类、数量以及不同地区的空间布局。其中区域生态农业建设中，应包含许多重大的生态建设项目，如水土保持、植树造林、兴建沼气、土壤改良与农田基本建设及大中型水利工程等。

5. 加快区域生态农业发展的人力资源与综合人才的开发培养

区域生态农业发展的内容涉及面广、科学性强，需要一个多层次、多学科、多方面的人才组合：需要区域生态农业发展管理型复合型人才，需要融合管理科学、环境科学、经济学等多个相关学科知识领域复合型人才，需要区域生态农业发展专业技术型人才与应用型人才。只有这样，我们才能在区域生态农业发展人才的智力支持下推进生态农业产业化和现代化的发展。

三、中国生态农业建设的基本内容与设计方式

（一）建设基本内容

第一，充分利用太阳能，努力实现农业生产的物质转化。也就是利用绿色植物的光合作用，不断提高太阳能的转化率，加速物流和能流在生态系统中的运动过程，以不断提高农业生产力。

第二，提高生物能的利用率和废物的循环转化。这里所说的废物主要是指作物秸秆、人畜粪便、杂草、菜屑等。对于这些废物，传统的处理方法是直接烧掉或作为肥料直接肥田，这实际上是一种浪费。如果把作物秸秆等用来发展畜牧业，用牲畜粪便制沼

气，就既为农村提供了饲料和能源，又为农业生产增加了肥源。

第三，开发农村能源。解决农村能源问题应当因地制宜，采取多种途径，除采用供电、供煤等途径外，还可以兴建沼气池，推广节柴灶，利用风能、水能、太阳能、地热能等来改变靠砍树来解决烧饭燃料问题的做法。

第四，保护、合理利用和增值自然资源。要保护森林，控制水土流失，保护土壤，保护各种生物种群。

第五，防治污染，使农业生产拥有一个良好的生态环境。

第六，建立农业环境自净体系，主要措施有扩大绿色植被覆盖面积，修建大型氧化塘，保护天敌等有益野生生物，推广生物防治。

（二）建设的设计方式

生态农业建设的设计方式是指进行生态农业的设计和布局时可以从生态农业的平面设计、垂直设计、时间设计、食物链设计等方面着手。

1. 生态农业的平面设计

是指在一定区域内，确定作物的种类和农业产业所占比例及分布区域，也就是通常所说的农业区划或农业规划布局。

2. 生态农业的垂直设计

是指运用生态学原理，将各种不同的生物种群组合成合理的复合生产系统，达到最充分、最合理地利用环境资源的目的。垂直结构包括地上和地下两部分。地上部分包括复合群体茎、叶的层次分布以及不同生物种群在不同层次空间上的配置，目的是能够最大限度地利用光、热、水、气等。地下部分是指复合群体根系在土壤中不同层次的分布，合理的地下垂直设计能够有效地利用不同层次土壤中的水分和矿质元素。

3. 生态农业的时间设计

就是根据各种农业资源的时间节律，设计出有效利用农业资源的生产格局，使资源转化率达到最高。生态农业的时间设计包括种群嵌合设计（如套种）、育苗移栽的设计、改变作物生长期的调控型设计等。

4. 生态农业的食物链设计

是指根据当地实际和生态学原理，合理设计农业生态系统中的食物链结构，以实现对物质和能量的多层次利用，提高农业生产的效益。食物链设计的重点之一是在原有的食物链中引入或增加新的环节。例如，引进捕食性动物控制有害昆虫的数量，增加新的生产环节将人们不能直接利用的有机物转化为可以直接利用的农副产品等。

我国是世界上最早利用天敌防治有害生物的国家，早在公元 300 年左右，我国就开展了生物防治工作。在我国晋代和唐代典籍中，就记载了在广州附近利用"黄蚁"防治柑橘害虫的事例。新中国成立后，我国在利用天敌防治害虫方面的研究和实践取得了迅猛发展，产生了许多行之有效的灭虫模式。

我国利用天敌昆虫防治害虫的做法有许多种，如利用赤眼蜂防治玉米螟，用七星瓢虫防治棉蚜，用红蚂蚁防治甘蔗螟等。

自 1951 年起，我国广东省进行利用赤眼蜂防治甘蔗螟的研究，经过试验后，于

1958 年在顺德建立了中国第一个赤眼蜂站，在湛江、顺德等地近 7 000hm² 甘蔗田防治甘蔗螟，取得了明显的成效。接着在广西、福建、四川、湖南等省区相继推广了这一技术。1972 年，广东省大面积释放赤眼蜂防治稻纵卷叶螟，取得了很好的效果。广东省四会县大沙区应用拟澳洲赤眼蜂防治稻纵卷叶螟，放蜂面积从 1973 年的 8hm² 增加到 1976 年的 396hm²，稻纵卷叶螟卵有 67% ~83% 被寄生。在东北、华北地区利用松毛虫赤眼蜂防治玉米螟也获得成功，基本上代替了化学防治，从而有效地防止了农药污染。

以菌治虫是生物防治的重要内容。我国目前用于生物防治的细菌制剂主要是苏云金杆菌类的青虫菌、杀螟杆菌、松毛虫杆菌、武汉杆菌等。广东省四会县施用杀螟杆菌防治稻纵卷叶螟和稻苞虫幼虫，杀虫效果达到了 70% ~90%。

我国还广泛利用白僵菌防治玉米螟、大豆食心虫、松毛虫等害虫。例如，辽宁省昌图县于 1983 年用白僵菌防治玉米螟，施用面积达 5 万 hm²，增产玉米 1 450 万 kg。

四、生态农业的主要类型

（一）生态农业村

具有完整的村落结构，以农业生产为主，结合开展观光旅游活动的一种观光农业形式。

一般将自然环境较好，生产项目多样的农村进行改造，将传统农业与现代科学技术有机结合，可开发出多种农业生产方式并存的符合生态规律的现代生态农业村。生态农业村中，观光的对象是农业生产活动及农业景观。

具体内容如农田、菜地、果园、林地、水产养殖场、畜牧养殖场、花卉、药用植物等生产场地以及村寨、风景、传统文化等自然和人文景观。

（二）旅游农庄

旅游农庄是以观赏农业景观为主，同时兼顾休闲、度假活动的一种观光农业形式。生产项目主要考虑观赏性，如展示一些高新生产技术和新奇植物、动物品种。经济效益的主要来源是旅游收入。

布局以各类种植、养殖场地为基础，结合有反映农业生产历史、农业生产技术及农业发展方向等方面的展览、宣传，生产场地中有供游人亲手劳动的地方。

配备有游乐设施及旅店、别墅等旅游、度假服务设施。

（三）观光农园

观光农园是将生产项目较为单一的农业生产基地，结合开展适度的旅游观光活动而形成的一种观光农业形式。如在生产果园的基础上，设置一定的设施与景观，吸引游人前来种果、品果、购果，以达到宣传产品、增加收入的目的。

形式：观光果园，观光茶园，观光菜园，观光花园，观光渔场，观光牧场等单项观光农园，也有果、茶等几项结合形成综合的观光农园。

（四）科技农园

以农业科学研究与科普教育为主，结合开展观光游览活动的一种观光农业形式。

特点：这类农园一般在农科基地的基础上发展而来，将基地部分开放，用于游人参观学习，并设专门展示场地，展览先进的农业技术，高、新、奇、特的动植物品种。同时，还可开展科普教育，让游人在游乐之中获得相关农业知识，如广东珠海农科中心。

第四节　中国特色的生态农业模式

生态农业模式是一种在农业生产实践中形成的兼顾农业的经济效益、社会效益和生态效益，结构和功能优化了的农业生态系统，是指特定时空条件下，在生态农业实践中形成的、具有优化结构与稳定功能的若干生产要素的合理组合形式，生态农业模式在相似条件下具有推广价值和借鉴意义。

生态农业模式建设是生态农业建设的核心，是生态农业规划设计的具体体现之一。我国地域辽阔，自然和社会环境分异复杂，不同地区都提出了许多符合当地条件的生态农业模式。为进一步促进生态农业的发展，2002 年，农业部向全国征集到了 370 种生态农业模式和技术体系，通过专家反复研讨，甄选出经过一定实践运行检验，具有代表性的十大类型生态模式，并正式将这十大类型生态模式作为今后一个时期农业部的重点任务加以推广。

这十大典型模式和配套技术是：北方"四位一体"生态模式及配套技术；南方"猪—沼—果"生态模式及配套技术；平原农林牧复合生态模式及配套技术；草地生态恢复与持续利用生态模式及配套技术；生态种植模式及配套技术；生态畜牧业生产模式及配套技术；生态渔业模式及配套技术；丘陵山区小流域综合治理模式及配套技术；设施生态农业模式及配套技术；观光生态农业模式及配套技术。

一、北方"四位一体"生态模式

（一）"四位一体"生态模式概述

"四位一体"生态模式是在自然调控与人工调控相结合的条件下，利用可再生能源（沼气、太阳能）、保护地栽培（大棚蔬菜）、日光温室养猪及厕所等 4 个因子，通过合理配置形成以太阳能、沼气为能源，以沼渣、沼液为肥源，实现种植业（蔬菜）、养殖业（猪、鸡）相结合的能流、物流良性循环系统，这是一种资源高效利用，综合效益明显的生态农业模式。运用本模式冬季北方地区室内外温差可达 30℃以上，温室内的喜温果蔬正常生长、畜禽饲养、沼气发酵安全可靠（图 4 - 2）。

这种生态模式是依据生态学、生物学、经济学、系统工程学原理，以土地资源为基础，以太阳能为动力，以沼气为纽带，进行综合开发利用的种养生态模式。通过生物转换技术，在同地块土地上将节能日光温室、沼气池、畜禽舍、蔬菜生产等有机地结合在一起，形成一个产气、积肥同步，种养并举，能源、物流良性循环的能源生态系统工程。

这种模式能充分利用秸秆资源，化害为利，变废为宝，是解决环境污染的最佳方式，并兼有提供能源与肥料，改善生态环境等综合效益，具有广阔的发展前景，为促进高产高效的优质农业和无公害绿色食品生产开创了一条有效的途径。

（二）"四位一体"生态模式的特点

"四位一体"种养生态模式的基础设施为塑膜覆盖日光温室（面积为 $6m \times 70m$），在温室的一侧由山墙隔离出面积为 $15 \sim 20m^2$ 的地方，地面上建畜禽舍和厕所，地下建沼气池（池容为 $8 \sim 10m^3$）。山墙的另一侧为蔬菜生产区。沼气池的出料口设在蔬菜生产区，便于沼肥的施用。山墙上开 2 个气体交换孔，以便畜禽排出的 CO_2 气体进入蔬菜生产区，蔬菜的光合作用产生的 O_2 流向畜禽舍。畜禽粪便冲洗进入沼气池，并加入适量的秸秆进行厌氧发酵，产生的沼渣可用作底肥，沼液可用作叶面施肥，也可作为添加剂喂猪、鸡。温室内具有适宜的环境温度，即使在严冬也能保持在 10℃ 以上，在温室内饲养猪、鸡增收效果明显。因此它具有如下特点和优势：

1. 立体经营

多业结合，集约经营。充分利用地下、地表和空中的空间，以求使设施内的空间得到最大限度的合理利用。在设计方面将沼气池埋入温室的地下，地面空间分为两部分，一部分用于植物种植，另一部分用于家畜养殖，养殖区上部的空间用于家禽立体养殖。把动物、植物、微生物结合起来，加强了物质循环利用，提高了经济效益、社会效益和生态效益。

2. 保护环境

由于该模式，充分循环利用了各种资源并不对自然产生危害，因此，该模式保护改善了自然环境与农村的卫生条件。

3. 多级利用

植物的光合作用为畜禽提供新鲜 O_2；畜禽呼吸吐出的 CO_2 给植物的光合作用提供了原料；沼液用于叶面肥料和作物的杀虫剂；沼渣用作农田的有机肥及蘑菇栽培的基质；沼气中的成分：①甲烷提供给日光温室可增温和光照；②CO_2 可促进植物的光合作用。

4. 系统高效

这里所说的高效化可以从两个方面加以理解：其一是系统运行效率高，这主要体现在通过各种技术接口，强化了系统内部各组成部分之间的相互依赖和相互促进的关系，从而保证了整个系统运行的高效率；其二是系统的效益高，这主要是由于系统的生产严格遵循了自然规律，也就是实现了生态化生产，所以模式生产的农产品的品质和产量就得到了提高，从而保证了系统的高效产出。

（三）"四位一体"生态模式的技术要点

1. 核心技术

沼气池建造及使用技术；猪舍温度、湿度调控技术；猪舍管理和猪的饲养技术；温室覆盖与保温防寒技术;温室温度、湿度调控技术;日光温室综合管理措施等。

2. 配套技术

无公害蔬菜、水果、花卉高产栽培技术;畜、禽科学饲养管理技术;食用菌生产技术等。

"四位一体"工程实施场地应选在宽敞、背风向阳、没有树木或高大建筑物遮光的地方,一般选择在农户房前。总体宽度在 5.5~7m,长度在 20~40m,最长不宜超过 60m,一般面积为 80~200m²。工程的方位坐北朝南,东西延长,如果受限制可偏西或偏东,但不能超过 15°。对工程面积较小的农户,可将猪舍建在日光温室北面,在工程的一边建 15~20m² 猪舍和 0.5~1m² 厕所,地下建 8~10m³ 沼气池,沼气池距农舍灶房一般不超过 15m,做到沼气池、厕所、猪舍和日光温室相连接。

3. 施工技术

要想使"四位一体"工程取得良好运行效果,标准化施工是关键。

(1)沼气池施工。①选址。在北方农村,门前屋后、田野山坳都可搭建。但要注意选择宽敞、背风向阳、没有树木和高大建筑物遮光的地方作场地。方位坐北朝南,依纬度不同可偏东或偏西 5°~10°。②放线。错过冬季和雨季施工。施工前放线,标记出符合规定尺寸的"模式"总体平面外框,在"模式"总平面内划出猪舍、日光温室位置。再划出"模式"宽度的中心线,以中心线和猪舍与日光温室边际线交叉点为起点,以沼气池的半径加 6cm 为距离,在猪舍内沿中心线量出沼气池的中心点,再以此点为圆心,以沼气池的半径加 6cm 为半径画圆,就是沼气池的位置。同时在"模式"中心线上确定好位于猪舍的进料口和日光温室内的出料口的中心点,并按水压间的尺寸画出水压间的位置,水压间与主体池最近点相距 0.24m。如果建两个进料口时,其任意一个进料口、出料口、池拱盖三处的中心点所形成的夹角必须大于或等于 120°。③挖坑。按放线确定的沼气池、出料间(水压间)的位置,以及设计图纸确定的坑深、圆度进行挖坑。以 8m³ 的沼气池为例,内直径 2.4m,池墙高 1m,池顶矢高 0.48m。池坑要规圆上下垂直。对于土质良好的地区坑壁可以直挖,取土时由中间向四周开挖,开挖至坑壁时留有一定余地,边挖边严格按尺寸修整池坑,直到设计深度为止。池底要修成锅底状,池中心比边缘深 0.25m,由锅底中心至出料间挖一条"V"形浅槽,下返坡度 5%。同时还要挖好水压间,并在主体池与水压间之间挖好出料口通道,如果土质坚实,出料口通道上部原土不要挖断。出料口通道高 1.1m,宽 0.9m 为宜。对于土质松散的地方,地面以下 0.8m 这段土方应放坡取土,坡度大小视土质松散情况而定,以坑壁不坍塌为原则。如果有地下水时池底要挖好集水坑,以便排水。④建池。A. 砌筑出料口通道。用红砖和 1:2.5 水泥砂浆砌筑出料口通道,砖墙与土壁间隙要灌满灰防止涨裂,通道顶部起拱,其通道口宽 0.6m,拱顶距贮气箱拱角 0.3m,厚度 0.24m。B. 混凝土浇筑池墙。模具主要有砖模、木模、钢模 3 种。后两种可直接使用,用砖模浇筑池墙的施工方法是:把挖好的坑壁作外模,内模用砖砌筑而成,先把砖用水浸湿,目的是防止拆模困难。每块砖横向砌筑,每层砖的砖缝错开,不用代泥口或灰口,做到砌一层砖用混凝土浇筑一层,振捣密实后砌第二层。混凝土配合重量比是 1:3:3(水泥:沙:碎石)。要做到边砌、边浇筑、边振捣,中途不停直到池墙达到 1m 高度为止。池墙浇筑的厚度是 0.06m。池墙浇筑要由下而上一次完成，不允许有蜂窝麻面。在捣制池墙的同时，也要捣制出料间（水压间）。C. 进料管安装。一般用直径 0.2～0.3m，长 0.6m 的陶瓷管，利用木棒、绳、横杆，使陶瓷管竖直紧紧靠近池墙，插入池的深度距拱角 0.25～0.3m（砌筑池盖时把陶瓷管固定好，待池盖完成后要用 1∶1 水泥、细沙抹好瓷管与池墙所形成的夹角）。同时在池坑的周围钉木桩，用麻绳拴砖块在砌筑过程中固定砖。D. 池拱施工。做法一般有两种，一种是砼捣制的，另一种是用砖砌筑的，砌筑时砖块必须先用水浸湿，保持外湿内干，边浸边用砂灰砌筑（灰砂比 1∶2），砌筑时沙浆黏性要好，灰浆必须饱满，灰缝必须均匀错开，砖的上口必须顶紧，外口嵌牢，每一圈用小块石片楔紧。在砌筑过程中要符合图纸所规定的曲率半径尺寸，每砌筑三层砖，池盖外壁要用 1∶3 的水泥砂灰压实抹光，厚度要达到 0.03～0.05m，边砌边抹，随即围绕池盖均匀地做好少量的回填土。当池拱顶将要封口时，要把导气管安装在拱顶上。池顶中央用 4 条长 1m 左右的加固钢筋抹灰加厚加固。E. 砌筑厕所、猪舍进料通道，然后砌筑输气管路暗道。输气管路由沼气池导气管周围砌筑 0.2m×0.2m 暗槽直通猪舍外，在导气管上端留两块活动砖，以便检修。F. 池底施工。先用碎石铺一层池底，用 1∶4 的水泥沙浆浇筑池底，然后再用水泥、沙、碎石 1∶3∶3 的混凝土现浇池底，厚度要达到 0.08～0.12m。⑤池体密封。沼气池只靠结构层还不能满足防渗漏要求，必须在沼气池结构层内壁做刚性防水三层、七层做法，才能确保沼气池不漏水、不漏气。有条件的地区可以再刷层沼气池密封剂。这一步是沼气池成败的关键。密封前一定要先将结构层内壁的沙浆、灰耳、混凝土毛边等剔除，并用水泥砂灰补好缺损。在操作中如发现有砂眼处，要反复刷好，也可用镜子反光辅助照明检查，既方便又看得清楚。密封层施工要连续操作，不得间断，抹灰刷浆每道工序要做到薄、匀、全，先将砂浆重重压抹，并反复数次，使砂浆多余水分不断排出表面，达到坚实。进料口、出料口通道和池拱一定要认真仔细抹好，这些是容易漏水、漏气的地方。⑥养护。用混凝土浇筑的每个部位，都要在平均气温大于 5℃条件下自然养护，外露混凝土应加盖草帘浇水养护，养护时间 7～10 天。春、秋要注意早晚防冻。建池 24h 后如果下雨要及时向池内加水，加水量应是池内装料的一半容积，以防地下水位上涨，鼓坏池体。还要注意沼气池是不能空腹越冬的。

（2）猪舍施工。猪舍是"四位一体"建设三大重要组成部分之一，位于沼气池的上面，日光温室的一端，面积依养猪规模而定，按每头猪 1m² 计算，东西长度不得小于 4m；中梁向南棚脚方向延伸 1m；猪舍南墙距棚脚 0.7～1m 建 1m 高的围墙或铁栏。

日光温室和猪舍之间要砌内山墙，它的顶部高度和日光温室拱形支架一致，墙体用砖或石材砌筑，0.7m 高以下墙宽 0.24m，0.7m 以上墙宽 0.12m，长度从北墙到南棚脚。在内山墙靠近北面留门，作为到日光温室作业的通道门。内山墙中部还要留通气孔，孔口 0.24m×0.24m。高孔距离地面 1.5m，低孔距离地面 0.7m，为 O_2 和 CO_2 的交换孔。内山墙的顶部要用水泥抹成拱圆形平面。猪舍内的山墙、内山墙、隔栏墙距猪舍地面上返 0.6m 用水泥抹面。砌筑内山墙的目的是为了温度、湿度及气体的调控，以保证猪、菜有各自适宜的生长环境，同时也便于生产管理。

在靠近北面后墙留人行道，在后墙与看护房相连处要留出小门，在猪舍后墙中央距地面 1m 留有高 0.4m、宽 0.3m 的通风窗，用于夏季猪舍通风，深秋时要封好。

猪舍地面用水泥沙浆抹成，要高出自然地面 0.10m。在地面上距离南棚脚 1.5～2m，距外山墙 1m 处建一个长 0.4m、宽 0.3m、深 0.1m 的溢水槽兼集粪槽；猪舍地面要抹成 5% 的坡度坡向溢水槽，溢水槽南端留有溢水通道直通棚外，这样就可以防止雨水等灌满沼气池气箱。在猪舍地面沼气池的进料口用钢筋做成篦子。在猪舍靠近北墙角建 1m² 的厕所，厕所蹲位高出猪舍地面 0.2m，厕所集粪口通过坡度大于 45° 的暗沟与沼气池进料口相通。

（3）沼气池启动。将预处理的原料和准备好的接种物混合在一起，立即投入池内。无拱盖的沼气池应将原料从水压间的出料口通道倒入池内。启动时的料液干物质含量一般控制在 4%～6%。以禽粪为原料的沼气发酵启动时，要注意防止酸化，启动时先加入少量堆沤的禽粪，料液浓度为 4%，然后逐渐加大粪量直到启动完成。

原料和接种物入池后，要立即加水封池。料液量约占沼气池总容积的 80%。然后将池盖密封。当压力表压力 2MPa 以上时，应进行放气试火，所产沼气可正常点燃使用时，沼气发酵的启动阶段就完成了。

沼气池启动 15 天后，猪禽舍、厕所的粪便就可以连续进入沼气池，30 天后就可以从出料间取肥。此时，发酵料液浓度可以达到 8%～10%。

（4）日光温室施工。日光温室与普通温室相同，温室骨架设计采用固定荷载 10kg/m²。

（5）配套养猪技术。①猪舍温度、湿度调控技术。A. 猪舍使用期间，舍内安装温度计、湿度计。B. 当平均气温低于 5℃ 时，塑料薄膜应全天封闭。气温为 5～15℃ 时，中午前后加强通风；平均气温达到 15℃ 以上时，应揭开塑料薄膜通风。C. 气温回升时，应逐渐扩大揭开面积，不可一次完全揭掉塑料薄膜，以防生猪发生感冒。D. 猪舍的通风换气主要是靠每天喂饲料和厕所开门来进行，当舍内湿度偏高时，可通过排气口通风换气、通风一般在中午前、后进行，通风时间以 10～20min 为宜，阴天和有风天通风时间宜短，晴天稍长。E. 猪舍有害气体成分应控制在允许范围内，CO_2 含量应低于 0.15%，氨气含量控制在 26×10^{-6} 以内。F. 注意保温，猪舍四周和上盖要封严且不透风，冬季夜间塑料薄膜上要加盖纸被和草帘。②猪舍管理和饲养技术。提高饲养密度，每个猪舍不少于 6～10 头猪，及时清除猪舍粪便和残食剩水，保持清洁卫生，猪舍经常保持温暖、干净、干燥；饲养猪应采用优良品种，猪舍勤消毒，加强疾病防治，采用配合饲料和科学饲养管理综合配套技术措施。

通过大量的实践发现，"四位一体"温室大棚是在封闭状态下，沼气—养殖—蔬菜互补供养，高度集约化的生态农业生产模式，该系统中各单元之间在能源、物流方面存在着有效的互补和多层次循环利用关系，但是，如果它们之间配比不当，或者过分强调某一单元有利的一面时，很可能使该系统生态失衡，丧失互补供养的循环关系，造成种种不良影响。在大量实践的基础上，有了"八注意一检测"的技术革新要点：①注意建池要浅；②注意主池出料口与地面持平，便于清洗粪便，清理卫生；③注意秸秆应进行堆沤预处理，然后再进入沼气池发酵，使生物质能够被有效利用；④注意在养殖区与蔬菜生产区之间设置隔离装置，以防粪便清理不及时，产生有害气体影响蔬菜生长；

⑤注意用沼液冲洗养殖间，以防料水比降低，影响沼气池正常产气；⑥注意用沼液做添加剂科学养猪，可缩短出栏期；⑦注意施肥以使用沼渣、沼液为主，沼肥速效兼备，是改良土壤的优质有机肥，可防止因长期使用无机肥而造成土壤板结；⑧注意采用适当方式追赶肥，以防止有机肥挥发；"一检测"是检测大棚膜内壁液滴的 pH 值，力求控制在 6.8～7.2，以防止对蔬菜造成为害。通过以上技术措施的推广应用，有效地杜绝了各种有害气体的发生，保证了"四位一体"种养生态模式的正常生产。

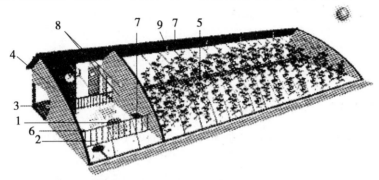

1. 沼气池 2. 猪圈 3. 厕所 4. 日光温室 5. 菜地 6. 进料口
7. 出料口（出沼渣、沼液） 8. 通气孔 9. 沼气灯

图 4 - 2 "四位一体"生态农业模式

（四）"四位一体"种养生态模式的优点

（1）增产效果明显，品质改良显著。模式内的蔬菜提前上市 40 天，生长期处延长 20～30 天，产量有大幅度的提高。大棚黄瓜畸形少，瓜直色正，口感好，深受消费者欢迎。

（2）增重育肥效果显著。沼液为弱碱性，有利于猪、鸡的生长发育；沼液富含多种有机氨基酸、维生素及复合消化酶、能促进生物体的新陈代谢和提高饲料利用率。用沼液作饲料添加剂，猪平均日增重 0.7kg 以上，最高可达 0.77kg，提高了出栏率；养鸡育肥快，出栏时间可提前 7～10 天。

（3）有利于节约能源。在大棚内建沼气池解决了冬季不产气的问题，$10m^3$ 沼气池年产沼气可达 $810m^3$，除用于照明、做饭、烧水外还可以为蔬菜生长提供 CO_2 气肥，有利于提高棚温和增加光照时间。

（4）提供有机肥源，培肥地力。一个 $10m^3$ 沼气池一年可产 6t 沼渣，用沼渣作基肥，可减少化肥的施用量，降低生产成本，减轻了农业污染，提高了土壤有机质含量。长期使用沼肥，可使土壤疏松、结构优化、土壤肥力显著提高。

（5）防病虫害效果明显。施用沼渣、沼液对黄瓜、番茄的早期落叶、黄斑病等病虫害有抑制作用。对虫害防治效果明显，对蚜虫、红蜘蛛等害虫的防治效果达 90% 以上；减少农药使用次数，有利于无公害蔬菜的生产。

（五）"四位一体"种养模式的效益分析

1. 经济效益分析

"四位一体"种养生态模式内蔬菜产量高、品质好、销售快，每组大棚一般年收入0.6万~1万元，增加经济收入1 500元左右。大棚内养猪出栏6~8头，可获经济收入800元以上，纯收入2 300元以上。总之，"四位一体"种养生态模式每组大棚比普通大棚年增收0.4万~0.8万元。大棚建设投入当年即可收回，并略有节余。一次投资，多年受益，经济效益十分显著。

2. 社会效益和生态效益分析

"四位一体"种养生态模式有效地改善了农村生态环境卫生，推动了畜牧业的发展，在种养综合利用方面是一个创举，对丰富菜篮子发挥了重要作用，加快了在农村大力推广节能实用技术的进程。该种养模式的生态效益更为突出，大棚内建沼气池，池上搞养殖，既能消化处理秸秆，又能使粪便入池进行厌氧发酵，减少环境污染，而且沼渣、沼液又是上好的无公害肥料，长期使用，可减少病虫害发生。

总之，"四位一体"种养生态模式实现了生态效益、经济效益和社会效益的同步增长，加快了农业系统内部能量、物质的转化和循环，对保持农业生态平衡起到了积极作用。"四位一体"种养生态模式所生产出的农产品基本符合国家规定的无公害农产品质量标准，推广这种模式是发展无公害农业、绿色农业、有机农业的有效途径。因此，"四位一体"种养生态模式是推动农业可持续发展、创建绿色生态家园的新型生产模式，具有推广价值。

二、南方"猪—沼—果"生态模式及配套技术

"猪—沼—果"是利用山地、农田、水面、庭院等资源，采用"沼气池、猪舍、厕所"三结合工程，围绕主导产业，因地制宜开展"三沼"（沼气、沼渣、沼液）综合利用，达到对农业资源的高效利用和生态环境建设、提高农产品质量、增加农民收入等效果。工程的果园（或蔬菜、鱼池等）面积、生猪养殖规模、沼气池容积必须合理组合。模式工程技术包括猪舍建造、沼气池工程建设、贮肥池建设、水利配套工程等（图4-3）。

1. 基本要素

"户建一口沼气池，人均年出栏2头猪，人均种好一亩（667m²）果"。

2. 运作方式

用于农户日常做饭点灯，沼肥（沼渣）用于果树或其他农作物，沼液用于拌饲料喂养生猪，果园套种蔬菜和饲料作物，满足育肥猪的饲料要求。除养猪外，还包括养牛、养鸡等养殖业；除果业外，还包括粮食、蔬菜、经济作物等。该模式突出以山林、大田、水面、庭院为依托，与农业主导产业相结合，延长产业链，促进农村各业发展。

3. 核心技术

养殖场及沼气池建造、管理，果树（蔬菜、鱼池等）种植和管理等。

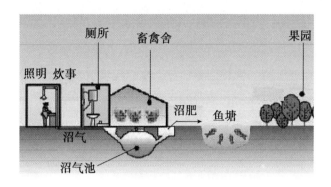

图 4 – 3 "猪—沼—果"生态农业模式

4. 生态模式及配套技术

该模式是利用山地、农田、水面、庭院等资源，采用"沼气池、猪舍、厕所"三结合工程，围绕主导产业，因地制宜开展"三沼"（沼气、沼渣、沼液）综合利用，从而实现对农业资源的高效利用和生态环境建设，提高农产品质量、增加农民收入等效果。工程的果园（或蔬菜、鱼池等）面积、生猪养殖规模、沼气池容积必须合理组合。

5. 工程技术

猪舍建造技术、沼气池工程建设技术、贮肥池建设技术、水利配套工程等。

6. 经济效益

（1）促进生猪养殖。用沼液加饲料喂猪，猪可提前 15 ~ 30 天出栏，节省饲料 20%（1 头猪可节约饲料 50kg 以上），大大降低了饲养成本。

（2）提供大量的优质沼肥，推动了果业和其他农业的发展。施用沼肥的脐橙等果树，要比未施肥的年生长量高 0.2m 多，多长 5 ~ 10 个枝梢，植株抗寒、抗旱和抗病能力明显增强，生长的脐橙等水果的品质提高 1 ~ 2 个等级。用沼肥进行水稻旱育秧单产比常规育秧高出 17.5% ~ 24.3%。

（3）解决广大农民生活用能，大大减少对森林资源消耗。一个 6m³ 沼气池一年可节约柴草 2.5t，可节约砍柴工 150 个。

三、平原农林牧复合生态模式及配套技术

农林牧复合生态模式是指借助接口技术或资源利用在时空上的互补性所形成的两个或两个以上产业或组分的复合生产模式（所谓接口技术是指联结不同产业或不同组分之间物质循环与能量转换的连接技术，如种植业为养殖业提供饲料饲草，养殖业为种植业提供有机肥，其中秸秆转化饲料技术，粪便发酵和有机肥技术均属接口技术，是平原农牧业持续发展的关键技术）。平原农区是我国粮、棉、油等大宗农产品和畜产品乃至蔬菜、林果产品的主要产区，进一步挖掘农林、农牧、林牧不同产业之间的相互促进和协调发展的能力，对于我国的食物安全和农业自身的生态环境保护具有重要意义。

（一）"粮饲—猪—沼—肥"生态模式及配套技术

基本内容包括：一是种植业由传统的粮食生产一元结构或粮食、经济作物生产二元结构向粮食作物、经济作物、饲料饲草作物三元结构发展，饲料饲草作物正式分化为一个独立的产业，为农区饲料业和养殖业奠定物质基础。二是进行秸秆青贮、氨化和干堆发酵，开发秸秆饲料用于养殖业，主要是养牛业。三是利用规模化养殖场畜禽粪便生产有机肥，用于种植业生产。四是利用畜禽粪便进行沼气发酵，同时生产沼渣沼液，开发优质有机肥，用于作物生产。主要"粮—猪—沼—肥"、草地养鸡、种草养鹅等模式。

主要技术包括秸秆养畜过腹还田、饲料饲草生产技术、秸秆青贮和氨化技术、有机肥生产技术、沼气发酵技术以及种养结构优化配置技术等。配套技术包括作物栽培技术、节水技术、平衡施肥技术等。

（二）"林果—粮经"立体生态模式及配套技术

该模式国际上统称农林业或农林复合系统，主要利用作物和林果之间在时空上利用资源的差异和互补关系，在林果株行距中间开阔地带种植粮食、经济作物、蔬菜、药材乃至瓜果类，形成不同类型的农复合种植模式，也是立体种植的主要生产形式，一般能够获得较单一种植更高的综合效益。我国北方主要有河南兰考的桐（树）粮（食）间作，河北与山东平原地区的枣粮间作、北京十三陵地区的柿粮间作等典型模式。

主要技术有立体种植、间作等。配套技术包括合理密植栽培、节水、平衡施肥、病虫害综合防治等技术。

我国"农田林网"生态模式与配套技术也可以归结到农林复合这一类模式中。主要指为确保平原区种植业的稳定生产，减少农业气象灾害，改善农田生态环境条件，通过统一标准化规划设计，利用路、渠、沟、河进行网格化农田林网建设以及部分林带或片林建设，一般以速生杨树为主，辅以柳树、银杏等树种，并通过间伐保证合理密度和林木覆盖率，这样便逐步形成了与农田生态系统相配套的林网体系。

主要包括树木栽培技术、网格布设技术。配套技术包括病虫害防治、间伐等技术。其中以黄淮海地区的农田林网最为典型。

（三）"林果—畜禽"复合生态模式及配套技术

该模式是在林地或果园内放养各种经济动物，以野生取食为主，辅以必要的人工饲养，生产较集约化养殖更为优质、安全的多种畜禽产品，接近有机食品。主要有"林—鱼—鸭"、"胶林养牛（鸡）"、"山林养鸡"、"果园养鸡（兔）"等典型模式。

主要技术包括林果种植和动物养殖以及和种养搭配比例。配套技术包括饮料配方、疫病防治、草生栽培和地力培肥等技术。以湖北的"林—鱼—鸭"模式、海南的胶林养鸡和养牛最为典型。

四、草地生态恢复与持续利用模式及配套技术

草地生态恢复与持续利用模式是遵循植被分布的自然规律，按照草地生态系统物质循环和能量流动的基本原理，运用现代草地管理、保护和利用技术，在牧区实施减牧还草，在农牧交错带实施退耕还草，在南方草山草坡区实施种草养畜，在潜在沙漠化地区实施以草为主的综合治理，以恢复草地植被，提高草地生产力，遏制沙漠东进，改善生存、生活、生态和生产环境，增加农牧民收入，使草地畜牧业得到可持续发展。

（一）牧区减牧还草模式

针对我国牧区草原退化、沙化严重，草畜矛盾尖锐，直接威胁着牧区和东部广大农区的生态和生产安全的现状。通过减牧还草，恢复草原植被，使草原生态系统重新进入良性循环，实现牧区的草畜平衡和草地畜牧业的可持续发展，使草原真正成为保护我国东部生态环境防止沙漠东进的绿色屏障。主要配套技术如下。

（1）饲草料基地建设技术。水源充足的地区建立优质高产饲料基地，无水源条件的地区选择条件便利的旱地建立饲料基地，满足家畜对草料的需求，减轻家畜对天然草地的放牧压力，为家畜越冬贮备草料。

（2）草地围封补播植被恢复技术。草地围封后禁牧2~3年或更长时间，使草地植被自然恢复，或补播抗寒、抗旱、竞争性强的牧草，加速植被的恢复。

（3）半舍饲、舍饲养技术。牧草禁牧期、休牧期进行草料的贮备与搭配，满足家畜生长和生产对养分的需求。

（4）季节畜牧业生产技术。引进国内外优良品种对当地饲养的家畜进行改良，生长季划区轮牧和快速育肥结合，改善生产和生长性能。

（5）再生能源利用技术。应用小型风力发电机，太阳能装置和暖棚，满足牧民生活、生产用能，减缓冬季家畜掉膘，减少对草原薪柴的砍伐，提高牧民的生活质量。

（二）农牧交错带退耕还草模式

在农牧交错带有计划地退耕还草，发展草食家畜，增加畜牧业的比例，实现农牧耦合，恢复生态环境，遏制土地沙漠化，增加农民的收入。

配套技术：①草田轮作技术，牧草地和作物田以一定比例播种种植，2~3年后倒茬轮作，改善土壤肥力，增加作物产量和牧草产量。②家畜异地育肥技术，购买牧区的架子羊、架子牛利用农牧交错带饲料资源和秸秆的优势，进行集中育肥，进入市场。③优质高产人工草地的建植利用技术，选择优质高产牧草建立人工草地用于牧草生产或育肥幼畜放牧，解决异地育肥家畜对草料的需求。④再生能源利用技术，在风能、太阳能利用的基础上增加沼气的利用。

（三）南方山区种草养畜模式

我国南方广大山区海拔1 000m以上地区，水热条件好，适于建植人工草地，饲养

牛羊，具有发展新西兰型高效草地畜牧业的潜力。利用现代草建植技术建立"白三叶+多年生黑麦草"人工草地，选择适宜的载畜量，对草地进行合理的放牧利用，使草地得以持续利用，草地畜牧业的效益大幅度提高。主要配套技术如下。

（1）人工草地划区轮牧技术。"白三叶+多年生黑麦草"人工草地在载畜量偏高或偏低的情况下均出现草地退化，优良牧草逐渐消失，适宜载畜量并实施划区轮牧计划可保持优良牧草比例的稳定，使草地得以持续利用。

（2）草地植被改良技术。南方草山原生植被营养价值不适于家畜利用，首先采取对天然草地植被重牧，之后施入磷肥，对草地进行轻耙，将所选牧草种子播种于草地中，可明显提高播种牧草的出苗率和成活率。

（3）家畜宿营法放牧技术。将家畜夜间留宿在放牧围栏内，以控制杂草、控制虫害、调控草地的养分循环，维持优良牧草比例。

（4）家畜品种引进和改良技术。通过引进优良家畜品种典型案例对当地家畜进行改良，利用杂种优势提高农畜的生产性能，提高草畜牧业生产效率。

（四）沙漠化土地综合防治模式

干旱、半干旱地区因开垦和过度放牧使沙漠化土地面积不断增加，以每年2 000km^{2}速率发展，严重威胁着当地人民的生活和生产安全。根据荒漠化土地退化的阶段性和特征，综合运用生物、工程和农艺技术措施，遏制土地荒漠化，改善土壤理化性质，恢复土壤肥力和草地植被。主要配套技术如下。

（1）少耕免耕覆盖技术。潜在沙漠化地区的农耕地实施高留茬少耕、免耕或改秋耕为春耕，或增加种植冬季形成覆盖的越冬性作物或牧草，降低冬季对土壤的风蚀。

（2）乔灌围网，牧草填格技术。土地沙漠化农耕或草原地区采取乔木或灌木围成林（灌）网，在网格中种植多年生牧草，增加地面覆盖。特别干旱的地区采取与主风向垂直的灌草隔带种植。

（3）禁牧休耕、休牧措施。具潜在沙漠化的草原或耕地采取围封禁牧休耕，或每年休牧3~4个月，恢复天然植被。

（4）再生能源利用技术。风能、太阳能和沼气利用。

（五）牧草产业化开发模式

在农区及农牧交错区发展以草产品为主的牧草产业，种植优良牧草实现草田轮作，增加土壤肥力，发行中低产田，减少化肥造成的环境污染，同时有利于奶业和肉牛、肉羊业的发展。运用优良牧草品种、高产栽培技术、优质草产品收获加工技术，以企业为龙头带动农民进行牧草的产业化生产。主要配套技术如下。

（1）高蛋白牧草种植管理技术。以苜蓿为主的高蛋白牧草的水肥平衡管理，病虫杂草的防除。

（2）优质草产品的收获加工技术。采用先进的切割压扁、红外监测适时打捆、烘干等手段，减少牧草蛋白的损失，生产优质牧草产品。

（3）产业化经营。以企业为龙头，实行"基地+农户"的规模化、机械化、商品化生产。

五、农区生态恢复与持续利用模式及配套技术

农区生态种植模式指依据生态学和生态经济学原理，利用当地现有资源，综合运用现代农业科学技术，在保护和改善生态环境的前提下，进行高效的粮食、蔬菜等农产品的生产。在保护生态环境和资源高效利用的前提下，开发无公害农产品、有机食品和其他生态类食品成为今后种植业的一个发展重点。

（一）"间套轮"种植模式

"间套轮"种植模式是指在耕作制度上采用间作套种和轮作倒茬的模式。利用生物共存、互惠原理发展有效的间作套种和轮作倒茬技术是进行生态种植的主要模式之一。

间作指两种或两种以上生育季节相近的作物在同一块地上同时或同一季成行的间隔种植。套种是间前作物的生长后期，于其株行间播种或栽植后作物的种植方式，是选用两种生长季节不同的作物，可以充分利用前期和后期的光能和空间。合理安排间作套种可以提高产量，充分利用空间和地力，还可以调剂好用工、用水和用肥等矛盾，增强抗拒自然灾害的能力。

典型的间作套种种植模式有：北京大兴西瓜与花生、蔬菜间作套种的新型种植方式；河南省麦、烟、薯间作套种模式；山东省章丘市的马铃薯与粮、棉及蔬菜作物的间作套种；山东省农技推广总站推出的小麦、越冬菜、花生/棉花间作套种等轮作倒茬是土地关于养用结合的重要措施。可以均衡利用土壤养分，改善土壤理化性状，调节土壤肥力，且可以防治病虫害，减轻杂草的危害，从而间接地减少肥料和农药等化学物质的投入，达到生态种植的目的。

典型的轮作倒茬种植模式有：禾谷类作物和豆类作物轮换的禾豆轮作；大田作物和绿肥作物的轮作；水稻与棉花、甘薯、大豆、玉米等旱作轮换的水旱轮作；西北等旱区的休闲轮作。

（二）保护耕作模式

用秸秆残茬覆盖地表，通过减少耕作防止土壤结构破坏，并配合一定量的除草剂、高效低毒农药控制杂草和病虫害的一种耕作栽培技术。保护性耕作通过保持土壤结构、减少水分流失和提高土壤肥力达到增产目的，是一项把大田生产和生态环境保护相结合的技术，俗称"免耕法"或"免耕覆盖技术"。国内外大量实验证明，保护性耕作有根茬固土、秸秆覆盖和减少耕作等作用，可以有效地减少土壤水蚀，并能防止土壤风蚀，是进行生态种植的主要模式之一。

配套技术：中国农业大学"残茬覆盖减耕法"，陕西省农业科学院旱地农业研究所"旱地小麦高留茬少耕全程覆盖技术"，山西省农业科学院"旱地玉米免耕整秆半覆盖技术"，河北省农业科学院"一年两熟地区少免耕栽培技术"，山东淄博农机所"深松覆盖沟播技术"，重庆开县农业生态环境保护站"农作物秸秆返田返地覆盖栽培技术"，

四川苍溪县的水旱免耕连作，重庆农业环境保护监测站的稻田垄作免耕综合利用技术等。

（三）旱作节水农业生产模式

旱作节水农业是指利用有限的降水资源，通过工程、生物、农艺、化学和管理技术的集成，把生产和生态环境保护相结合的农业生产技术。其主要特征是运用现代农业高新技术手段，提高自然降水利用率，消除或缓解水资源严重匮乏地区的生态环境压力、提高经济效益。

配套技术：抗旱节水作物品种的引种和培育；关键期有限灌溉、抑制蒸腾、调节播栽期避旱、适度干旱处理后的反馈机制利用等农艺节水技术；微集水沟垄种植、保护性耕作、耕作保墒、薄膜和秸秆覆盖、经济林果集水种植等；抗旱剂、保水剂、抑制蒸发剂、作物生长调节剂的研制和应用；节水灌溉技术、集雨补灌技术、节水灌溉农机具的生产和利用等。

（四）无公害农产品生产模式

发展生态种植业，注重农业生产方式与生态环境相协调，在玉米、水稻、小麦等粮食作物主产区，推广优质农作物清洁生产和无公害生产的专用技术，集成无公害优质农作物的技术模式与体系，以及在蔬菜主产区，进行无公害蔬菜的清洁生产及规模化、产业化经营模式。

配套技术：平衡施肥技术如中国农业科学院推出并推广的"施肥通"智能电子秤；新型肥料如包膜肥料及阶段性释放肥料的施用；采用生物防治技术控制病虫草害的发生；农药污染控制技术如对靶施药技术及新型高效农药残留降解菌剂的应用；增加膜控制释放农药等新型农药的应用等。

典型案例：广东省农业科学院蔬菜研究所粤北山区夏季反季节无公害蔬菜生产技术；四川省农业科学院无公害水稻生产；河北省大厂县无公害优质小麦生产技术；吉林市农业环保监测站清洁生产型菜篮子生态农业模式；吉林省通化市农业科学院水稻优质品种混合稀植与有机栽培技术；黑龙江省绥化市绿色食品水稻栽培技术、虎林市绿色食品水稻产业化技术等。

六、生态畜牧业生产模式及配套技术

生态畜牧业生产模式是利用生态学、生态经济学、系统工程和清洁生产思想、理论和方法进行畜牧业生产的过程，其目的在于达到保护环境、资源永续利用的同时生产优质的畜产品。

生态畜牧业生产模式的特点是在畜牧业生产全过程中既要体现生态学和生态经济学的理论，同时也要充分利用清洁生产工艺，从而达到生产优质、无污染和健康的农畜产品；其模式成功的关键在于实现饲料基地、饲料及饲料生产、养殖及生物环境控制、废弃物综合利用及畜牧业粪便循环利用等环节能够实现清洁生产，实现无废弃物或少废弃物生产过程。现代生态畜牧业根据规模和与环境的依赖关系分为复合型生态养殖场和规模化生态养殖场两种生产模式。

（一）复合生态养殖场生产模式

该模式主要特点是以畜禽动物养殖为主，辅以相应规模的饲料粮（草）生产基地和畜禽粪便消纳土地，通过清洁生产技术生产优质畜产品。根据饲养动物的种类可以分为以猪为主的生态养殖场生产模式，以草食家畜（牛、羊）为主生态养殖场生产模式，以禽为主的生态养殖场生产模式和以其他动物（兔、貂等）为主的生态养殖场生产模式。

技术组成：

（1）无公害饲料基地建设。通过饲料粮（草）品种选择，土壤基地的建立，土壤培肥技术，有机肥制备和施用技术，平衡施肥技术，高效低残留农药施用等技术配套，实现饲料原料清洁生产目的。主要包括禾谷类、豆科类、牧草类、根茎瓜类、叶菜类、水生饲料。

（2）饲料及饲料清洁生产技术。根据动物营养学，应用先进的饲料配方技术和饲料制备技术，根据不同畜禽种类、长势进行饲料配伍，生产全价配合饲料和精料混合料。作物残体（纤维性废弃物）营养价值低，或可消化性差，不能直接用作饲料。但如果将它们进行适当处理，即可大大提高其营养价值和可消化性。目前，秸秆处理方法有机械（压块）、化学（氨化）、生物（微生物发酵）等处理技术。国内应用最广的是青贮和氨化。

（3）养殖及生物环境建设。畜禽养殖过程中利用先进的养殖技术和生物环境建设，达到畜禽生产的优质和无污染，通过禽畜舍干清粪技术和疫病控制技术，使畜禽生长环境优良，无病或少病发生。

（4）固液分离技术和干清粪技术。对于水冲洗的规模化畜禽养殖场，其粪尿采用水冲洗方法排放，既污染环境浪费水资源，也不利于养分资源利用。采用固液分离设备首先进行固液分离，固体部分进行高温堆肥，液体部分进行沼气发酵。同时为减少用水量，尽可能采用干清粪技术。

（5）污水资源化利用技术。采用先进的固液分离技术分离出液体部分在非种植季节进行处理达到排放标准后排放或者进行畜水贮藏，在作物生长季节可以充分利用污水中水肥资源进行农田灌溉。

（6）有机肥和有机无机复混肥制备技术。采用先进的固液分离技术、固体部分利用高温堆肥技术和设备，生产优质有机肥和商品化有机无机复混肥。

（7）沼气发酵技术。利用畜禽粪污进行沼气和沼气肥生产，合理的循环利用物质和能量，解决燃料、肥料、饲料矛盾，改善和保护生态环境，促进农业全面、持续、良性发展，促进农民增产增收。

案例：陕西省陇县奶牛奶羊农牧复合型生态养殖场、江苏省南京市古泉村禽类实验农牧复合型生态养殖场、浙江杭州佛山养鸡场、西安大洼养鸡场等。

（二）规模化养殖场生产模式

该模式主要特点是以大规模畜禽动物养殖为主，但缺乏相应规模的饲料粮（草）生产基地和畜禽粪便消纳土地场所，因此需要通过一系列生产技术措施和环境工程技术进行环境治理，最终生产优质畜产品。根据饲养动物的种类可以分为规模化养猪场生产模式、规模化养牛场生产模式、规模化养鸡场生产模式。

技术组成：

（1）饲料及饲料清洁生产技术。根据动物营养学，应用先进的饲料配方技术和饲料制备技术，根据不同畜禽种类、长势进行饲料配伍，生产全价配合饲料和精料混合料。作物残体（纤维性废弃物）营养价值低，或可消化性差，不能直接用作饲料。目前，秸秆处理方法有机械的（压块）、化学的（氨化）、生物的（微生物发酵）等处理技术。国内应用最广的是青贮和氨化。

（2）养殖及生物环境建设。生态生产的内涵就是过程控制，畜禽养殖过程中利用先进的养殖技术和生物环境建设，达到畜禽生产的优质、无污染，通过禽畜舍干清粪技术和疫病控制技术，使畜禽生长环境优良，无病或少病发生。

（3）固液分离技术。对于水冲洗的规模化畜禽养殖场，其粪尿采用水冲洗方法排放，既污染环境又浪费水资源，也不利于养分资源利用。采用固液分离设备首先进行固液分离，固体部分进行高温堆肥，液体部分进行沼气发酵。同时为减少用水量，尽可能采用干清粪技术。

（4）污水处理与综合利用技术。采用先进的固液分离技术、液体部分利用污水处理技术如氧化塘、湿地、沼气发酵以及其他好氧和厌氧处理技术在非种植季节进行处理达到排放标准后排放。在作物生长季节可以充分利用污水中水肥资源进行农田灌溉。

（5）畜牧业粪便无害化高温堆肥技术。采用先进的固液分离技术、固体部分利用高温堆肥技术和设备，生产优质有机肥和商品化有机无机复混肥。

（6）沼气发酵技术。案例：天津宁河规模化肉猪养殖场、上海市郊崇明岛东风规模化生态奶牛场等。

（三）生态养殖场产业化开发模式

生态养殖场产业化经营是现代畜牧业发展的必然趋势，是生态养殖场生产的一种科学组织与规模化经营的重要形式。商品化和产业化生态养殖场生产主要包括饲料饲草的生产与加工、优良动物新品种的选育与繁育、动物的健康养殖与管理、动物的环境控制与改善、畜禽粪便无害化与资源化利用、动物疫病的防治、畜产品加工、畜产品营销和流通等环节。科学合理地确定各生产要素的连接方式和利益分配，从而发挥畜禽产业化以及生产要素专业化和社会化的优势，实现生态畜牧业的产业化经营。

七、生态渔业模式及配套技术

该模式是遵循生态学原理，采用现代生物技术和工程技术，按生态规律进行生产，保持和改善生产区域的生态平衡，保证水体不受污染，保持各种水生生物种群的动态平衡和食物链网结构合理的一种模式。包括以下几种模式及配套技术。

池塘混养模式及配套技术：池塘混养是将同类不同种或异类异种生物在人工池塘中进行多品种综合养殖的方式。其原理是利用生物之间具有相互依存、竞争的规则，根据养殖生物食性垂直分布不同，合理搭配养殖品种与数量，合理利用水域、饲料资源，使养殖生物在同一水域中协调生存，确保生物的多样性。

（一）　鱼与渔池塘混养模式及配套技术

1. 常规鱼类多品种混养模式

常规鱼类指草鱼、链鱼、鳙鱼、青鱼、鲤鱼、罗非鱼等。主要利用草鱼为草食性、链（鳙）鱼为滤食性、青鱼与鲤鱼为吃食性、罗非鱼为杂食性的食性不同和草鱼、鲢、鳙在上层、鲤鱼中层、青鱼、罗非鱼中下层的垂直分布不同，合理搭配品种进行养殖。本模式适宜池塘、网箱养殖，由于所养殖的鱼类是大宗品种，因此经济效益相对较低。

2. 常规鱼与名特优水产品种综合养殖模式

本养殖模式一般以名特优水产品种为主，以常规品种为辅，采用营养全、效益高的人工配合饲料进行养殖。其特点是技术含量较高，经济效益好。

核心技术：①斑点叉尾鱼池塘混养技术；②加州鲈、条纹鲈池塘混养技术；③美国红鱼池塘混养技术；④鳜鱼池塘混养技术；⑤胭脂鱼池塘混养技术；⑥蓝鲨池塘混养技术。

3. 鱼与渔池塘混养模式及配套技术

（1）鱼与鳖混养技术。如罗非鱼与鳖混养主要是利用罗非鱼和鳖生长温度、食性相似、底栖等的生物学特点，将两者进行混养的模式。在这一养殖模式中利用罗非鱼"清道夫"功能，主养鳖。其特点比单一养殖鳖经济效益高。

（2）鱼与虾混养技术。主要有淡水鱼虾、海水鱼虾混养两种类型。淡水鱼虾混养多为常规或名特优淡水鱼类与青虾、罗氏沼虾混合养殖和海水鱼类与对虾混养模式。淡水混养中的"鱼青混养"，一般以鱼类为主，青虾为辅；"鱼罗混养"则以罗氏沼虾为主。在海水鱼类与对虾混养中以虾类为主。特别是中国的对虾与河鱼屯、鲈鱼混养值得一提，在养殖过程中以中国对虾为主，同时放入少量的肉食性鱼类（河鱼屯或鲈鱼），河鱼屯、鲈鱼摄食体质较弱、行动缓慢的病虾，避免了带病毒对虾死亡后释放病原体于水中的可能，从而阻断了病毒的传播途径。

（3）鱼与贝混养技术。一般包括淡水鱼类与三角帆蚌、海水鱼类与贝类（缢蛏、泥蚶）混养模式。在三角帆蚌育珠中，配以少量的上层鱼类如链鱼、鳙鱼和底栖鱼类罗非鱼，可以清洁水域环境，减少杂物附着，提高各层养殖质量；在缢蛏、泥蚶等贝类养殖池塘中放入少量的鲈鱼、大黄鱼进行混养，由于鲈鱼、大黄鱼的残饵与排泄物可以起到肥水作用，促进浮游生物的生长，同时摄食体质较弱的贝肉。肥水增加的浮游生物又被滤食性的贝类所利用，从而达到生态平衡。

（4）鱼与蟹混养技术。通常指梭子蟹与鲈鱼、鲷鱼或对虾混养。梭子蟹为底栖生物，以动物饵料为食，适合在透明度为30cm的水中生长，鲈、鲷的残饵与排泄物可以起到肥水促进浮游生物生长的作用，为梭子蟹生长提供适宜的环境。应注意的是鲈、鲷为凶猛的肉食性鱼类，为避免捕食蜕（换）壳蟹，散养时应投喂足够的饵料或采用小网箱套养。

（二）海湾鱼虾贝藻兼养模式及配套技术

根据海流流速合理布区，在同一海湾中同时进行鱼类、贝类、蟹类、藻类养殖的模式。其原理是吃食鱼、虾、蟹类网箱养殖的残饵、排泄物，一方面成为有机碎屑，直接成为吊养、底栖养殖贝类的饵料，另一方面在细菌的作用下分解产生营养盐类，促进浮游生物的繁殖，供作贝类的饵料，或作为藻类生长、浮游植物繁殖的营养盐类。养殖动物、浮游动物呼吸作用产生的 CO_2 供藻类生长、浮游植物繁殖；藻类、浮游植物光合作用产生的 O_2 供动物呼吸。

关键技术：网箱养殖技术；海藻养殖技术；贝类吊养或底播技术；养殖生物病害、环境因子监控技术。

（三）基塘渔业模式及配套技术

（1）桑基、果基渔业模式及配套技术。为了充分利用土地资源，提高资源的利用率，创造更高的经济效益，在养殖鱼类池塘的塘埂上种植桑树、果树。

（2）基围渔业模式及配套技术。基围养殖主要是在潮涧带滩涂上，建成"下埝上网"的养殖池，开展新对虾属类品种的养殖。关键技术：主要是对虾养殖技术。

（四）稻田养殖模式及配套技术

目前，稻田养殖主要有稻田养鱼、养蟹、养贝等几种模式。鱼类可选择革胡子鲇、罗非鱼、鲤、鲫、草鱼；蟹类可选河蟹；贝类可选三角帆蚌。稻田养殖的关键是要做好管水、投饵、施肥、用药、防洪、防旱、防逃、防害、防盗等工作。

关键技术：鱼类、贝类、蟹类养殖技术。

（五）"以渔改碱"模式及配套技术

（1）抬田渔改碱模式及配套技术。为充分利用国土资源，在沿河低洼地上通过深挖池塘，筑（抬）田等构成鱼—粮、鱼—草、鱼—鸭的种养模式。本模式一般是抬田种粮（草）、池塘养鱼、种藕（莲、菱），池水养鸭。

关键技术：反碱工艺、养殖技术、种植技术。

（2）盐碱地对虾养殖模式及配套技术。根据盐碱水质多样性和复杂性的特点，采取治理、改良、调控盐碱水质等创新技术，使荒废的国土资源变废为宝，开展虾、鱼、贝、蟹等品种的水产养殖。

关键技术：离子平衡（水质调控）技术；养殖技术。

（3）银鱼移殖增殖模式及配套技术。银鱼是一种以浮游生物为饵料，繁殖能力强、经济价值高的名优水产品。银鱼移植是将银鱼受精卵或鱼苗人工移入水面在 200 千 hm^2 以上的湖库中，并以湖库中的天然浮游生物为饵料进行增殖。本模式最大的特点是

"一次移植、终身受益"。

关键技术：水域环境评估技术；水域运载力与移植密度技术；资源管理技术；捕捞及加工技术等。

（六）湖泊网围（栏）模式及配套技术

湖泊网围（栏）养殖是充分利用水面优越的自然资源与丰富的天然水草资源为主饲料，养殖吃食性鱼、蟹、虾类的生态养殖模式。湖泊网围（栏）养殖对象为草鱼、团头鲂、鳊等草食性鱼类，辅养鲫、鲢、鳙滤食性鱼类，同时可兼养河蟹、青虾等。

关键技术：网围水域（草型湖泊）的选择；网围设施建造技术；鱼（蟹、虾）种放养技术；补饵及投喂技术；日常管理技术；捕捞技术。

（七）渔牧综合模式及配套技术

（1）鱼与水草综合养殖模式及配套技术。在土池养殖黄鳝或鳜鱼时，往往在池内种植一些水葫芦、慈菇、浮萍等水生植物。水葫芦、慈菇、浮萍除为养殖生物提供生长环境外，还可净化养殖水质，又可用作猪的青饲料。

关键技术：鳜鱼、黄鳝养殖技术；水草种养技术。

（2）鱼与芡实、菱、藕类的综合模式及配套技术。芡实、菱、藕类种植池塘中兼养一定比例的鱼类，鱼类的残饵与排泄物在微生物的作用下可转化为这些植物生长的所必需的有机营养盐，从而达到动植物间的生态平衡。

关键技术：鱼类养殖技术；芡实、菱、藕类种植技术。

（3）鱼与禽综合养殖模式及配套技术。该模式是利用禽粪肥水促进浮游生物的生长，浮游生物又可被养殖鱼类所利用的原理。包括"鱼禽混养"、"上禽下鱼养殖"两种模式。鱼禽混养中鱼类多为常规性鱼类，如革胡子鲶、罗非鱼、鲤、鲫、草鱼等；禽主要是鸭子；上禽下鱼养殖中，往往需要在池塘上构建禽舍，禽可是鸡或鸭等，鱼类也是常规性鱼类。

关键技术：鱼类、禽类养殖技术。

（4）鱼与畜综合养殖模式及配套技术。该模式的原理是利用畜粪肥水促进浮游生物的生长，浮游生物又可被养殖鱼类所利用。养殖鱼类多为常规性鱼类。由于某些疾病属人、畜禽、鱼共患，因此利用畜粪肥水之前，一定要严格预处理，经无害化处理后方可使用。

关键技术：鱼类、畜类养殖技术及疫病预防技术。

（5）牧、渔、农复合模式及配套技术。本模式主要由"三元"复合和"多元"复合模式两类。"三元"复合主要包括"菜—猪—鱼"、"猪—草—鱼"、"草—鸭—鱼"、"鸡—猪—鱼"综合养殖技术；"多元"复合主要包括"鸡—猪—蛆—鱼"、"鸡—猪—沼气—鱼"、"草—猪—蚓—鱼"综合养殖技术等。

八、丘陵山区小流域综合治理利用型生态农业模式

我国丘陵山区约占国土70%，这类区域的共同特点是地貌变化大、生态系统类型复杂、自然物产种类丰富，其生态资源优势使得这类区域特别适于发展农林、农牧或林牧综合性特色生态农业。

（一）"围山转"生态农业模式与配套技术

这种生态农业模式的基本做法是：依据山体高度不同因地制宜布置等高环形种植带，农民形象地总结为"山上松槐戴帽，山坡果林缠腰，山下瓜果梨桃"。这种模式合理地把退耕还林还草、水土流失治理与坡地利用结合起来，恢复和建设了山区生态环境，发展了当地农村经济。等高环形种植带作物种类的选择因纬度和海拔高度而异，关键是作物必须适应当地条件，并且具有较好的水土保持能力。例如，在半干旱区，选择耐旱力强的沙棘、柠条、仁用杏等经济作物建立水土保持作物条带等。另外，要注意在环形条带间穿播布置不同收获期的作物类型，以便使坡地终年保存可阻拦水土流失的覆盖作物等高条带。建设坚固的地埂和地埂植物篱，也是强化水土保持的常用措施。云南哈尼族梯田历经数千年不衰也证实了生态型梯地利用的可持续性。

配套技术：等高种植带园田建设技术；适应性作物类型选择技术；地埂和植物篱建设工程技术；多种作物类型选择配套和种植、加工技术等。

（二）生态经济沟模式与配套技术

该模式是在小流域综合治理中通过荒地拍卖、承包形式建立起来的一类治理与利用结合的综合型生态农业模式。小流域既有山坡也有沟壑，水土流失和植被破坏是突出的生态问题。按生态农业原理，实行流域整体综合规划，从水土治理工程措施入手，突出植被恢复建设，依据沟、坡的不同特性，发展多元化复合型农业经济，在平缓的沟地建设基本农田，发展大田和园林种植业；在山坡地实施水土保持的植被恢复措施，因地制宜地发展水土保持林、用材林、牧草饲料和经济林果种植（等高种植），综合发展林果、养殖、山区土特产和副业（如编织）等多元经济。目前主要是通过两种途径来发展该模式，一是依靠政府综合规划和技术服务的帮助，带动多个农户业主共同建设；另一个是单一或几家业主联合承包来建设，后一途径的条件是业主必须具有一定的基建投资能力和综合发展多元经济的管理、技术能力。

配套技术：水土流失综合治理规划技术；水土流失治理工程技术；等高种植和梯田建设技术；地埂植物篱技术；保护性耕作技术；适应植物选择和种植技术；土特产种养和加工技术；多元经济经营管理技术等。

（三）西北地区"牧—沼—粮—草—果"五配套模式与配套技术

该模式主要适应西北高原丘陵农牧结合地带，以丰富的太阳能为基本能源，以沼气工程为纽带，以农带牧、以牧促沼、以沼促粮、草、果种植业，形成生态系统和产业链

合理循环的体系。

配套技术：阳光圈舍技术；沼气工程技术；沼渣、沼液利用技术；水窖贮水和节水技术；粮草果菜种植技术；畜禽养殖技术；农畜产品简易加工技术等。

（四）生态果园模式及配套技术

生态果园模式也适应于平原果区，但在丘陵山地区应用最广泛。该模式基本构成包括：标准果园（不同种类的果类作物）、果林间种牧草或其他豆科作物，林内有的结合放养林蛙，果园内有的建猪圈、鸡舍和沼气池，有的还在果树下放养土鸡以帮助除虫。生态果园比传统果园的生态系统构成单元多，系统稳定性强、产出率高，病虫害少和劳动力利用率高。

配套技术：生物防治技术；生物间协作互利原理应用技术；果、草（豆科作物）种植技术；草地鸡放养技术；沼气工程和沼气（渣、液）合理利用技术等。

九、设施生态农业模式及配套技术

设施生态农业及配套技术是在设施工程的基础上通过以有机肥料全部或部分替代化学肥料（无机营养液），以生物防治和物理防治措施为主要手段进行病虫害防治，以动物、植物的共生互补良性循环等技术构成的新型高效生态农业模式。其典型模式与技术如下。

（一）设施清洁栽培模式及配套技术

设施清洁栽培模式的主要内容：

（1）设施生态型土壤栽培。通过采用有机肥料（固态肥、腐熟肥、沼液等）全部或部分替代化学肥料，同时采用膜下滴灌技术，使作物整个生长过程中化学肥料和水资源能得到有效控制，实现土壤生态的可恢复性生产。

（2）有机生态型无土栽培。通过采用有机固态肥（有机营养液）全部或部分替代化学肥料，采用作物秸秆、玉米芯、花生壳、废菇渣以及炉渣、粗沙等作为无土栽培基质取代草炭、蛭石、珍珠岩和岩棉等，同时采用滴灌技术，实现农产品的无害化生产和资源的可持续利用。

（3）生态环保型设施病虫害综合防治模式。通过以天敌昆虫为基础的生物防治手段以及一批新型低毒、无毒农药的开发应用，减少农药的残留；通过环境调节、防虫网、银灰膜避虫和黄板诱虫和等离子体技术等物理手段的应用，减少农药用量，使蔬菜品种品质明显提高。

设施清洁栽培模式的技术组成：

（1）设施生态型土壤栽培技术。主要包括有机肥料生产加工技术，设施环境下有机肥料施用技术，膜下滴灌技术，栽培管理技术等。

（2）有机生态型无土栽培技术。主要包括有机固态肥（有机营养液）的生产加工技术，有机无土栽培基质的配制与消毒技术，滴灌技术，有机营养液的配制与综合控制技术，栽培管理技术等。

（3）以昆虫天敌为基础的生物防治技术。

（4）以物理防治为基础的生态防病、土壤及环境物理灭菌，叶面微生态调控防病等生态控病技术体系等。

（二）设施种养结合生态模式及配套技术

通过温室工程将蔬菜种植、畜禽（鱼）养殖有机地组合在一起而形成的职能互补、良性循环型生态系统。目前，这类温室已在中国辽宁、黑龙江、山东、河北和宁夏等省市自治区得到较大面积的推广。

该模式目前主要有两种形式：

（1）温室"畜—菜"共生互补生态农业模式。主要利用畜禽呼吸释放出的 CO_2 供给蔬菜作为气体肥料，畜禽粪便经过处理后作为蔬菜栽培的有机肥料来源，同时蔬菜在同化过程中产生的 O_2 等有益气体供给畜禽来改善养殖生态环境，实现共生互补。

（2）温室"鱼—菜"共生互补生态农业模式。利用鱼的营养水体作为蔬菜的部分肥源，同时利用蔬菜的根系净化功能为鱼池水体进行清洁净化。

技术组成：

（1）温室"畜—菜"共生互补生态农业模式主要包括"畜—菜"共生温室的结构设计与配套技术，畜禽饲养管理技术，蔬菜栽培技术，"畜—菜"共生互补合理搭配的工程配套技术，温室内 NH_3、H_2S 等有害气体的调节控制技术。

（2）温室"鱼—菜"共生互补生态农业模式主要包括："鱼—菜"共生温室的结构与配套技术，温室水产养殖管理技术，蔬菜栽培技术，"鱼—菜"共生互补合理搭配的工程配套技术，水体净化技术。

（三）设施立体生态栽培模式及配套技术

该模式目前有 3 种主要形式：

（1）温室"果—菜"立体生态栽培模式。利用温室果树的休眠期、未挂果期地面空间的空闲阶段，选择适宜的蔬菜品种进行间作套种。

（2）温室"菇—菜"立体生态培养模式，通过在温室过道、行间距空隙地带放置食用菌菌棒，进行"菇—菜"立体生态栽培，食用菌产生的 CO_2 可作为蔬菜的气体肥源，温室高温高湿环境又有利食用菌生长。

（3）温室"菜—菜"立体生态栽培模式。利用藤式蔬菜与叶菜类蔬菜空间上的差异，进行立体栽培，夏天还可利用藤式蔬菜为喜阴蔬菜遮阳，互为利用。

技术组成：

（1）设施工程技术：包括温室的选型，结构设计，配套技术的应用，立体栽培设施的工程配套等。

（2）脱毒抗病设施栽培品种的选用。

（3）"果—菜"、"菇—菜"、"菜—菜"品种的选用与搭配。

（4）立体栽培设施的水肥管理技术。

（5）病虫害综防植保技术。

十、观光生态农业模式及配套技术

该模式是指以生态农业为基础，强化农业的观光、休闲、教育和自然等多功能特征，形成具有第三产业特征的一种农业生产经营形式。主要包括高科技生态农业园、精品型生态农业公园、生态观光村和生态农庄 4 种模式。

（一）高科技生态农业观光园

主要以设施农业（连栋温室）、组配车间、工厂化育苗、无土栽培、转基因品种繁育、航天育种、克隆动物育种等农业高新技术产业或技术示范为基础，并通过生态模式加以合理联结，再配以独具观光价值的珍稀农作物、养殖动物、花卉、果品以及农业科普教育（如农业专家系统、多媒体演示）和产品销售等多种形式，形成以高科技为主要特点的生态农业观光园。

技术组成：设施环境控制技术、保护地生产技术、营养液配制与施用技术、转基因技术、组培技术、克隆技术、信息技术、有机肥施用技术、保护地病虫害综合防治技术、节水技术等。

典型案例：北京锦绣大地农业科技园、中以示范农场、朝来农艺园和上海孙桥现代农业科技园。

（二）精品型生态农业公园

通过生态关系将农业的不同产业、不同生产模式、不同生产品种或技术组合在一起，建立具有观光功能的精品型生态农业公园。一般包括粮食、蔬菜、花卉、水果、瓜类和特种经济动物养殖精品生产展示、传统与现代农业工具展示、利用植物塑造多种动物造型、利用草坪和鱼塘以及盆花塑造各种观赏图案与造型，形成综合观光生态农业园区。

技术组成：景观设计、园林设计、生态设计技术，园艺作物和农作物栽培技术，草坪建植与管理技术等。

典型案例：广东的绿色大世界农业公园。

（三）生态观光村

专指已经产生明显社会影响的生态村，它不仅具有一般生态村的特点和功能（如村庄经过统一规划建设、绿化美化环境卫生清洁管理，村民普遍采用沼气、太阳能或秸秆气化，农户庭院进行生态经济建设与开发，村外种养加生产按生态农业产业化进行经营管理等），而且由于具有广泛的社会影响，已经具有较高的参观访问价值，具有较为稳定的客流，可以作为观光产业进行统一经营管理。

技术组成：村镇规划技术、景观与园林规划设计技术、污水处理技术、沼气技术、环境卫生监控技术、绿化美化技术、垃圾处理技术、庭院生态经济技术等。

典型案例：北京大兴区的留民营村、浙江省藤头村。

（四）生态农庄

一般由企业利用特有的自然和特色农业优势，经过科学规划和建设，形成具有生产、观光、休闲度假、娱乐乃至承办会议等综合功能的经营性生态农庄，这些农庄往往具备赏花、垂钓、采摘、餐饮、健身、狩猎、宠物乐园等设施与活动。

技术组成：自然生态保护技术、自然景观保护与持续利用规划设计技术、农业景观设计技术、人工设施生态维护技术、生物防治技术、水土保持技术、生物篱笆建植技术等。

复习思考题

1. 生态农业内涵与特征是什么？
2. 生态农业的主要类型有哪些？
3. 我国生态农业建设主要有哪些生态模式？
4. 中国生态农业发展中存在的问题有哪些？

第五章 精细农业

第一节 精细农业的基础知识

一、精细农业发展概况

（一）国外研究及应用现状

美国是精准农业发展最早的国家，于 20 世纪 80 年代初提出精准农业的理念和设想，20 世纪 90 年代初进入生产实际应用，部分技术和设备已经成熟和成型，且取得了很大经济效益。目前，世界上精准农业的实践已涉及配方施肥、精量播种、病虫害防治、杂草清除和水分管理等有关领域，成为发达国家合理利用农业资源、改善生态环境和农业可持续发展的科学技术基础。但精准农业的意义已远远超出上述领域，它所引发的思维方式和农业生产经营理念的变革将产生长远而深刻的影响。世界上发达国家在纷纷投入大量人力物力从事产业开发的同时，还成立了专门的研究机构，并在大学设立相关的课程。目前，美国的精准农业技术应用最广泛，主要用于甜菜、小麦、玉米和大豆等作物的种植，有 60% ~ 70% 的大农场采用精准农业技术。欧洲各国也相继开展了精准农业的研究与实践，法国的联合收获机产量图生成及质量测定、施肥机械和电子化植保机械利用 GPS 和 GIS 系统进行变量作业已成为现实，并开始投入使用；英国、澳大利亚、加拿大、德国等国家的一些著名大学相继设立了精准农业研究中心。近年来世界上每年都举办相当规模的"国际精准农业学术研讨会"和有关装备技术产品展览会，已有大量关于精准农业的专题学术报告和研究成果见诸于重要国际学术会议或专业刊物。以色列用水管理已实现高度的自动化，全国已全部实施节水灌溉技术，其中 25% 为喷灌，75% 为微灌（滴灌和微喷灌）；所有的灌溉都由计算机控制，实现了因时、因作物、因地用水和用肥自动控制，水肥利用率达到 90%。近年来，日本、韩国等国家也加快开展精准农业的研究应用，并得到了政府有关部门和相关企业的大力支持。还有，诸如荷兰的无土栽培切花生产、日本的水培蔬菜生产、美国的生菜生产线、欧共体国家和北美国家的计算机管理奶牛场等均已基本实现了精准化。

（二）国内研究及应用现状

精准农业是一项新生的技术，在国内出现的时间很短。直到 20 世纪 90 年代中后期国内才有这一概念。随着信息技术飞速发展，精准农业的思想日益为科技界和社会广为接受，并在实践上有一些应用。例如，1992 年北京顺义区在 1.5 万 hm² 的耕地范围内用 GPS 导航开展了防治蚜虫的试验示范。在遥感应用方面，我国已成为遥感大国，在农业监测、作物估产、资源规划等方面已有广泛的应用。在地理信息系统方面，应用更加广泛。1997 年，辽宁省用 GIS 在辽河平原进行了农业生态管理的应用研究；吉林省结合其省农业信息网开发了"万维网地理信息系统（GIS）"；北京密云县用 GIS 技术建立了县级农业资源管理信息系统；在智能技术方面，国家"863 计划"在全国 20 个省市开展了"智能化农业信息技术应用示范工程"。这些技术的广泛应用为今后我国精准农业的发展奠定了一定的技术基础，但这些研究与应用大部分局限于 GIS、GPS、RS、ES、DSS 等单项技术领域与农业领域的结合，没有形成精准农业完整的技术体系。精准农业的内容已被列入在国家"863 计划"当中，国家计委和北京市政府共同出资在北京搞精准农业示范区。2000～2003 年我国在北京昌平区建成北京小汤山国家精准农业示范基地。截至目前，中国科学院、中国农业科学院、中国农业大学、北京市农林科学院、上海市农业科学院、上海市气象局等单位都对精准农业展开了研究，已在北京、河北、山东、上海、新疆等地建立了多个精准农业试验示范区。总体上，国内精准农业仍处于试验示范阶段和孕育发展过程，有些方面还是空白。在技术水平、经营管理和经济效益等方面，我国的精准农业与发达国家相比仍存在很大差距，而且还面临技术支持不足、信息收集系统不全、专家系统未完善、精准程度不高、应用条件不成熟等现状。

（三）中国精准农业发展应用对策

1. 建立现代农业信息服务平台

目前，我国农业生产经营脱节，农业物资生产、供应、加工销售不能形成有机整体，各环节盲目发展，最终导致农产品国际竞争力降低。因此，必须建立包含农作物品种、栽培技术、病虫害防治技术以及农业科研成果、新材料的农业综合信息网络系统，实现农业资源的系统化、社会化、产业化。

2. 加强基础资料数据库建设

目前，国内各地各系统数据库建设进程不一，应用的空间数据库类型和采用的数据格式各异，内容不同，信息资源类别不全，数据更新时效不同等，都影响到精准农业技术的实施应用。统一全国数据库类型，做好基础地理、作物信息收集以及信息格式标准化工作，充分利用多年来建立的一些数据资料，实现数据资料的共享，建立以农业地理信息为平台的农业生产管理数据库。

3. 发展节水精准农业

水资源短缺是中国许多地区农业生产的主要制约因素，据统计，我国农田灌溉水的有效利用率不足 35%。因而，根据农田作物需水特点、适种条件和土壤墒情实施定位、定时、定量的精准灌溉，最大程度地提高田间水分利用率是我国农业资源利用的主要方向。

在实施精准灌溉的过程中，必须正确处理以下几个关系：①因地制宜选择灌溉方式及灌溉设施，促进水资源的良性循环和高效利用；②因地制宜选择农作物种类和品种，宜粮则粮、宜草则草，以提高水分利用效率为准；③全盘贯彻工程节水、生物节水、农艺节水、化学节水与科学用水的关系；④正确处理开源与节流的关系，节流是精准灌溉的核心，合理调控利用当地水源是精准灌溉的灵魂；⑤"巧用天水"是西部干旱半干旱地区精准灌溉的精髓，应大力推广"膜侧精播技术"及"集雨精灌技术"；⑥采用水价经济杠杆促进精准灌溉技术的发展，提高灌水利用率及利用效率则是精准灌溉的客观准绳。

4. 发展节肥精准农业

化肥对粮食增产有50%的贡献率，在我国粮食生产中一直占有重要地位。但由于不合理的施肥结构和不科学的施肥技术，使我国粮食边际产量逐年降低。不仅浪费了资源，增加了农业生产成本，而且对生态环境造成负面影响。根据不同地区、土壤类型、作物种类、产量水平，实施精确施肥，因时、因地、因作物科学施肥，不但可以提高化肥资源利用率，还可降低成本，提高作物产量。

5. 发展精准设施农业

所谓设施农业是应用某些特制的设施，来改变动植物生长发育的小气候，达到人为控制其生产效果的农业。如温室栽培、无土栽培等。在我国目前设施农业发展较快的地区推广、应用精准设施农业，可以达到增加农产品产出，提高农产品品质，节约水、肥资源，保护农业生态环境的目的。

6. 加强精准农业试验示范工作

我国农田类型多样、农业基础薄弱、农村还相对贫困，因此，发展精准农业，实现农业信息化在科学上、技术上和农业基础设施建设上需要比欧美等国家做出更大努力。根据我国实际，引进必要的技术和装备，在不同类型地区建立试验示范点，探索精准农业规律和技术，摸索经验。在多点试验示范基础上，形成中国特色的精准农业模式，并在部分地区率先实现实用化和产业化。

二、精细农业概念与特点

（一）精细农业的概念

精细农业（Precision agriculture 或 Precision farming）也叫精确农业、精准农业、精致农业、精细农作等，精确农业是利用3S空间信息技术和农作物生产管理决策支持系统（DSS）为基础的面向大田作物生产的精细农作技术，即利用遥感技术宏观控制和测量，地理信息技术采集、存贮、分析和输出地面或田块所需的要素资料，以全球定位系统将地面精确测量和定位，再与地面的信息转换和定时控制系统相配合，产生决策，按区内要素的空间变量数据精确设定和实施最佳播种、施肥、灌溉、用药等多种农事操作。实现在减少投入的情况下增加（或维持）产量、降低成本、减少环境污染、节约资源、保护生态环境，实现农业的可持续发展。精细农业具有地域性、综合性、系统性、渐进性、可操作性。

　　精细农业是一种现代化农业理念，是指基于变异的一种田间管理手段。农田里田间土壤、作物的特性都不是均一的，是随着时间、空间变化的。而在传统的、目前仍在采用的农田管理中，都认为是均一的，采用统一的施肥时间、施肥量。实际存在的差别、空间变异使得目前这种按均一进行田间作业的方式有两种弊害：第一，浪费资源，为了使贫瘠缺肥的地块也能获得高收成，就把施肥量设定得比较高，那么本来就比较肥沃的地就浪费了；第二，这些过量施用的农药、肥料会流入地表水和地下水，引起环境污染。在这种情况下提出精细农业，根据田间变异来确定最合适的管理决策，目标是在降低消耗、保护环境的前提下，获得最佳的收成。精细农业本身是一种可持续发展的理念，是一种管理方式。但是为了达到这个目标，需要三方面的工作。首先，获得田间数据；其次，根据收集的数据作出作业决策，决定施肥量、时间、地点；最后，需要机器来完成。这三个方面的工作仅凭人力是无法很好完成的，因此需要现代技术来支撑，也就是所谓的 3S 技术——RS（遥感，用于收集数据）、GIS（地理信息系统，用于处理数据）、GPS（定位系统），并且最终需要利用机器人等先进机械来完成决策。这两点结合即平时所说的农业信息化和农业机械化。全国目前推行的测土配方施肥工程就是精细农业的一例。测土配方施肥技术是指通过土壤测试，及时掌握土壤肥力状况，按不同作物的需肥特征和农业生产要求，实行肥料的适量配比，提高肥料养分利用率。2006 年 9 月，农业部测土配方施肥办公室发布消息表示，在测土配方施肥春季行动中，全国开展测土配方施肥工作的示范县达 1 020 个，投入财政资金近 1 亿元，培训农民 3 000 多万人，落实测土配方施肥面积 860 万 hm^2，减少不合理化肥施用 70 多万 t，节本增效 65 亿元。目前测土配方施肥的设备还比较复杂，需要每个县建一个测试站，农民自己做不了，以后发展精细农业的目标是便携式的仪器。

（二）精细农业的特征

1. 精细农业特征

精确农业技术体系是农学、农业工程、电子与信息科技、管理科学等多种学科知识的组装集成，其应用研究发展对推动我国基于知识和信息的传统农业现代化具有深远的战略意义。精细农业具有以下几个特征：

（1）地域性。不同地域的农业生产条件、技术水平、资源与环境条件不同，精确农业实施的重点和角度就不一样。我国具有多种多样的区域类型，有山区、平原、草原、沙漠、森林等陆地生态系统，又有湿地、滩涂、浅海等生态系统，区域不同，精确农业的实施千差万别。不同区域实施精确农业要依其区域特点选择适合的精确农业类型。按其代表类型区域，精确农业可划分为：山区精确农业、高产农区精确农业、滩涂区精确渔业、荒漠化区精确农业、草原区精确牧业、高原区精确农业等。

（2）综合性。精确农业涉及农业科学、电子学、信息学、生态学等多种学科的理论和技术，它的实施又需要各学科的单项技术、学科内的技术组合、学科间的技术组合才能完成其技术体系。因此，精确农业无论从指导思想、方法论、理论与技术基础，还是从各种单项与多项技术的集成上都需要有综合的思想和观念。

（3）系统性。精确农业是一个复杂的农业生态系统，追求的是系统的稳定、高效，各组分之间必须有适当的比例关系和明显的功能分工与协调，只有这样才能使系统顺利完成能量、物质、信息、价值的转换和流通，因此系统性是精确农业的特征之一。在精确农业系统中涉及精确指标技术体系、资源环境技术、资源与变量投入技术、3S 技术、智能化农机具、人工智能与自动控制技术、信息实时采集与传感技术、集成技术等，各组分或子系统既有合作又有分工，通过一定的关系发生相互作用，形成具有特定功能的有机整体。

（4）渐进性。精确农业的实施受到技术水平的制约，而技术水平有一个逐步的、渐进的提高过程，因此精确农业不可能短期内实现，应是一个渐进的过程。再者，精确农业实施的对象也处于动态的发展过程，精确农业将随着其动态变化而变化。因此，精确农业的实施具有较强的渐进性。

（5）可操作性。精确农业必须要求一定的可操作性，也就是要落实到具体生产实践过程中。这种可操作性依据区域生态、环境与经济社会条件和技术水平的差异而不同。一般地，技术水平发展越高，区域社会—经济—自然复合生态系统结构越合理，可操作性越强。

2. 精细农业特点

与传统农业相比，精细农业具有以下特点：

（1）合理施用化肥，降低生产成本，减少环境污染。精细农业采用因土、因作物、因时全面平衡施肥，彻底扭转传统农业中因经验施肥而造成的三多三少（化肥多，有机肥少；N 肥多，P、K 肥少；三要素肥多，微量元素少），N、P、K 肥比例失调的状况，因此有明显的经济和环境效益。

（2）减少和节约水资源。目前，传统农业因大水漫灌和沟渠渗漏对灌溉水的利用率只有 40% 左右，精细农业可由作物动态监控技术定时定量供给水分，可通过滴灌微灌等一系列新型灌溉技术，使水的消耗量减少到最低程度，并能获取尽可能高的产量。

（3）节本增效，省工省时，优质高产。精细农业采取精细播种，精细收获技术，并将精细种子工程与精细播种技术有机地结合起来，使农业低耗、优质、高效成为现实。在一般情况下，精细播种比传统播种增产 18% ~ 30%，省工 2 ~ 3 个。

（4）农作物的物质营养得到合理利用，保证了农产品的产量和质量。因为精细农业通过采用先进的现代化高新技术，对农作物的生产过程进行动态监测和控制，并根据其结果采取相应的措施。

三、精细农业的技术思想

精细农业技术思想的核心，是获取农田小区作物产量和影响作物生长的环境因素（如土壤结构、地形、植物营养、含水量、病虫草害等）实际存在的空间和时间差异性信息，分析影响小区产量差异的原因，采取技术上可行、经济上有效的调控措施，区别对待，按需实施定位调控的"处方农作"，如图 5 - 1 所示。

精细农业的核心理论是：基于田区差异的变量投入和最大收益。所有农业耕地均存在土壤差异和产量差异，通过 3S（GIS、RS、GPS）技术可以及时发现作物生长环境和收获产量实际分布的差异性，获取农田小区作物产量和影响作物生长的环境因素（如土壤结构、地形、植物营养、含水量、病虫草害等）实际存在的空间和时间差异性信息，分析影响小区产量差异的原因，并对这种差异性给予及时调控，采取技术上可行、经济上有效的调控措施。区别对待，按需实施定位调控，从而优化经营目标，按目标投入，实现田区内资源潜力的均衡利用。精细农业是一种"处方农作"，是对生产资源发挥最大效益的获取最大生产潜力的一种现代农业形式。

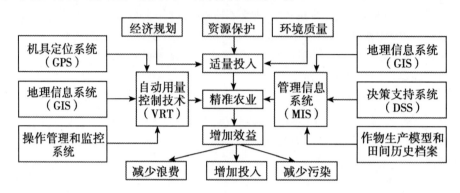

图5-1　精准农业系统示意图

精细农业要实现3个方面的精确：①精确定位，即精确确定灌溉、施肥、杀虫的地点；②精确定量，即精确确定水、肥、杀虫剂的施用量；③精确定时，即精确确定农事操作的时间。

四、精细农业的原理

1. 生态学原理

精细农业最基本的出发点，就是基于生物的生长分布及其生存的资源环境存在较大的空间异质性这一生态学原理。生态学原理告诉我们，生态系统是由生物及其生存的环境组成的，能流动、物质循环、信息流动所推动的具有一定结构和功能的复合体。在农业生态系统中，农作物（或牲畜等）的生长、发育和繁殖等生物学过程紧紧依赖于它们所生存生长的资源和环境，与农业生态系统中能流、物流、信息流三大循环密切相关。如何高效、经济地利用有限资源进行集约化农业生产，根据作物（牲畜）和资源的时空变异进行实时的监控、资源投入以及采取相应的生物技术措施已成为现代农业的主体。这种"对症下药"的农业思想即是"处方农业"（Prescriptive farming）的思想来源。

2. 工程学原理

精细农业涉及农业机械工程、农业工程、航空航天工程、计算机软件设计工程等多个方面，实施过程中，要结合工程学原理来开展，严格控制工程实施过程中的各个环节，不断优化工艺流程。

3. 系统学原理

系统学原理认为，对于一个有多个部分组成的复杂系统，各组分间的关系和结合方式对该系统整体的结构和功能具有重要影响。GPS、GIS、RS、智能分析决策系统、变量控制技术（Variation rate technology，VRT）等多种技术的有效组合，才能保证精细农业的实施，不同技术之间的合理衔接和协调，需要系统学原理来指导。

4. 信息学原理

任何存在的事物都以不同的方式包含自身所具有的一定量的信息，精细农业实施的基础是对田间与农作生长的有关资源与环境信息进行收集、传输、变换、分析、整理和判断，实现智能管理决策，并将信息和指令传输到智能农业设备上，完成相应农田农业操作。

5. 控制学原理

上述每一个过程都必须在精确的控制之下实施完成，控制学原理的运用就是要保证在 GPS、GIS、RS、传感与监测系统、计算机控制器及变量执行设备的支持下，完成：①随时间及空间变化采集数据；②根据数据绘制电子地图，并经加工、处理，形成管理设计执行图件；③精确控制田间作业等过程。

第二节　精细农业的技术体系

精细农业的核心是实时获得地块中每个小区（$1m^2$ 或 $100m^2$）土壤、农作信息，诊断作物长势和产量在空间上差异原因，并按每个小区做出决策，准确地在每一个小区上进行灌溉、施肥、喷药，以及最大限度地提高水、肥和杀虫剂的利用效率，减少环境污染。

一、精细农业的支撑技术

空间信息、变量作业机械是精细农业的重要支撑技术。空间信息技术是指 3S 技术。精细农业的关键技术是要实现农业机械的精确定位与变量作业，根据作物的需要作业。这些机械需要 3S 技术的支持，需要带有 GPS 的谷物联合收获机及带有 GPS 和变量作业处方图的变量播种机、变量施肥机、变量喷药机、土壤采样车等。

（1）带有 GPS 与测量谷物产量的传感器的联合收割机能绘制小区产量分布图。这些产量分布图反映了地块小区的差异。产量的差异是土壤、水分、肥力等差异形成的。

（2）农药、除草剂的大量施用，不但造成成本的提高和资金的浪费，而且直接危害人畜健康、污染农产品，污染环境和水质。因此，需要能够根据田间杂草及病虫害分布实现精确定点喷药、减少成本和环境污染的自动控制施药机械与技术。

（3）变量施肥、播种机具能根据土壤肥力的不同，自动调节施肥量；根据土壤水分、土壤温度的不同，自动调节播种深度。

二、精细农业技术体系

精细农业的实施必须运用成套的技术，包括：精确指标体系、生物技术、资源与变量投入技术（VRT）、资源环境技术、农业信息化技术、智能化农具、人工智能与自动控制技术、信息实时采集与传感技术、集成技术等。

精准农业以地理信息系统、全球定位系统、遥感技术（简称前"3S"技术）以及农业专家系统、决策支持系统、作物生长模拟系统（简称后"3S"技术）和变量投入技术为核心，以宽带网络为纽带，运用海量农业信息对农业生产实行处方作业的一种全新农业发展模式。前"3S"集成的作用是及时采集田间信息，经过信息处理形成田间状态图，该图应能反映田间状态（肥、水、病、虫、产量）的斑块状不均匀分布；后"3S"集成的作用是及时生成优化了的决策，它的支撑技术包括专家系统（知识模型），模拟系统（数学模型）和决策支持系统（从多方案中优选或综合，得出决策）。决策的表述形式可以是农田对策图/指令IC卡，后者便于智能控制型新式农机田间作业执行，达到按需变量投入（种、水、肥、药……）（图5-2）。

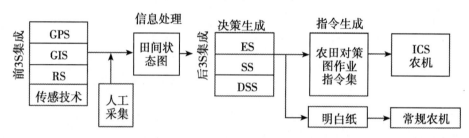

图5-2　大田精细农业农作技术体系

精细农业技术体系主要由信息获取技术、信息处理和分析技术、田间实施技术三部分组成。信息获取技术主要包括遥感技术、地理信息系统、全球定位系统和田间信息采集传感技术。信息处理和分析决策技术主要包括专家系统、决策支持系统和模拟系统。田间作业技术主要指变量投入农机。信息获取技术是前提和基础，信息分析和处理技术是关键，田间实施是核心（表5-1）。

表5-1　精细农业技术体系

		农田环境及作物长势监测 （分布状态图生成）	针对性投入决策生成 （对策图生成）	决策的实施 （精确作业及ICS装备）
大田	气象	气象仪器，RS	数学模型 （模拟系统SS）	灾害天气预报与减灾
	墒情	水分传感器，GIS，GPS		精确灌溉、变量供水系统
	肥料	土肥速测仪，GIS，GPS		精确施肥、变量施肥机
	农药	疫情测报，GIS，GPS	知识模型 （专家系统ES）	精确植保、变量喷药机
	估产	产量传感器，GIS，GPS		精确收获、精确播种
设施	小气候	光照、温度、湿度、风速、CO_2传感及采集记录	决策支持系统 （DSS）	设施专用ICS设备 农业机器人
	墒情	墒情传感系统		
	肥料	作物营养监测系统		
	农药	疫情监测系统		

注：ICS，智能控制系统

（一）全球定位系统（Global positioning system，GPS）

精细农业的关键技术之一是实时动态地确定作业对象和作业机械的空间位置，并将此信息转变为地理信息系统能够贮存、管理和分析的数据格式，这就需要采用全球定位系统（GPS）。GPS 是美国研制的新一代卫星导航和定位系统，它由 24 颗（目前为 30 颗）工作卫星和 3 颗备用卫星组成，分布在 6 个轨道面上，每 12 恒星时绕地球一周，可保证地球上任意点任意时刻均能接受 4 颗以上卫星信号，实现瞬时定位（GPS 只是全球定位系统的一种，世界上还有中国的北斗导航系统，俄罗斯的格洛纳斯定位系统，欧盟的伽利略定位系统）。

GPS 在精细农业上的作用有：①精确定位水、肥、土等作物生长环境的空间分布；②精确定位作物长势和病、虫、草害的空间分布；③精确绘制作物产量分布图；④自动导航田间作业机械，实现变量施肥、灌溉、喷药等作业。为实现上述功能，需要将 GPS 接收机和田间变量信息采集仪器、传感器以及农业机械有机的结合起来。安装有 GPS 接收机的农田机械及田间变量信息采集仪器，除能够不间断地获取土壤含水量、养分、耕作层深度和作物病、虫、草害以及苗情等属性信息外，同时还同步记录了与这些变量相伴而生的空间位置信息，生成 GIS 图层，从而为专家决策提供基础数据。

（二）农田地理信息系统（Geographic information systems，GIS）

地理信息系统（GIS）是一个应用软件，是精细农业的大脑，是用于输入、存储、检索、分析、处理和表达地理空间数据的计算机软件平台。它以带有地理坐标特征的地理空间数据库为基础，将同一坐标位置的数值相互联系在一起。地理信息系统事先存入了专家系统等带决策性系统及带持久性的数据，并接收来自各类传感器（变量耕地实时传感器、变量施肥实时传感器、变量栽种实时传感器、变量中耕实时传感器等）及监测系统（遥感、飞机照相等）的信息，GIS 对这些数据进行组织、统计分析后，在一共同的坐标系统下显示这些数据，从而绘制信息电子地图，作出决策，绘制作业执行电子地图，再通过计算机控制器控制变量执行设备，实现投入量或作业量的调整（图 5-3）。

在精细农业实践中，GIS 的具体应用有：①对 GPS 和传感器采集的各种离散性空间数据进行空间差值运算，形成田间状态图，如土壤养分分布图、土壤水分分布图、作物产量分布图等。②对点、线、面不同类型的空间数据进行复合叠置，为决策者提供数字化和可视化分析依据。如不同作物由于其不同的生物特性对土壤类型、土壤养分、耕作层深度、水分条件、光热条件、有效积温等均有不同的要求，在进行作物种植规划和布局时，只需将上述各专题图层利用 GIS 的叠加功能，就可以快速、准确地确定出各种作物的最佳生物布局，如果再将市场、运输等社会经济条件专题图与上述作物种植最佳生物布局图叠加，就可进一步规划出作物的最佳经济布局。③利用 GIS 的缓冲区分析功能，能直观地显示分析灌排系统的控制范围、水肥的有效渗透区域、病虫害的扩散范围以及周围环境对作物生长的影响范围等。④利用 GIS 的路径分析功能，能够快捷地确定出农道、水系、机井等各种农业基础设施的最佳空间布局和机械喷施农药、化肥以及收获作物的最佳作业路线。⑤与专家系统和决策支持系统相结合，生成作物不同生育阶段生长状况"诊断图"和播种、施肥、除草、中耕、灌溉、收获等管理措施的"实施计划"。⑥利用 GIS 的数字高程模型（DEM），计算作业区的面积、周长、坡度、坡向、通视性等空间属性数值。

GIS 主要用于建立农田土地管理、土壤数据、自然条件、生产条件、作物苗情、病虫草害发生发展趋势、作物产量等的空间信息数据库和进行空间信息的地理统计处理、图形转换与表达等，为分析差异性和实施调控提供处方决策方案。

农田地理信息系统包括 GIS 数据库和农田空间分析系统（作物产量空间分析软件、土壤养分空间分析软件、土壤水分空间分析软件、土壤微量元素空间分析软件、作物营养需求空间分析软件、环境空间分析及综合分析软件）。

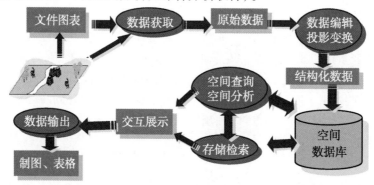

图 5 - 3　GIS 基本功能的实现过程

（三）遥感技术（Remote sensing，RS）

RS 是指在一定的距离之外，不与目标物体直接接触，通过传感器收集被测目标所发射出来的电磁波能量而加以记录并形成影像，以供有关专业进行信息识别、分类和分析一门技术学科。卫星遥感具有覆盖面大、周期性强、波谱范围广、空间分辨率高等优点，是精细农业农田信息采集的主要数据源。

RS 在精准农业中的应用主要包括以下几方面：①对农作物长势监测和产量估算。植物在生长发育的不同阶段，其内部成分、结构和外部形态特征等都会存在一系列的变化。叶面积指数（LAI）是综合反映作物长势的个体特征与群体特征的综合指数。遥感具有周期性获取目标电磁波谱的特点，通过建立遥感植被指数（VI）和叶面积指数（LAI）的数学模型，可监测作物长势和估测作物产量。②水分亏缺监测。在植被条件和非植被条件下，热红外波段都对水分反映非常敏感，所以利用热红外波段遥感监测土壤和植被水分十分有效。研究表明，不同热惯量条件，遥感光谱间的差异性表现的最明显，所以通过建立热惯量与土壤水分间的数学模型，即可监测土壤水分含量和分布。干旱时由于作物供水不足，生长受到影响，植被指数降低，蒸腾蒸发增强，迫使叶片关闭部分气孔，导致植物冠层温度升高，通过遥感建立植被指数和作物冠层间数学模型，则可监测作物水分的亏缺。③养分监测。植物养分供给的盈亏对叶片叶绿素含量有明显的影响，通过遥感植被指数与不同营养素（N、P、K、Ca、Mg 等）数学模型，可估测作物营养素供给状态。研究表明,遥感监测作物氮素含量精度高于其他营养成分。④农作物病虫害监测。应用遥感手段能够探测病虫害对作物生长的影响,跟踪其发生演变状况,分析估算灾情损失,同时还能监测虫源的分布和活动习性。⑤地面光谱监测。运用多光谱遥感信息(红外波段),监测土壤水分变化(图5-4)。

图5-4 遥感系统信息处理流程

(四) 专家系统(Expert system,ES)

专家系统是一个能在特定领域内,以人类专家水平去解决该领域中困难问题的计算机程序。专家系统能通过模拟人类专家的推理思维过程,将专家的知识和经验以知识库的形式存入计算机,系统可以根据这些知识,对输入的原始实事进行复杂的推理,并作出判断和决策,从而起到专门领域专家的作用。专家系统一般由知识获取、知识库(包括数据库和模型库)、推理机和人机界面等几个部分组成。专家系统具有启发性、透明性、高性能性和灵活性等特点。遥感、全球定位系统和田间信息快速采集系统是精准农业实施的数据源,GIS为这些信息源的贮存管理提供了软件平台。精准农业实施的关键在于利用这些海量数据,通过作物模拟模型和专家知识及经验等,针对田间不同作业区作物的生长环境,分析和决策出处方耕作、播种、灌水、施肥、杀虫、除草、收获等的作业方案,而完成以上任务主要靠专家系统(图5-5)。

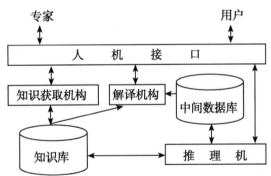

图5-5 专家系统的基本结构

专家系统对精准农业的实施具体包括:①营养、水分、病虫害等的诊断。根据采集到的作物单个植株(包括根、茎、叶、花、果)特征和群体特征,进行作物形态诊断、营养诊断、病害诊断、虫害诊断、水分亏缺诊断等,并找出其主要成因或"胁迫因子",最终给出解决问题的技术方案。②推荐施肥、灌水、耕作等各种农艺措施的实施方案。根据作物对氮、磷、钾和各种微量元素的需求规律以及土壤养分含量状况,推荐作物精准施肥方案。根据作物的需水规律和降水量、蒸发量及土壤特性,推荐精准灌溉方案。根据光、热、水、土等作物生长环境的变化，预测预报作物病虫害发生的时间和空间分布，推荐预防办法和措施。③确定作物种植结构和总体布局。将市场供求、交通运输、消费习惯等各种社会经济因素综合纳入到作物种植专家系统中，对作物生产的宏观布局和种植结构提供决策支持。

（五）模型模拟系统（Simulation model system，SS）

模型模拟系统是以农业生产对象生长动力学为理论基础，以系统工程为基本方法，以计算机为主要手段，借助数学模型，对农业生产系统中生产对象的生长发育及产量形成与外界环境的变化进行动态仿真，并用于对各种农业生产过程进行指导和研究的计算机软件。通过作物生产潜力的模拟，可以筛选出适宜本地的品种、播期、施肥、灌水、种植密度等措施的优化组合方案，为实施提供前期准备工作；通过作物生育期预测模型，能够准确预测作物生长的阶段性过程，便于实施过程中采取相应的管理措施；通过农田水分管理模拟模型，可决定实施过程中不同生产单元在不同生育期的灌溉时间和灌溉量；通过农田养分管理模拟模型，结合土壤肥力分布图，实施精准施肥；通过病虫草管理模拟模型，确定生态经济杀除阈值与阈期（图5-6）。

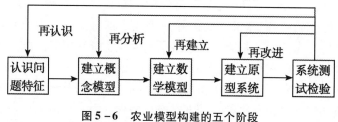

图5-6　农业模型构建的五个阶段

（六）作物管理决策支持系统（Decision support system，DSS）

作物生产管理计算机辅助决策支持系统（DSS），是应用计算机信息处理技术，综合现代农业相关科学技术成果，制定作物生产管理措施，实现处方农作的基础，也是实现"精准农业"技术思想的核心。一个完整的作物生产管理决策支持系统，包括作物系统模拟模型组成的模型库、支持模型运算和数据处理的方法库、储存支持作物生产管理决策和模型运算必需的数据库、反映不同地区自然生态条件等作物栽培管理经验知识和具有知识推理机制的专家知识库，以及作物生产管理者参与制定决策和提供知识咨询的人机接口等（图5-7）。

基于作物模拟模型和农业专家系统的作物生产管理决策支持系统（DSS）能根据作物生长、作物栽培、经济分析、空间分析、时间序列分析、统计分析、趋势分析以及预测分析等模型，综合土壤、气候、资源、农资及作物生长有关数据进行决策，结合农业专家知识，针对不同农田管理目标制定的田间管理方案，用于指导田间作业。

（七）变量控制技术（Variation rate technology，VRT）

VRT是指安装有计算机、差分全球定位系统DGPS等先进设备的农机具，根据它所处的耕地位置自动调节物料箱里某种农业物料投入速率的一种技术。VRT系统可以应

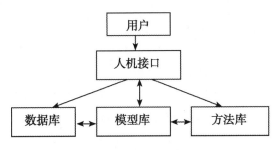

图 5－7　决策支持系统的基本结构框架

用于像小颗粒状或液体肥料、杀虫剂、种子、灌溉水或多至 10 余种化学物质混合而成的药剂等多种不同的物质。变量投入系统通常主要包含流动作业机具、调节实际物流速率的控制器、定位系统和对应耕地的理想物料应用描述图。在传统的机具上，操作者通常通过观察仪表板来控制物料的投入速率。而在集成有 GPS 和 GIS 的机具上，投入速率可以随机具的移动而自动地进行改变。变量投入的关键是智能农业机械的研究制造和应用，变量施肥机、变量灌溉机、变量农药喷施机、变量播种机以及变量联合收割机目前在发达国家精准农业生产中已被广泛使用。智能变量农机研究和生产在我国才刚刚起步，与发达国家还有相当大的差距。这种差距主要表现在 GPS 与农业机械的集成、GIS 与农业机械接口软件的开发、农田信息实时采集的传输及作业传感器的制造等方面。

（八）收获机械产量计量与产量分布图生成技术（Yield mapping systems）

农作物收获过程中的产量自动计量传感器是精细农业田间产量信息采集的关键技术。产量分布图记录作物收获时产量的相对空间分布，收集基于地理位置的作物产量数据及湿度含量等特性值。它的结果可以明确地显示在自然生长过程或农业实践过程中产量变化的区域。

产量分布图揭示了农田内小区产量的差异性，下一步的工作就是要进行产量差异的诊断，找出造成差异的主要原因，提出技术上可行、按需投入的作业处方图，把指令传递给智能变量农业机械实施农田作业。

（九）田间变量信息采集与处理技术（Farming data acquired technology）

田间信息采集技术利用传感器及监测系统来收集当时当地所需的各种数据（如土壤水分、土壤含 N 量、pH 值、压实、地表排水状况、地下排水状况、植冠温度、杂草、虫情、植物病情、拖拉机速度、降水量、降水强度等），再根据各因素在作物生长中的作用，由 GIS 系统迅速作出决策。

（十）智能化变量农作机械（Intelligent farm machinery）

主要包括施肥、喷药、播种和灌溉等农业机械。如安装有 DGPS 及处方图读入装置的谷物播种机（调节播量、播深）、变量施肥机（自动调控两种肥料比例和肥量）、变量喷药机和变量喷灌机（自动调节喷臂行走速度、喷口大小和喷水水压）。

三、精细农业技术实施过程

精准农业是先进的农业生产模式，其整个操作过程包括如下几个主要内容。

（1）在第一年收获时，利用带 GPS 和产量传感器的联合收割机，获得农田小区内不同地块的作物产量分布，将这些数据输入到计算机，可获得小区产量分布图。分析产量分布图，可获得小区作物产量分布的差异程度。

（2）根据产量分布图，对影响作物生产的各项因素进行测定和分析，如前所述的土质、土壤耕作层深度、土壤含水量、肥料施用、栽培情况、虫害、病害、杂草等，将所有这些数据输入计算机，利用 GPS 系统，对照产量分布图，结合决策支持系统，确定产量分布不均匀的原因，并利用相应的措施，生成田间投入处方图。

（3）根据田间投入处方图，生成相应农业机械的智能控制软件，根据按需投入的原则实施分布式投入，包括控制耕整机械、播种机械、施肥机械、植保机械等实施变量投入。

（4）在第二年收获时，再按上述过程，并根据产量分布图，分析农田小区总产量是否提高，小区内作物产量差异是否减小，然后制定新的田间投入处方图。如此经过几次循环，即可达到精准种植的目的。

分析这一操作过程可以看出，精准农业技术实施主要是包括 3 个方面的内容：信息采集、信息处理和田间变量实施，它们间的相互关系见图 5 - 8。

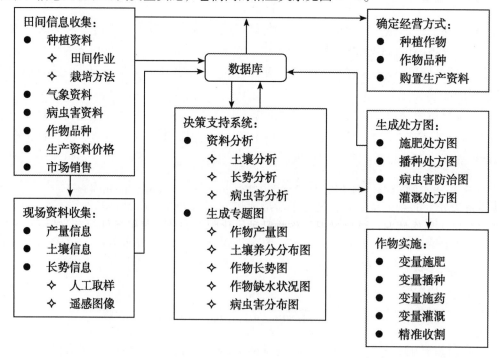

图 5 - 8　精准农业模式实施流程图

精细农业实践的 5 条规则：按正确的时间、以正确的数量、在正确的地点、用正确的方式，正确利用投入（营养、水、劳动、技术、成本等），实施基于空间与实践差异性的农业生产系统的科学管理。

（一）数据采集

精细农业通过产量测定、作物监测以及土壤采样等方法来获取数据，以便了解整个田块的作物生长环境的空间变异特性。

1. 产量数据采集

带定位系统和产量测量设备的谷物联合收割机，在收获的同时，每隔一定时间记录当地的产量，记录数据以文本形式（经度、纬度、产量和谷物含水量）存储在磁卡中，然后读入计算机进行处理。

2. 土壤数据采集

详细的土壤信息是开展精确农业工作的重要基础。通过机载式自动取土钻，配合 GPS 获取土壤信息（土壤含水量、土壤肥力、土壤有机质、土壤 pH 值、土壤压实、耕作层深度等）。

3. 作物营养监测

通过基于地物光谱特性的多光谱及高光谱遥感技术可以快速、自动化、非破坏性地获取作物营养成分信息。

4. 土壤水分监测

通过水分传感器（如时域反射仪 TDR、中子仪等）实时监测农田土壤水分含量，作为农田水分管理与灌溉决策的依据。

5. 苗情、病虫草害数据采集

利用机载 GPS 或人工携带 GPS，在田间行走中随时可定位，记录位置，并记录作物长势或病虫草害的分布情况。近年来，随着近红外（NIR）视觉技术、图像模式识别、多光谱识别技术的发展，有关苗情、杂草识别快速监测仪器不久将研制出来，并投入使用。

6. 其他数据采集

如地形边缘测量，一般利用带 GPS 的机动车或人工携带 GPS 在田间边界行走一圈，就能将边界上的点记录下来，经过平滑形成边界图。另外，还要获取近年来轮作情况、平均产量、耕作情况、施肥情况、作物品种、化肥、农药、气候条件等有关数据。这些数据将用于进行决策分析。

（二）差异分析

通过计算机技术，将采集到的带有 GPS 信息的数据，用一些数学方法进行数据信息处理，得到变量控制信号，来指挥操作机械，实施精确农业。

1. 产量数据分布图

对连续采样获得的产量数据，使用平滑技术（通常使用移动平均法）来平滑数据曲面，以消除采样测试误差，清晰地显示区域性分布规律和变化趋势，再通过聚类分析生成具有不同产量区间的产量分布图。

2. 土壤数据分布图

对一个田块进行多点采样、分析，用 GIS 存储取样点的土壤信息，计算得出田间肥力分布图，用以反映这一田块肥力的不均匀性，并以此图作为推荐施肥的基础，来解决同一地块内不同区域中进行不同用量、不同配方的肥料施用问题。

3. 苗情、病虫害分布图

苗情与病虫害分布数据的处理一般采用趋势面分析，即用某种形式的函数所代表的曲面来逼近该信息的空间分布。数据采集未来的发展趋势是数据采集和数据分析统一起来，将田间观测者的地理位置和田间观测数据通过便携式计算机和天线发往办公室计算机，利用软件自动生成田间数据分布图。

（三）处方生成

GIS 用于描述农田空间上的差异性，而作物生长模拟技术用来描述某一位置上特定生长环境下的生长状态。只有将 GIS 与模拟技术紧密地结合在一起，才能制定出切实可行的决策方案。二者结合可按以下 3 种形式操作：一是 GIS 和模拟模型单独运行，通过数据文件进行通信；二是建立一个通用接口，实现文件、数据的共享和传输；三是将模拟模型作为 GIS 的一个分析功能。

GIS 作为存储、分析、处理、表达地理空间信息的计算机软件平台，其空间决策分析一般包括网络分析、叠加分析、缓冲区分析等。作物生长模拟技术是利用计算机程序模拟在自然环境条件下作物的生长过程。作物生长环境除了不可控的气候因素外，还有土壤肥力、墒情等可控因素。GIS 提供田间任一小区、不同生长时期的时空数据，利用作物生长模拟模型，在决策者的参与下，提供科学的管理方法，形成田间管理处方图，指导田间作业。

（四）控制实施

精细农业技术的目的是科学管理田间小区，降低投入，提高生产效率。精确农业实现的关键是农业机械的变量控制，在 3S 技术支持下得到的信息经过一系列处理后，将会形成变量控制信息，最终控制农业机械，实施变量管理。

先进的农业生产技术的大面积、大规模实施，只有通过先进的农业机械才能实现。将信息技术、网络概念、人工智能等技术引进到农业机械的开发和设计中来，形成智能控制农业机械，目前作为支持精确农业技术的农业机械设备，除了带有定位系统和产量测量的联合收割机外，按处方图进行作业的农业机械还有：带有定位系统和处方图读入设备，控制播深和播量的谷物精密播种机；控制施肥量的施肥机；控制剂量的喷药机；控制喷水量的喷灌机；控制耕深的翻耕机等。

智能化农业机械主要由信息采集系统、决策判断系统和控制执行系统 3 部分组成。利用各类传感器采集环境信息或作物信息，决策系统要先输入关于农艺、土壤、作物、管理等方面的数据作为进行系统决策的依据，将采集到的实时信息输入系统，经过处理后作出决策，传输到智能化农业机械进行控制实施。例如，当驾驶拖拉机在田间喷施农药时，驾驶室中安装的监视器显示喷药处方图和拖拉机所在的位置。驾驶员监视行走轨迹的同时，数据处理器根据处方图上的喷药量，随时向喷药机下达命令，控制喷洒。

第三节 新疆生产建设兵团精准农业实践

一、兵团精准农业技术主要内容及应用现状

兵团精准农业包括精准种子、精准播种、精准灌溉、精准施肥、精准收获和田间作物生长及环境动态监测技术。其中精准播种、精准灌溉、精准施肥是突破的重点。

（一）精准播种技术

精准播种技术作为精准农业技术体系的重要组成部分，是推进精准农业发展的关键技术之一。2002 年 7 月新疆农垦科学院农业机械研究所、农一师通用机械厂、农七师 125 团等 3 家单位先后研制了适宜滴灌棉田不同布管方式的"三膜 12 行"和"小三膜 12 行"的精量播种机，将先进的气吸式取种原理与兵团独创的鸭嘴式成穴原理有机的结合，创造性地设计出具有国际领先水平的精准穴播器，实现了膜床整形、铺放滴灌带、铺膜、精准投种、膜上打孔、膜边覆土、膜孔覆土并镇压 8 道工序一次完成的膜上精准播种，精准播种进入大面积示范推广。2009 年兵团棉花精量点把面积达 61.3 万 hm^2，且此项技术已逐步向玉米、油菜、甜菜等作物推广应用。

（二）精准灌溉技术

兵团棉花生产上应用的精准灌溉技术主要包括膜下滴灌技术、自压微水头软管灌技术、地下滴灌技术和滴灌自动控制灌溉技术等，在精准灌溉技术的理论和实践应用方面取得重大突破和创新，并与精准施肥技术科学组装和集成，形成了完善配套的水肥耦合应用技术，开创了我国大田作物大面积应用滴灌技术的先例。

1. 棉花膜下滴灌需水规律和灌溉制度

根据多年试验结果及大田生产实践，壤质土上质棉花单产 1 950kg/hm^2 皮棉，膜下滴灌适宜灌溉制度确定如下（沙性土壤可上浮 20%）：灌溉定额：3 300～3 600m^3/hm^2；灌水定额 225～375m^3/hm^2，花铃期取上限，苗期和吐絮期取下限；灌水周期：根据膜下滴灌棉花日耗水量试验资料及生产实践，苗期日耗水 1～1.2mm，蕾期 2.2mm，花铃期 4.8mm，吐絮期 1.8～2.0mm，计算花铃期灌水周期 6～7 天，苗期和吐絮期 15 天左右，蕾期 10 天左右；灌水次数：根据膜下滴灌棉花的需水特性、灌水定额、潜水周期及气候、土壤质地等情况，生育期滴水次数 12～14 次，具体视气候及土壤水分变化情况，按棉花各生育时期土壤适宜含水量上、下限而定。

2. 棉花膜下滴灌干旱诊断方式和指标

用中子水分仪进行干旱诊断，棉花苗期 ET_0/ET_P 达到 0.45，蕾期为 0.65，花钟期

为 0.8 ~ 0.9 时就应该灌水。以土壤含水量作为灌溉控制指标，苗期为田间持水量的 55% ~ 70%，蕾期 60% ~ 80%，花铃期为 65% ~ 85%，吐絮期 60% ~ 75%。以此上、下限作为控制参数，可做到适时适量满足棉花各生育期对水分的需求。滴灌湿润层深度，苗期 20 ~ 30cm，蕾期 30 ~ 40cm，花铃期 50 ~ 55cm，吐絮期 30 ~ 40cm。

3. 棉花滴灌自动化技术研究应用

滴灌自动化技术能根据土壤水分状况、气候条件和棉花需水需肥规律进行适时适量灌溉和施肥，是实现棉花精量灌溉和高效施肥的最终目标，也是实现植棉现代化的重要特征之一。兵团先后在农六师新湖农场、芳草湖农场，农七师 130 团、127 团，农五师 90 团，农八师 145 团、136 团等建成了一批滴灌自动化、半自动化示范工程。这些滴灌自动化系统主要由计算机控制中心、自动气象站、自动定量施肥罐、自动反冲洗过滤装置、自动模拟大田土壤蒸发仪、自动监测土壤水分张力计和田间设置的远程终端控制器（CRTU）、液力阀或电磁阀等组成。土壤水分自动监测（张力计）和滴灌无线远程自动控制灌溉试验示范，取得良好的效果。

（三）精准施肥技术

精准施肥是精准农业的重要组成部分和重要环节，精准施肥的内涵包括两部分：精准决策和精准投肥。1999 年以来，精准施肥技术在兵团得到了迅速发展。自主研制开发了多个棉花微机决策平衡施肥专家系统，建立了以土壤数据和作物营养实时数据的采集、棉田地理信息系统、施肥模型、决策分析系统、综合评价、滴灌施肥为主要环节的精准施肥技术体系，而且在棉花专用肥的研制—生产—应用等方面形成了一套较为完整的运行体系，并在兵团棉区植棉团场进行示范推广应用。

1. 精准决策系统的研究

土壤养分数据库的建立：利用微机建立农田土壤管理档案，5 年来全兵团累计测土面积 88.8 万 hm^2，同时根据土壤养分调查结果，在三个师的 17 个团场绘制了土壤养分含量分布图 136 套。棉花推荐施肥分区图和棉花膜下滴灌专用肥配方图各 17 套。

通过多年多点试验，建立微机推荐施肥模型：包括土壤养分丰缺指标模型，棉花目标产量模型，土壤养分校正系数参数模型，肥料效应函数模型等。开展棉花生育期营养诊断和二次决策施肥技术的引进与研究。

平衡施肥专家决策系统的研制：在上述工作的基础上，研制开发了兵团棉花的平衡施肥专家决策系统。这个系统包括农田地理信息管理，土壤养分信息数据库，计算机数值计算，微机决策专家系统和"天气、土壤、作物、管理"系统。这个系统具有四大功能：施肥决策、信息管理、图库管理和技术咨询。

2. 精准投肥技术

精准投肥的理论依据是滴灌条件下养分在土壤中的移动规律，物质基础是滴灌专用肥，定位、定量、定时施肥是通过滴灌水肥耦合技术实现的。

滴灌条件下土壤养分移动规律研究表明，苗期滴施的氮素，主要集中在 10 ~ 20cm 土层，中、后期滴施的氮素中，$NO_3^- - N$ 主要分布在 10 ~ 20cm 上层，分布半径 30cm，$NH_4^+ - N$ 主要分布在 0 ~ 10cm 土层，分布半径为 15cm，最大分布深度为 60cm。滴施的磷肥，主要分布在 0～10cm 土层，分布半径仅 10cm。这些研究成果，为制定随水施肥技术提供了理论依据。

根据水肥耦合技术和作物需肥规律的研究，形成了滴灌棉田的随水施肥方案和水肥耦合技术决策系统，使施肥精度达到每个时期，每种元素和每株棉花都能精准到位。

滴灌专用肥的研制。为了实施水肥耦合技术，项目组与企业合作先后研制了全营养速溶高效固态滴灌专用肥和液体专用肥。在研制过程中，解决了磷肥的可溶性和去除重金属及杂质的技术难关，实现了滴灌肥的全营养、无杂质、不堵滴头的指标。能有效地提高了肥料利用率 10%～20%。

棉花粒状和复混专用肥的研制。各师、团针对本地区的土壤养分状况和及时测定结果，研制了多种配方的棉花粒状专用肥和复混肥，也有效地提高了肥料利用率，减少了施肥作业量。

开展平衡施肥专家系统的咨询服务，提高了精准施肥的到位率和普及率。

（四）精准收获技术

脱叶剂筛选与国产脱叶剂的开发。2001～2003 年先后组织了三次国内外脱叶剂和施药方法的多点比较试验，参试剂型 8 个，其中国产剂型 2 个，经过两年试验，筛选出与德同生产的脱落宝效果相当价格低廉的同产脱叶利"真功夫"，并进行大面积生产示范和开发。

吸收、消化引进的棉花加工设备，改进国产设备，逐步实现机采棉清理加工设备国产化。到目前为止，完全国产化的机采棉清理加工生产线已达 15 条，占总生产线的45.5%，加工质量达到进口设备水平；机采棉加湿技术改造也取得阶段性成果。

制定棉花机械采收和加工的作业质量标准与操作规程。先后制定了《兵团机采棉高产栽培技术规程》《兵团采棉机作业技术规程》《兵团机采棉的验收与储运规程》和《机采棉清理加工工艺及操作规程》等，此外还制定了《机采械作业质量标准》和《机采棉皮棉收购质量标准》。

机采棉皮棉加工品质有了较大提升。2001～2003 年全兵团共加工机采皮棉 9 400 多万 kg，根据各师机采棉加工情况看，机采皮棉质量等级平均达到了 GB 1103—1999 手摘棉 2 级以上，其中 30% 的皮棉达到了一级棉质量指标。

（五）精准种子工程

精准种子技术是指能够满足精准播种技术要求的种子技术体系，包括优良品种引育、科学良繁程序、种子精选加工和健全质量保证措施 4 个内容。

改进良繁技术，提高种源品质。通过广泛应用传统的三圃制和保纯繁殖的基础上，引进和示范棉花的自交混繁技术，提高种子纯度。2001～2003 年兵团棉花原种田合格率三年分别为 47.9%、61.3% 和 91.2%，棉花原种田质量明显提高。

种子精选加工线技术改造。引进和更新种子加工精选设备 60 台（套），关键设备包括重力选、风筛选和分级选等采用了国外设备，实行按粒径进行种子分级，提高了种净度和整齐度。达到可以满足兵团精准播种技术的要求。

推广种子包衣新技术，提高种子田间出苗率。近年来先后引进和研制了适应不同生态区、针对不同病虫害的种衣剂，其中种衣剂"福多平"杀菌谱广，持效期长，对种子安全，可提高棉种的发芽率10%以上，并成功研制出种衣剂包衣的成膜剂，经测试，各项指标达到国内外同类产品水平，从而降低了种衣剂的生产成本，加速了种子商品化、产业化进程。

早熟、优质、高产、多抗新品种选育。1999年以来兵团各级育种单位先后选育和引进并经过审定或认定的棉花新品种23个。这些品种在抗病性、丰产性和纤维品质方面取得了较大突破，并在大面积生产中推广应用，目前，兵团棉花的优良品种覆盖率达100%。

完成兵团种子质量监督检测中心和各师种子检验机构的建设，对种子质量实施了全程控制。建立了兵团种子质量检测中心1个，师种子检验室13个，团场种子检验室72个，到2003年，兵团检验室面积7 513m²，检验仪器1 853台（件），增置进口先进检测仪器20余台（件）、基本形成了以兵团种子质量监督检测中心为核心，师种子站为主体，团场种子检验室为基础的三级种子质量保证体系。

（六）田间作物生长及环境动态检测技术

应用田间生态监控技术是精准农业高科技技术，兵团于2000年开始启动这项研究工作，近年来在研究和实际应用中都取得了很大的进展，主要包括：

1. 膜下滴灌棉田土壤水分自动监测，灌溉自动决策和自动控制系统的开发与示范

兵团自主开发"棉花膜下滴灌微机智能决策及自动化控制系统"和"基于GSM的棉花膜下滴灌水分智能监测系统"，可实现土地水分的自动实时监测与远程传输以及智能决策支持功能。系统包括田间水分，气象数据采集站和智能决策控制中心两部分。该系统运用GSM通信网络以短信息方式实现一点到多点的远程无线双向数据通信和控制。决策结果包括土壤水分含量、干旱程度诊断、滴灌灌溉定额、下次滴水时间、一次滴水延续时间等，用户可根据决策结果进行灌溉控制，以短消息方式控制电磁阀开闭。系统成功地运用了GSM通讯网络和国内研制的湿度传感器，无线远程遥控，双向通讯网络，单片机管理等为操作平台的智能化控制耕层滴灌技术。目前示范基地4个，示范面积370hm²。

2. 棉花病虫预测预报数据库管理系统

利用先进的病虫监测技术、网络信息技术、人工智能技术等装备了兵团12个师的农技推广站和30个垦区病虫测报站，实时监测，及时传送各类病虫监测、消息。建立了能覆盖兵团95%以上棉田的棉花病虫害预测预报数据库管理系统，并完成了棉花病虫害专家系统和专家咨询系统的开发应用。

3. 农业视频化管理系统示范

农业视频化管理系统是采用较先进的视频彩色图像传输系统。该系统由主控中心、中继点和摄像点等三部分组成，摄像点固定或移动摄像将各自的图像信号和音频信号传至射频调制发射机，并通过天线将信号发送给转发机房中的画面处理器，而后由远距离发射机传给中心控制机房，通过中心控制机房的信号处理器、硬盘、刻录机、录像机、

显示器等设备进行工作。目前，图像视频管理系统在农七师 130 团棉花生产中应用面积近 4 670hm²。

采用可移动、便携式移动摄像系统和彩色图像无线传输系统，对棉花长势长相、病虫害发生动态、灌水等情况进行适时监测并及时以彩图展现在管理者面前，为管理者及时调整农田作业提供了有力工具。

利用 GSM 通信网络（电话或手机）和设在连队机房的控制器，操作高空云台高倍遥控摄像系统，以最快的时间监测连队各条田各种农事作业进度和质量、作物生长情况、农业三防管理等，从而做到早发现、早补救、早解决，实现农业的高效管理。

4. 棉花生长势遥感监测技术研究

为了能将"3S"技术应用于棉花生长监测，项目组开展了棉田冠层反射光谱特征及其分析技术的研究工作，已取得初步结果。

二、精准农业各项技术的集成

在生产过程中精准农业技术是精准种子、精准播种、精准灌溉、精准施肥、精准监测和精准收获六项单项技术综合集成的技术体系。六项精准技术以相互关联的完整性和系统性作用于棉花生产全过程，即以精准灌溉和精准施肥为核心，以精准监测为保证，以精准播种为接口，前接精准种子，后接精准收获，将六项核准农业技术组装成一个贯穿作物生产全过程的有机整体。精准农业核心技术集成见图 5-9。

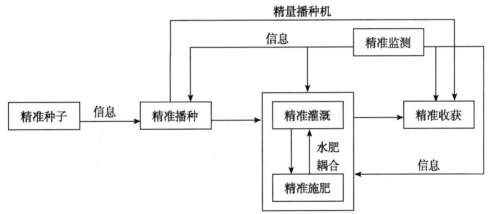

图 5-9　精准农业核心技术集成图

精准种子与精准播种技术的集成。通过对种子生产、加工到种子处理技术等的一系列的研究，制定了精准种子的质量标准，采用精量播种机，实现播种时一穴一粒，一穴一苗。

精准播种与精准灌溉的集成。研制了适应不同行距配置的精量播种机，同时实现了铺膜、铺管、播种等 8 道工序一次完成。实现了精准播种与精准灌溉的组装。

精准播种与精准收获技术的集成。研制并采用了适应带状种植的精准播种机，从而实现了精准播种技术与精准收获技术的有效组装。

精准灌溉与精准施肥的集成。采用水肥耦合随水施肥技术，实现灌溉与施肥的定时、定量和定位，提高和水、肥利用率，降低生产成本。

精准灌溉、精准施肥与精准收获的组装。在（66＋10）cm 的带状种植方式内，如何铺设滴灌带是两项技术组装的难点。专题组设计了带侧铺管的配置方式，有效地实现了精准灌溉、精准施肥与精准收获的优化组装。

农业信息化技术和自动化控制技术与精准施肥、精准灌溉、田间监控管理的集成。利用地理信息、遥感遥控和视频技术等手段动态、完整地获得反映农作物生长状况及影响农作物生长的水分、营养、病虫等环境生态因子数据，迅速作出科学合理的管理决策，进而调控对作物的投入或调整作业操作程序，实现了六项精准技术对棉花生长全过程的科学管理。

三、精准农业的创新点

1. 技术创新

建立了棉花膜下滴灌和膜下常压软管灌等精准灌溉技术，建立了应用于棉花膜下滴灌和膜下常压软管灌的微机决策平衡施肥的精准施肥技术，建立了利用遥感和视频先进技术应用于田间作物生长监测和农业管理系统，创造了适合采棉机作业的（66＋10）cm带状高密度播种和栽培技术。

2. 产品创新

在消化国外气吸式精量播种机原理的基础上，创造性地研制出将膜床整形、铺设滴灌带、铺膜、膜上打孔、精准投种、膜边覆土、膜孔覆土并镇压等8道工序为一体的、具有国际领先水平的气吸式棉花精量播种机，并获得国家专利3项。

在引进、消化、吸收进口设备的基础上，大胆进行自主技术创新，实现了节水设备全部国产化。开发生产出大流量压力补偿式滴灌管、内镶式滴灌带、单翼迷宫式滴灌带、各种纳米塑料管材、滴灌配套管件及过滤器等一系列拥有自主知识产权的新产品。开发生产出全自动反冲洗沙石过滤器等滴灌设备。

开发生产出软管微灌灌溉系统的干管、支管、毛管、施肥罐及配套管件等系列产品，其中"常压节水灌溉系统"、"步进式双边错位打孔机"、"软管带"、"步进式冲孔机"和"流量调节管路连接件"等新产品获得国家发明和实用新型专利。

开发生产出适用于大田农作物随水施肥的全营养速溶高效滴灌固态复合肥和棉花滴灌酸性液体肥料，基本实现了"试与测、测与配、配与供"的一条龙肥料供用和配方生产线。

五年来新育成20多个品种的丰产性、品质和抗病性超过以往育成的品种，从根本上扭转了以往新疆棉花品种不抗病的局面。

四、应用前景

精准农业技术在兵团已被其他农作物（如加工番茄、小麦）和其他行业（如园艺业）应用，且取得了良好效果，可以预见精准农业技术在大农业范围内推广有着广阔的应用前景。可在与新疆生态条件和生产条件相似的地区推广应用，部分技术可在全国范围内应用。进一步引进国际先进的科学技术，不断吸纳和开发新技术、新装备、不断丰富精准农业技术内涵，不断完善提高兵团精准农业技术体系。将会使兵团的农业现代化水平进入国际先进行列。

复习思考题

1. 精细农业概念与特点如何？
2. 精细农业原理是什么？
3. 精准农业的技术体系包括哪些内容？
4. 前3S、后3S各指什么？精细农业技术实施过程怎样？

第六章 高新技术在现代农业上的应用

当今世界新技术革命发展迅速，一场以高新技术为中心的科技革命正在全球蓬勃兴起，推动着传统产业的变革和社会经济的发展。农业这个传统产业正面临新技术革命的挑战。目前，我国农业在由"资源依存型"向"科技依存型"转变。高新技术正逐步走进我国农业的每一个领域。如果我们能抓住时机，采用先进的农业科技成果加快对我国传统农业技术的改造，那么，在21世纪，我国农业现代化水平就会迈进一步。

第一节 农业高新技术的内涵、特征及其转化模式

一、农业高新技术的内涵

（一）新技术与高技术

"新技术"（New technology）是指在一定的范围内初次出现的技术，或者是原来已经有过而现在经过革新，在性能上有所突破的技术，包括新型技术、创新成熟技术、专用技术和专利技术等。

"高技术"（High technology）是指建立在综合科学研究基础上，处于当代科学技术的前沿，对国家的经济、军事、社会等有着重大影响，对促进社会文明、增强国家实力起先导作用的新技术群。高技术具有高难度、高技术密集、高知识密集、高资金密集、高速度、高竞争、高风险、高效益等特点。

"新技术"与"高技术"既有密切联系又有明显差异。新技术所包括的范围比高技术要广，新技术并不一定是高技术。高技术既是一种尖端技术，一般来说也是一种新技术。由于高技术和新技术往往代表现代科技发展的成果，一般将二者合称为"高新技术"。在我国，高新技术是特指中国的高技术，是以世界科学技术新发现和新发明为基础，以知识、技术、智力和资金密集为条件的新兴技术，囊括了中国现有的尖端技术群和未来具有巨大发展潜力的新兴技术群。高新技术具有新颖性、探索性、前沿性、复杂

性、扩散性等特点。

(二) 农业高新技术的内涵

农业高新技术是指能广泛应用于农业领域的,对区域农业经济发展和农业科技进步产生深刻影响和重大推动作用,并能形成新型农业产业的农业高技术和农业新技术。

农业高新技术从产业角度涉及种植业、林业、畜牧业、水产业、农产品加工业等领域,包括10个方面:①利用生物技术 (基因技术、细胞技术等) 繁育的动植物良种;②农业信息技术 (包括各种专家系统、农业网络技术);③设施农业技术 (包括温室技术、无土栽培技术、基质栽培技术);④节水栽培技术 (包括滴灌、微灌和喷灌技术);⑤核技术 (用于农业育种技术);⑥现代农业机械化技术 (带电脑程序控制);⑦农产品精加工、保鲜技术 (如速冻蔬菜、气调冷藏等);⑧精准农业技术 (如测土配肥、饲料配方等);⑨新能源、新材料技术 (如沼气、农用薄膜等);⑩以生态农业为主的多色农业技术 (如食用菌、绿色食品生产技术等)。从较高层次上概括,从技术构成的内容看,可以将农业高新技术分为四大类,即农业生物高新工程技术,现代农业信息技术,现代农业资源与环境工程技术和现代农业管理高新技术。

1. 农业生物 (工程) 技术

生物技术,又称生物工程,它是采用高科技手段对生物性状进行改良,或用生物体生产有价值产品的技术,主要包括基因工程、细胞工程、酶工程、微生物工程 (发酵工程) 等。应用这一技术可以不断为农业生产提供新品种、新方法、新资源。如细胞工程技术中的试管苗快繁和茎尖培养脱毒技术,是利用植物任何部分细胞具有的全能性、人工培养、处理,大量产生无毒试管苗,进行作物繁殖、纯化以扩大生产,目前,广泛应用于橡胶、柑橘、草莓、西瓜、甘薯、马铃薯等生产,取得显著效益。

2. 现代农业信息技术

是信息技术在农业上的应用,是对有关农业生产、经营管理、战略决策过程中的自然、经济和社会信息的收集、存贮、传递、处理、分析和利用的技术,主要包括农业数据库、管理信息系统、地理信息系统、决策支持系统、专家系统、模拟模型系统、计算机网络、遥感系统、全球定位系统、远程通信等。农业信息技术的代表是传感、通讯和计算机技术。传感技术的任务是高精度、高效率、高可靠性地采集各种形式的农业信息;通信技术的任务是高速度、高质量、准确、及时、安全可靠地传递各种信息;计算机技术的任务是通过对输入的数据进行数值和逻辑运算,给出指导农业生产和经营管理的有用信息,为农业发展提供咨询服务和决策支持。

3. 现代农业资源与环境工程技术

包括新能源技术 (太阳能利用和生物能源)、新材料技术 (特种薄膜、灌溉材料)、海洋技术 (海洋牧场、蓝色革命、海水农业) 和空间技术等资源、环境工程技术在农业上的应用。先进制造和化工技术在农业生产和高技术领域中占有重要位置,其主要技术前沿有化成复合肥技术、肥料控释技术、保墒增温高分子聚合物材料技术、全降解农膜技术、工厂化种、养殖技术 (设施农业技术)、大马力小型化和多功能农业机械技术等。具体包含以下几个方面。

（1）农业新能源技术。利用生物给人类提供新能源的技术目前主要有 3 种：热化学转化技术、生物化学转化技术、生物压块成型技术。另外，同位素、核能在辐射育种、同位素示踪技术、农畜产品灭菌保鲜等方面的运用也有重要价值。

（2）设施农业技术。主要指工厂化种植和养殖、计算机农业控制等现代技术设施所装备的专业化生产技术。棚膜栽培、节能日光温室、无土栽培等均属设施农业。它特别适宜于蔬菜、园艺作物的生产和繁殖，能大幅度地提高水、土、热、气的利用率，经济效益、社会效益、生态效益明显。

（3）农业新材料技术。新材料技术的应用，使农业节水栽培技术（包括滴灌、微灌和喷灌技术）得到了较快的发展。另外，可降解的农用地膜对土壤肥力和环保也具有积极的作用。

（4）农业航天技术。1980 年，美国发射了第一颗农业卫星，从而使农业进入了宇航时代。农业卫星从宇宙空间观察全球作物生长、监测病虫害流行、普查土壤及资源、预报农作物的产量等情况，使全球农业从总体上得以控制。主要是利用航天技术将作物种子载入太空，利用太空的真空环境和高辐射使种子遗传物质发生变异，然后在地面上进行选择。

（5）农业海洋技术。目前海洋渔业的生产能力只有可捕获量的 1/10 ~ 1/3，因此，世界上一些发达国家在巩固和发展近海渔场的基础上，纷纷利用先进技术向深海远洋进军，同时积极建立和发展"海洋农场"，使渔业生产从捕捞为主逐步向养殖过渡，使海洋保持生态平衡。

（6）多色农业技术。多色技术主要包括绿、蓝和白色农业技术三大类。绿色农业技术主要是指生态农业技术和可持续发展技术，蓝色农业主要指水产品和水体农业，白色农业主要是指食用微生物产业、食用菌的生产和加工。另外，农业核技术（用于农业育种技术）、现代农业机械化技术（带电脑程序控制）、农产品精加工、保鲜技术等也有了不同程度的发展。

4. 现代农业管理高新技术

指应用现代生产管理和技术经济学原理，采用计算机和现代管理手段，对现代农业企业进行经营管理所采用的先进管理技术（表 6 - 1）。

表 6 - 1   农业高新技术及其应用分类

领域范畴	技术开发层面分类	产业应用层面分类	
农业生物技术	基因工程 细胞工程 酶工程 微生物（发酵工程）	遗传育种 植物快速繁殖 农业生长素生产 畜禽疫苗	转基因育种 动物快速繁殖 生物农药 药用保健食品
农业信息技术	传感技术：遥感技术（RS）、地理信息系统（GIS）、全球定位系统（GPS） 远程通讯技术 计算机网络技术 数据库技术	智能化农业专家系统（AES）的建立 模型模拟的农业决策支持系统（DSS）的建立 计算机网络技术的农业应用 3S 支持下的精确农业（PA）技术开发 农业管理信息系统（MIS）数据库的建立	

（续表）

领域范畴	技术开发层面分类		产业应用层面分类
现代农业资源与环境工程技术	新能源技术	海洋技术	高效水资源利用技术设施（工厂化）农业
	新材料技术	空间技术	田间信息实时采集技术和设备
	环境控制技术	诊断施肥技术	农业环境可控技术动植物产品安全生产技术
	工程管理技术	无疫害生产	农业智能机械和设备无疫害化生产技术体系

（三）农业高新技术的特征

（1）高度的创新性。农业高新技术的创新主要来源于大规模的科研创新。它不只是在原有技术上的积累，而是以现代科技最新成就作为基础，开辟与过去有着本质差别的新的技术途径。因此，农业高新技术是比其他一切农业技术具有更高水平的创新技术，如组培快繁技术等。

（2）高度的综合性。农业高新技术是一门综合性很强的技术，其综合意义表现为数学、化学、生物学、物理学、地学、天文学等基础科学和以系统论、信息论、控制论为主导的系统科学进一步向农业科学技术广泛渗透，社会经济运动过程不断对农业科学技术的发展施加影响。如农业生物工程技术（酶技术）等。

（3）高度的渗透性。由于农业高新技术处于综合性、交叉性较强的技术领域，因而能广泛渗透到传统农业部门，加速传统农业的技术进步，提高农产品质量，促进农产品的品种更新换代。如计算机技术和良种选育技术。

（4）高度的技术、人才聚集。农业高新技术的创新综合性很强，涉及许多学科的理论、工艺和技术。因此，对农业高新技术创新来说，人才与智力是第一位的要素。

（5）高度的资金投入。农业高新技术研究和发展需要先进的研究手段，也需要多学科协同攻关，与之相适应，农业高新技术开发与转化需要有比传统技术更多的资金和技术，以实现其先进性，获得更大的生产效益。如农业生物工程技术研究和开发，必须购置大量先进的仪器设备，安装必要的测试设施，消耗昂贵的进口化学试剂，没有一定的资金投入作保证，农业生物工程技术的研究就难以进行。

（6）高度的增值性。农业高新技术本质上是全新的先进技术，技术成果的创新程度较高，技术含量也高，因此，对农产品的产量、质量和生产效益的提高往往表现出超常规的作用。它可以大幅度增强农产品的功能，显著地提高劳动生产率、资源利用率和经济效益，从而取得巨大的社会效益。

（7）高风险性。农业高新技术一般以探求超前知识研究和高资金投入为前提，其成功率和可开发性及市场前景比较难以把握，加之农业产业的弱质性，故农业高新技术开发与应用具有较大的风险性。

二、农业高新技术转化为生产力的几种模式

1. 农业高新技术开发区的转化模式

这种方式是以地方政府出面组织协调，在农业科研力量较强、技术人才密集、经济

较发达的大中城市郊区和沿海开放地区，划出一定区域，对农业高新技术集中投入、集中开发，形成农业高新技术的开发基地、中试基地、生产基地，带动高新技术产业的发展，并使农业高新技术成果迅速商品化、产业化、国际化。具体做法有：

创办农业高新技术园。由农业科研、教学、生产单位联合创办经济实体。如福建省厦门市农业高新技术园。

建立农业综合开发试验区，引进农业高新技术，进行连片开发，整体提高，如北京市顺义。

建立现代农业示范区。以高效农业、生态农业、特色农业和观光农业为特点的农业示范区。如上海市嘉定区、北京市海淀区的农业示范园建设。

建立农业高新科技小区（科技示范园）。如山东从 1992 年开始，建立了 10 处农业高新技术小区。

2. 科技与经济共生共长的转化模式

这是以计划项目为驱动的农业高新技术转化模式。这种农业科技成果转化模式以"科研单位 + 示范基地 + 成果示范户 + 现场推介会"为主要形式，围绕科技成果的快速转化和应用，要求农业科技成果必须要有明显优势，具备显著的增收效果，才能达到经济有效、快速广泛的转化目标。如黄淮海平原的农业综合开发。

3. "两头洋、中间土"的模式

"公司 + 农户"模式是指围绕一个大宗农产品，引进国内外高新技术，创办专业公司，并在龙头企业的带动下，企业与农户以某种方式签订合约，进行特定形式的合作，形成规模生产，稳定农民收入的模式。如广东顺德建立的各种花卉种苗公司。

4. 院地联营型科技转化模式

即"科研单位 + 企业"的产业化模式，这种模式多用于具有产业化前景的农业高新技术成果的转化，科研单位着重解决农业高新技术的研发，企业提供中试和规模性商品生产的诸生产要素，形成风险共担、利益共享的联合体，实现农业高新技术成果产业化。如中国科学院、中国农业科学院与山东禹城建立的农业科技园。哈尔滨兽医研究所与哈药集团生物制品一厂联合研制 H5N1 亚型禽流感灭活疫苗 2005 年产值超过 1 亿元。

5. 科研、生产、开发、加工、销售一体化的科技转化模式

这种模式的特点是科技成果得以迅速传播转化，农业科技成果推广速度快，成果得到直接应用，每个部分环环紧扣，每个因素不可或缺，农业科技成果联合体成员之间形成紧密关系。这种运作模式适合动植物优良品种、新肥料、新技术和新农药等农业科技成果转化。一般为生产企业或高校校办企业，如虎门金山实业公司、深圳农业科研中心、广州花卉所等。

三、高新技术改造传统农业的方式

（一）高新技术改造传统农业的运行机制

在我国运用高新技术改造传统农业，主要是通过农业高新技术示范项目的实施来进行的，而农业高新技术示范项目的建设和实施，是一个庞大复杂的系统工程，要实现全

面协调的动作，必须有完善的运行机制保障其运行。要使农业高新技术示范项目建设顺利进行，进而对农业的科技示范推广起到应有的作用，就必须建立和健全农业高新技术示范项目的五大运行机制。

1. 农业高新技术示范项目的资金筹措机制

良好的资金筹措机制是保证农业高新技术示范项目得以成功实施和发展的基本前提。农业高新技术示范项目的建设资金一般实行多渠道、多层次的筹集。按投资主体的划分，分为政府项目筹措型、民营筹措型和混合筹措型 3 种。

2. 农业高新技术示范项目的技术依托制度

所谓农业高新技术示范项目的技术依托单位，是指为了搞好农业高新技术示范，农业科研院所和高等院校与示范项目的建设单位，通过签订技术承包合同或协议的方式，建立一种联系紧密、互惠互利、长期合作、稳固可靠的关系，在项目区内，针对不同类型的农业、农村经济发展的技术关键问题到项目区进行技术成果转让、技术承包、技术开发、咨询服务、高新技术成果示范等活动。这样的农业科研单位或高等院校称之为技术依托单位。

根据我国农业科研单位与生产经营单位联合发展的现状，以及目前农业科研成果的转化渠道、种类和途径，把农业高新技术示范项目的技术依托单位分为科技基地依托型、科技企业技术依托型和科技服务依托型 3 种。

3. 农业高新技术示范项目的管理机制

（1）利用高新技术改造传统农业要以市场为导向，以经济效益为中心，以农业高新技术成果为依托，根据农业科技示范项目区的社会经济和技术条件，因地制宜，逐步建立起科学、简明、高效的管理机制。在农业高新技术示范项目区，应逐步建立和健全以下运行机制：科技成果引进、示范的推广机制；技术承包机制；经营机制。

（2）农业高新技术示范项目的经营运作，可以根据当地的实际情况和社会经济条件，采用不同的经营机制（目前一般采用农业企业化经营、承租反包和股份合作制的 3 种模式）。这些经营机制主要有如下运作机制所组成：农业企业化经营机制；承租反包制；股份制经营；利益共享机制；竞争激励机制；完全成本核算机制；吸引人才机制。

（二）高新技术改造传统农业的运行模式

通过对高新技术改造传统农业的运行模式的研究。对高新技术改造传统农业的运行模式的概念界定、模式的特性和影响因素，以及模式构建的基本原则进行界定。结合近些年来我国各地实践，按照不同的农业科技示范类型和农业产业化经营类型进行分类，归纳出 13 种高新技术改造传统农业的运行模式。这 13 种模式分别是：①农业高新技术走廊模式（潍坊模式）；②院地联营模式（唐河模式）；③"公司＋农户"运行模式（温氏模式）；④高效农业开发区运行模式（许昌模式）；⑤工厂化农业开发区运行模式（孙桥模式）；⑥农业企业开发型运行模式（锦绣大地模式）；⑦现代农业可持续发展的示范区模式（张掖模式）；⑧龙头企业带动型运行模式（新兴模式）；⑨外向型高科技农业模式（珠海模式）；⑩工商企业带动型模式（野力模式）；⑪"政府＋企业"的农业示范区运行模式（顺义模式）；⑫"以工补农"运行模式（龙口模式）；⑬"农业企业集团"运行模式（烟台中粮模式）。

（三）高新技术改造传统农业运行模式的影响因素

高新技术改造传统农业的运行模式一旦形成，便在一定时期内具有相对的稳定性。但是这种稳定性不是绝对的，高新技术改造传统农业的运行模式受多种因素的影响和制约，会随着外界环境条件的变化而变化。

1. 农业经济发展水平

农业经济发展依靠科技进步，尤其是高新技术的采用会极大地促进农业经济的发展。反过来，高新技术的研究和应用又会受到农业经济发展水平的影响和制约，建立在不同农业发展水平基础之上的高新技术改造传统农业的运行模式必然呈现出阶段性特征。

2. 农业科技创新水平

农业科技创新是农业技术进步的源泉，农业高新技术成果来源于农业科技创新，农业科技创新水平的高低决定了农业高新技术成果的多少。无论生物技术、育种技术、设施农业技术和农业工程等高新技术应用，还是基因技术、3S 技术和激光技术，进入农业领域都离不开农业科技创新。

3. 农业教育

这里的农业教育包括基础教育、中高等教育、职业教育以及专业人才的培训等。从某种意义上说，一个国家的教育状况反映整个民族的文化素质的高低，直接或间接影响和制约着高新技术转化为现实农业生产力的全过程，同样也影响和制约高新技术改造传统农业的运行模式。

4. 社会经济制度和体制

不同的经济体制和社会制度会影响农业高新技术向现实生产力转化的快慢。在市场体制下，经济体制的完善程度和社会制度环境的优劣，如农业科技管理体制、农业生产组织管理体制、农村产权制度、土地使用制度等，也在不同程度上制约农业高新技术向现实生产力的转化。

5. 宏观政策导向

主要包括农业科技政策以及其他相关的农业产业政策（如价格政策、财政政策、税收政策等），政府的宏观政策影响农业经济发展的方向和重点。比如，政府的农业科技政策会影响农业科技力量在各层次、各环节、各专业的安排和分配比例以及农业科研单位、科技人员积极性、创造性的发挥，而这又会直接影响农民采用高新技术的现实性、可能性和积极性。

6. 宏观经济环境

宏观经济环境主要指宏观经济政策和经济运行机制。宽松的宏观经济环境，应该是有利的宏观经济政策加经济运行的市场机制。在这种宏观经济环境中，高新技术改造传统农业的运行模式必然是以市场为导向的效益型运行模式。

7. 市场环境

这里的市场主要包括农业技术市场、农业要素市场和农产品市场等。农业技术市场的发育程度关系到农业科技供需的衔接以及高新技术成果转化为现实生产力的速度。农业生产要素市场的数量、质量、价格等影响农民采用高新技术成果的规模、成本。农业产品的市场供求、供销、流通等影响到农民采用高新技术的收益。农民采用高新技术成果的经济界限是使用农业高新技术的边际成本等于边际收益，如果超过这一界限，即使技术效果再好的高新技术，农民也会拒绝采用。

四、运用高新技术改造我国传统农业的对策和措施

1. 加强领导，成立全国农业高新技术示范和应用工作委员会

利用高新技术改造传统农业是一项庞大的系统工程。为了便于统筹安排，组织宏观协调工作，建议科技部、农业部牵头。农业高新技术示范和应用工作委员会由科技部、农业部、教育部、林业总局、中国人民银行等有关部门组成，负责组织、协调等具体工作。

农业高新技术示范和应用工作委员会下设专家组，大田种植、蔬菜花卉、畜牧水产、果木林业、水利工程、生物工程、土肥栽培、植保防疫、农业项目投资评估9个分组。编制总体规划，研制定政策，协调各部门之间的合作，加强对全国农业高新技术示范和应用的宏观指导。

2. 制定农业高新技术示范园和示范项目的发展规划

根据农业高新技术的成熟度及今后我国的农业发展趋势，从加速农业高新技术的示范和应用，促进农业产业结构升级和调整的高度出发，制定不同地区农业高新技术示范区和示范项目的发展规划。各地在建立农业高新技术示范项目区时，应选择若干地区作先行一步的试点，以取得经验，确实验证该项目区已有明显的经济效益和社会效益，再考虑逐步推开，以避免盲目攀比，一哄而上造成不必要的经济损失。

3. 明确农业高新技术示范项目建设的指导思想与实施的总体思路

第一，在指导思想上：牢固树立高新技术为实现我国农业综合开发持续发展，农业经济持续发展和农村持续发展服务的思想。注重5个结合：农业与农村经济、农业研究与开发推广、近期与远期、科研院所与项目区、高新技术与常规技术传统技术的有机结合，发挥高新技术组装、技术中试、技术辐射、技术扩散、技术转化的基本功能。

第二，在战略部署上：以科技带企业，以企业带基地，以基地带农户，逐步形成有竞争力的农业科技企业，形成技贸工业一体化的模式，走出国门，跻身国际市场。

第三，在经营模式上：由中央财政、地方财政、实施单位以及企业经营者共同投资，组建产权明晰、职责明确、风险共担、利益分享的股份制企业化经营，创造经济效益，在此基础上逐步扩大，滚动发展。

第四，在开发方向上：按照"农科教、种养加、产供销、农工贸、城乡一体化"的要求，实行多层次、多形式、多元化的优化组合、逐步形成具有中国特色的农业综合开发的产业体系。

第五，在运行步骤上：从简到繁，从易到难，不断探索，继续试点，积累一套农业高新技术示范项目的成熟经验，成功后再进行全面推广，逐步建立高效运行，自我发展

的新机制。

4. 制定长期稳定的科技政策

（1）放宽经营政策。允许项目区的科技企业经营农业技术成果，包括农作物种、种苗、畜禽良种、配合饲料、复合肥料、生物农药、动物疫苗、加工产品、农牧机具等。农业高新技术示范项目区经营技术产品，应当从政策上享受现行的种子公司同等待遇，或与种子公司联营，实行利润分成，以保证项目区有可靠的收入。

（2）在投资、税收、贷款上给予优惠。凡是批准进入农业高新技术示范项目区的企业和外商投资项目，以及农业高新技术引进项目，在工商、税务，金融、外交、海关、商检、人事工资、奖励等方面的政策，必须配套优化，并且优于其他经济特区、经济技术开发区、高新技术产业开发区，才能富有吸引力和保证实施。

（3）放活分配政策。切实贯彻"按劳分配与按资分配相结合，多劳多得，突出重点，兼顾一般"的原则，对于项目区从事科技开发，新产品生产，市场营销等方面的科技人员和管理人员，在分配上给予优惠，拉开档次，对于有突出贡献者应予重奖，要支持一部分科技开发人员，通过正当的劳动致富，并实行先富带后富，走共同富裕之路。

（4）农业高新技术示范项目的建设形式要灵活多样，不拘一格。建设农业高新技术示范项目也应充分考虑不同地区，不同层次的农民对农业科技的多样化需求，本着多渠道建设、多形式开发、全方位辐射的原则，统筹规划，协调布点，灵活运作，不断探索项目区建设的新路子，在鼓励各级政府及农业科技、农技推广等部门带头建设农业高新技术范区的同时，积极引导农村专业合作组织、骨干龙头企业、个体种养大户以及外商独立创办或以资金、设备、技术、信息入股等形式，联合开发农业高新技术示范项目区。

今后农业高新技术示范项目区的运行要逐步建立企业化经营管理的运行机制。项目区农业高新技术企业按"自主经营、自负盈亏、自我发展"的原则组建、管理和经营，并逐步建立"产权清晰、责权明确、政企分开、管理科学"的现代企业制度，不断完善市场导向与技术创新有机结合的、科工贸、科农贸一体的企业经营机制。项目区内农业高科技企业，实行国有和非国有经济成分共存、外资企业和内资企业并举的方针，平等竞争、优势互补、共同发展。

5. 扶持一批以"高、新、外"为特征的高新技术龙头企业，支持民营农业科技（知识）型企业发展

把我国农业科技型龙头企业建设当作重中之重，在发展方向上突出"高、新、外"。即档次高、规模大、围绕主导产业或拳头产品，集信息、生产、加工、贮运、销售于一体，成为产业或产品的主体。采用的技术新，不管新上项目，还是老企业改造，都要注意发展高技术、高层次的企业、外向型，重点扶持面向国际市场，有出口创汇能力的龙头企业。

要优先发展生物工程、农业信息、节水灌溉等辐射和渗透力强的企业。加大对种子、生物农药、生物制剂以及微生物肥料、饲料企业支持力度。扶持民营科技企业的发展，把民营科企业发展纳入我国经济和社会发展总体规划，按照"支持现有的、培育优势、鼓励改制的、吸引外来的，发展新办的"基本原则，因地制宜，进一步加大创新力体系的建立，支持民营科技企业上总量、上规模、上水平。

6. 加快我国农业高新技术产业的风险投资体系建设

建立不同类型的农业高新技术产业化风险的投资基金。一是可以考虑由我国财政部门和银行出资成立我国农业风险投资基金，对农业的技术产业化风险资本市场起引导作用，并成为政策性融资机构。二是由政府，农业科研、教学单位、有关企业、农户共同出资创立地方性农业高新技术产业化风险基金。三是动员和鼓励社会各种基金组织向农业高新技术企业提供融资或投资。四是成立中外合资风险基金。五是在农业高新技术开发区设立风险投资基金。对于部分市场前景看好的农业高新技术项目，可以采用股份制形式，由政府、集体、民营企业、金融机构、居民、农户共同入股，组成股份公司，共担风险。

7. 尽快建立农业科技示范区项目管理信息系统

农业高新技术示范区信息系统建设主要应抓好农业科技信息、农业生产资料产品市场信息、农产品供求及其价格信息和农业政策法规等子系统的培育以及因特网的信息网络、农业信息服务机构的建设，特别是重视国际国内互联网建设，加强农业高新技术示范区与国内外的交流与联系。

8. 走产学研一体化的道路，鼓励农业科研院所积极参与农业高新技术示范项目的建设

要建立双向科技人才兼职制度，加强农业科研院所与农业高新技术示范区的智力和信息交流。科研院所和高等学校的科研人员可利用业余时间到农业高新技术示范项目区兼职，从事技术开发和创新活动，把过去的个人渠道变为公开渠道。科研院所领导应支持这项活动，并加强管理工作，这有利于加强产学研合作和技术转移。

9. 培养农业的技术人才，提高农业高新技术示范区的整体素质

培养农业高新技术示范项目人才应采用多渠道培育方式，如利用现有的农业大专院校为农业高新技术示范区培养生物技术、设施农业、农业工程等方面的技术人才，还可以通过多种途径培养农业高新技术示范区急需的经营管理人才。各级党校、行政管理学院、农业大专院校、电大、函授大学都可以开设有关专业，实行脱产、半脱产或业余学习，为农业高新技术示范区培养一批既有理论知识，又有实践经验的农业企业经营管理人才。还可以通过农校、电视中专、绿色证书培训等形式，造就一批有文化、有知识、懂技术、懂生产的新农民。

第二节　高新技术在现代农业上的应用

一、农业工厂化技术的应用

(一) 农业工厂化技术概念

工厂化农业是指综合运用现代高科技、新设备、新材料和新管理方法发展起来的一种全面机械化、自动化的技术（资金）高度密集型生产，能够人工创造可控环境条件下连续作业，实现集约高效可持续发展的现代化农业生产方式，它是集成现代化生物技

术、农业工程、农用新材料等学科，以现代化农业、先进设施为依托，科技含量高，产品附加值、土地生产率和劳动生产率高的现代农业。

工厂化农业技术在发达国家广泛应用于蔬菜、花卉、养猪、养禽、养鱼等农业生产领域，并产生了高效率、高产值、高效益。工厂化农业技术主要包括工厂化农业设施与控制技术、工厂化育苗技术、工厂化栽培技术、工厂化产后加工技术、工厂化专用品种等几个方面。

（二）工厂化育苗技术

1. 无土育苗技术

以草炭或森林腐叶土、蛭石等轻质材料做育苗基质，采用机械化精量播种，一次成苗的现代化育苗体系。

（1）优点。工厂化育苗与传统育苗相比，具有以下优点：①节省能源与资源。以工厂化育苗中的穴盘育苗为例，与传统的营养体育苗相比较，育苗效率由 100 株/m² 提高到 500 ~ 1 000 株/m²。工厂化育苗多由专业种苗公司经营，实现了种苗的规模化生产，较传统的分散育苗节省电能 2/3 以上，北方地区冬季育苗节约能源 70% 以上，劳动力成本可降低 90%，显著降低了育苗成本。②提高种苗生产效率。工厂化育苗采用精量播种技术，每小时可播种 700 ~ 1 000 盘，育苗周期较传统的育苗时间大为缩短，大幅度提高了育苗生产效率。育苗实现 1 穴 1 粒，可节省种子用量，降低用种成本。③提高秧苗素质。工厂化育苗通过采用育苗标准环境控制技术、施肥灌溉技术等先进技术，可实现种苗的标准化生产，育出的幼苗生长整齐一致。采用一次成苗技术，幼苗根系发达并与基质紧密黏着，定植时不伤根系，容易成活，缓苗快，秧苗的素质和商品性得到提高，同时缩短成苗苗龄，根系活力强，为高产栽培奠定基础。④商品种苗适于长距离运输。工厂化育苗多采用轻型基质进行育苗，成苗后幼苗的质量轻，适合长距离运输，对于实现种苗的集约化生产、规模化经营十分有利。⑤适合机械化移栽。国外已经开发出与不同的穴盘规格相适应的机械化移栽机，实现了从种苗生产到田间移栽的全过程机械化。

（2）育苗主要工作流程。种子（消毒、浸种催芽）→配制基质→装盘压坑→播种覆土→浇水上架催苗→定期定量浇灌清水和营养液→间苗及补苗→培苗（按照苗期管理要求进行管理）。

2. 植物组培快速繁殖技术和脱毒技术

（1）快繁技术优点。①繁殖速度快。每一兰花茎尖约在 2 个月内可形成 3 ~ 5 个原球茎；每个原球茎再切成 4 ~ 6 块，再培养，1 个月内每块又产生 3 ~ 5 个原球茎；一个不足 1mm 长的茎尖，在一年中可以繁育出几百万个植株。澳大利亚在试管内培育出 49 天开花的玫瑰；12 个月即可结果的荔枝（一般需 7 年才能成熟）。日本研究出一种培育水稻秧苗的新技术，1L 培养液可获得 5 000 个发芽体。日本快繁人参，经过 36 天后重量可增加 24 倍。②适用范围广。快繁技术适用性极广，可以在蔬菜、水果及一些大田作物中广泛应用。如马铃薯、甘薯等无性繁殖作物及苹果、柑橘、香蕉、葡萄、荔枝、龙眼、猕猴桃、枇杷等果树上均已采用快繁技术繁育种苗。③有利于实现种苗无毒化，防止种性退化，提高产量，改善品质。一些长期依靠无性繁殖方式繁育的作物，很容易感染并积累病毒，使产量、品质受到严重影响。但植物茎尖不会被病毒浸染，因此利用茎尖组培快繁，结合其他脱毒技术，可获得脱毒苗，明显改善产品品质、提高产量。如马铃薯采用此技术，可增产 50% 以上；大蒜增产 1 倍以上。④有利于实现种苗生产工厂化。种苗快繁是在无菌条件下通过组织培养实现的，整个过程在可调控的人工环境中进行，不受外界环境条件的制约，因此可实现工厂化生产，促进知识密集型产业的形成和发展。

（2）种苗快繁生产步骤。一般分 4 个阶段进行：确定适宜培养基→植物芽增殖，获得无根试管苗条→移至新培养基诱导生根，获得试管小植株→试管小植株长到一定程度后，移温室或其他保护地中炼苗，获得商品苗。

（3）脱毒种苗生产。具有生产无毒苗、繁殖速度快、利于保持种性及利于工厂化生产等的优点。步骤：选择生长繁茂、感染轻的健壮植株，获取茎尖→组织培养获得脱毒试管苗→病毒和纯度检测→脱毒苗工厂化快速繁殖。

（三）无土栽培技术

无土栽培技术是一种不用土壤做基质，而是使用营养液的栽培技术。无土栽培就是将作物栽培在盛有营养液的栽培装置中，或者栽培在充满营养液的沙、砾石、蛭石、珍珠岩、岩棉等非天然土壤基质材料做成的栽培床上，因其不用土壤，所以称为无土栽培。无土栽培还叫做营养液栽培、水培、水耕栽培技术。

1. 无土栽培技术的优越性

（1）无土栽培的作物生长速度快，产量高。一般作物产量都要高出传统土壤栽培 1 倍以上；通过立体无土栽培，产量可比土壤栽培高 3 倍以上。

（2）无土栽培可以生产清洁卫生、少污染、无公害、高品质的产品。无土栽培因其不使用有机肥、病害少，不喷洒农药，减少了污染，可以达到无公害或绿色食品的标准。

（3）无土栽培省工、节水、省肥。因为减少了田间管理环节，并且可以实现自动化控制，所以生产率大大提高。

（4）应用无土栽培技术可以避免连作障碍。

（5）无土栽培不受地区、土壤等外界环境限制，可在楼房顶部、沙漠、盐碱地、滩涂、土壤严重污染地区使用。

2. 无土栽培技术类型

（1）水培。水培是指植物根系直接与营养液接触，不用基质的栽培方法。目前主要是营养液膜栽培技术（NFT）。包括供液池、供液管道、供液水泵和栽培床等。此方法栽培植物直接从溶液中吸取营养，须根发达。

（2）雾（气）培。又称气增或雾气培。它是将营养液压缩成气雾状而直接喷到作物的根系上，根系悬挂于容器的空间内部。此方法设备费用太高，未进行大面积生产。

（3）基质栽培。基质栽培是无土栽培中推广面积最大的一种方式。它是将作物的根系固定在有机或无机的基质中，通过滴灌或细流灌溉的方法，供给作物营养液。栽培基质可以装入塑料袋内，或铺于栽培沟或槽内。基质栽培的营养液是不循环的，称为开路系统，这可以避免病害通过营养液的循环而传播。生产上可根据实际情况选用沙、岩棉、石砾、泥炭、锯木屑、蛭石等作为基质。

3. 无土栽培应用领域

（1）用于反季节和高档园艺产品的生产。当前多数国家用无土栽培生产洁净、优质、高档、新鲜、高产的蔬菜产品，多用于反季节和长季节栽培。另外，无土栽培也可用于花卉上，多用于栽培切花、盆花用的草本和木本花卉，其花朵较大、花色鲜艳、花期长、香味浓，尤其是家庭、宾馆等场所无土栽培盆花深受欢迎。另外草本药用植物无土栽培和食用菌无土栽培，同样效果良好。

（2）在沙漠、荒滩、礁石岛、盐碱地等进行作物生产。在沙滩薄地、盐碱地、沙漠、礁石岛、南北极等不适宜进行土壤栽培的不毛之地可利用无土栽培大面积生产蔬菜和花卉，具有良好的效果。在我国直接关系到国土安全和经济安全，意义重大。

（3）在家庭中应用。采用无土栽培在自家的庭院、阳台和屋顶来种花、种菜，既有娱乐性，又有一定的观赏和食用价值，便于操作、洁净卫生，可美化环境。

（4）太空农业上的应用。无土栽培技术在航天农业上的研究与应用正发挥着重要的作用，如美国肯尼迪宇航中心对用无土栽培生产宇航员在太空中所需食物做了大量研究与应用工作，有些粮食作物、蔬菜作物的栽培已获成功，并取得了很好的效果。

二、生物技术在农业上的应用

（一）生物技术的内涵及技术体系

1. 生物技术的概念

利用生物有机体（从微生物到高等动植物）或其组成部分（包括器官、组织、细胞或细胞器）发展新产品或新工艺的一种技术体系。应用生物技术可以培育出优质、高产、抗病虫、抗逆的农作物以及畜禽、鱼类等新品种；可以进行再生能源的利用解决能源短缺问题；可以扩大食饲料、药品等来源，满足人类日益增长的需要；可以进行无废物的良性循环，减少环境污染，充分利用各种资源等。因而，生物技术在农业中的应用日益发展。

2. 生物技术的基本特征

高水平：生物技术具有先进性，是知识、技术密集型产业，处于分子水平和新技术的前沿。

高综合：跨学科专业（植物学、动物学、遗传学、生理学、生物医学等），位于多学科发展的交叉点上，涉及行业多、范围广。

高投入：与其他技术相比，在资金、人员、设备、试剂及研发上投资大。

高竞争：各国、各行业、各单位之间，在技术、时效性、知识及人才上竞争激烈。

高风险：生物技术存在高投入、高竞争等特点，研究与运用具有较高的风险性。

高效益：应用性强，产品易于商品化。

高智力：具有创新性和突破性，可按照人类需要定向改变和创造生物的遗传特性，要求在人才、计划、设计、工艺和产品上要与众不同，这就需要高智力人员的聚集。

高控性：采用工程手段，易自动化、程控化和连续化生产。

低污染：生物技术以生物资源为研究对象，生物资源具有再生性，具有不受限制、污染小、周期短的优点。

3. 技术体系

现代生物技术一般包括基因工程、细胞工程、酶工程、发酵工程、蛋白质工程等。20世纪末，随着计算生物学、化学生物学与合成生物学的兴起，发展了系统生物学的生物技术，即系统生物技术（Systems biotechnology），包括生物信息技术、纳米生物技术与合成生物技术等。

（1）基因工程。是指在分子水平上在生物体外，用人工方法将两种生物的遗传物质重新组成一体，定向产生符合人类需要的新型生物物种、类型的技术。而人为地进行遗传物质（DNA或RNA）的重组，就是基因操作或DNA重组技术或分子水平杂交技术。

基因工程工序：制备（分离或合成）目的基因→体外DNA重组（载体DNA与目的基因连接）→基因转移（重组DNA杂合子转移至受体细胞，实现表达）→筛选（区分已转化或未转化受体细胞）。

（2）细胞工程。指在细胞和亚细胞水平上的遗传操作（即细胞融合、核质移植、染色体或基因移植），以及组织和细胞培养等方法，将一种生物细胞中携带的全套遗传信息的基因或染色体整个地转入到另一种生物细胞中，快速繁殖和培养人们需要的新物种的技术。

主要技术内容：①细胞融合（体细胞杂交）；②细胞组分移植（亚细胞水平上的操作）；③组织培养（试管苗快繁、人工种子生产）；④器官培养；⑤胚胎工程。

优点：①实现远缘杂交；②可避免种子繁殖时发生的后代变异；③繁殖快；④可获得无毒苗。

（3）酶工程。指用人工的方法对酶进行分离、提纯、固化以及加工改造，使其能够充分发挥快速、高效、特异的催化功能，更好地为人类生产出各种有用的产品，或促进某些生化反应过程的进行，达到所需要的目的技术体系。

主要开发研究领域：①开发生产各种生物催化剂，包括按工程设计合成某种新型酶；②研究解决各种酶的分离、提纯技术、生物酶或含酶细胞（组织）的固定化技术、利用固定化酶或细胞进行生产、催化反应等的应用技术；③根据化工生产、临床诊断、环境检测等实际需要与计算机技术结合，研究开发新型的生物反应器、生物传感器、生物芯片等现代生物电子器件；④改造酶结构、改变酶特性。

（4）发酵工程。采用现代工程技术手段，利用生物（主要是微生物）的某些生理功能，为人类生产有用的生物产品，或直接利用微生物参与和控制某些工业生产过程的一种新技术。也称微生物工程。

工艺过程：发酵原料预处理→发酵过程准备→发酵→产品的分离与纯化。

（5）蛋白质工程。在基因工程基础上，结合蛋白质结晶学、计算机辅助设计和蛋白质化学等多学科的基础知识，通过对基因的人工定向改造等手段，从而达到对蛋白质进行修饰、改造、拼接以产生能满足人类需要的新型蛋白质。

工艺过程：蛋白质中氨基酸的测序（测定和预测蛋白质的空间结构）→建立蛋白质的空间结构模型→提出对蛋白质的加工和改造的设想→获得需要的新蛋白质的基因（通过基因定位突变和其他方法）→蛋白质合成。

（二）农业生物技术在中国现代农业建设中的作用

1. 促进农业产业结构调整

现代生物技术因其在农业种质资源中的创造作用符合产业结构深度调整"求新"、"求特"的市场要求，已成为农业产业结构调整的方向。利用现代农业生物技术，有利于丰富农产品的数量，提高农产品的质量，使传统农业向高产、优质、低耗、高效型现代农业进行转变。

2. 促进农民增收

生物技术产业投资少、产品市场大、附加值高、经济效益和社会效益显著，大力发展农业生物技术，将会增加农民收入，促进"三农"问题的解决。

3. 保障中国粮食安全需求

利用细胞工程、基因工程等技术可改良作物品种，大幅度提高作物的产量和质量，缓解耕地日益减少与粮食需求增加的矛盾。另外一方面，通过微生物发酵工程和酶工程生产单细胞蛋白、菌体蛋白等供人类食用，降低了对口粮的直接消费，利用微生物发酵及其他现代生物技术把农作物秸秆、农副产品下脚料等转化成饲料，减少饲料用粮。

4. 改善农业生态环境和保障农业可持续发展

通过利用生物技术改良培育动植物新品种，加紧对毁灭性病虫害、人畜共患烈性传染病的预防的研究，建立了良好的节约资源、保护环境农业生态安全技术体系。

5. 有利于增强中国农业国际竞争力

发展农业生物技术，开发农业新产品，扩大出口贸易，减少农业化学残留，降低生产成本，能提高中国农产品国际竞争力。

6. 有利于解决中国能源短缺问题

利用农业生物技术开发多年生和一年生植物及藻类开发"绿色能源"，生产酒精和生物柴油等生物质能，代替煤和石油产品，将有利于缓解能源压力。另外，生物技术是以可再生的生物资源为主要原料，充分利用工农业废料生产生物质能源（植物纤维生产酒精、秸秆生产沼气和氢气、提炼高油植物油分代替汽油等），不仅可节省大量的能源，而且可杜绝或大幅度减少对环境的污染。

（三）我国农业生物技术的研究与发展

1. 重要农艺性状基因的克隆及功能研究

建成了包括水稻、小麦在内的主要作物遗传资源收集和研究中心，收集鉴定和创造了一大批具有特殊抗性的遗传资源；建立了一些病害和逆境抗性的筛选与鉴定体系；已开展了一定规模的抗性基因分子遗传研究，获得了包括小麦抗白粉病基因、水稻抗白叶枯病和稻瘟病基因等的分子标记；获得了一些主要功能基因。

2. 生物技术育种

转基因植物 180 种，有 6 种进入商品化阶段。转基因抗虫棉已进入商品化生产阶段，转基因抗虫水稻和玉米已进入环境释放阶段，国产转基因棉花种植面积达 188 万 hm^2，使我国成为世界第五大转基因作物种植国家。利用植物细胞工程和染色体工程技术已育成了小偃 6 号小麦、京花 1 号小麦、中花号水稻等一批重要品种。利用核辐射诱变技术在 40 种植物上诱变育成 513 个品种。利用空间技术育成了高产、优质、多抗的水稻、小麦、青椒等新品系。

3. 动物克隆及转基因动物技术

先后用胚胎细胞克隆牛、羊、猪、兔等动物获得成功，还成功地获得了转基因鱼、小鼠、猪、牛、羊等动物。我国还培育出了乳腺中能表达人血清白蛋白的转基因牛和乳腺中能表达凝血因子的转基因羊。在异种动物克隆研究方面，我国已得到克隆大熊猫胚胎。

4. 重组生物制剂

有 10 余株转基因固氮微生物处于安全性评价和田间示范阶段。

（四）生物技术的应用领域

1. 生物技术在农作物上的应用

（1）培育新品种。培育特性生产性能（高产、优质、高抗逆性）的作物以及牧草品种。

第一代转基因农作物。①大田作物：玉米、大豆、油菜、棉花、小麦、黑麦、甜菜、向日葵、甘薯、烟草、亚麻；②果树蔬菜：苹果、杏、梨、胡桃、草莓、番茄、芦笋、白菜、胡萝卜、芹菜、花椰菜、黄瓜、茄子、辣根、生菜、香瓜、豌豆、番木瓜、马铃薯、苜蓿；③林木：白杨、云杉；④花卉中药：康乃馨、菊花、毛地黄、莲花、牵牛花、鸭茅草、甘草、郁金香等。

目前，商业化的主要转基因作物，玉米：抗鳞翅目昆虫（BT），抗农达（RR，RoundupReady，广谱性除草剂），抗根虫，耐根际缺氧，耐水分胁迫；棉花：抗鳞翅目昆虫（BT），抗农达（RR）；大豆：抗农达（RR），耐重金属；油菜：抗农达（RR）；小麦：抗农达（RR）；番茄：保鲜；杨树：抗虫；水稻：耐根际缺氧，耐水分胁迫；马铃薯：耐低温。

第二代转基因农作物。①大豆：高油酸大豆、改良型动物饲料大豆（蛋白质和氨基酸的含量高）、改良型食品级大豆（具良好食用品质，如：高含糖量大豆，其特点是口感好，易消化）；②油菜：高月桂酸油菜（榨取的植物油中月桂酸含量达 40%，可取代从椰子和棕榈提取的月桂酸）、高硬脂酸油菜（高含量硬脂酸菜油无需氢化，室温呈固体状。特别适合加工无法使用液体油的烘烤食品、人造奶油、糖果和蜜饯类食品）、高油分油菜等；③低植酸玉米（饲用能提高磷的有效利用率）；④新型转基因棉：彩色棉、高强度棉、防皱棉和防火棉等。

（2）人工种子。人工种子是指将植物离体培养中产生的胚状体（主要是指体细胞胚）包裹在含有养分和具有保护功能的物质中形成的、并在适宜条件下能够发芽出苗的颗粒体。

人工种子的优点：①繁殖速度快；②能获得整齐一致的植物苗，利于规范化、标准化和机械化管理；③可缩短育种周期，加速良种繁育速度；④可较好地控制作物的生长发育和增强其抗逆性；⑤便于贮藏和运输，适合机械化播种；⑥节省粮食。

人工种子生产技术流程：

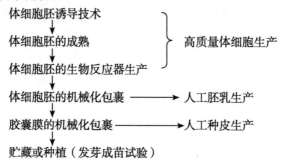

（3）现代生物农药。微生物农药、生物化学农药、转基因农药及天敌生物农药等具有对人畜安全、不破坏生态平衡、害虫不易产生抗性等优点，受到广泛研究。目前用于防治作物害虫的主要微生物制剂包括细菌制剂、真菌制剂及病毒制剂等。苏云金芽孢杆菌是当前国内外研究最多、应用最广泛的杀虫细菌，在防治玉米螟、水稻螟虫、棉铃虫等方面有了突破性进展。

2. 生物技术在肥料上的应用

通过生物技术，研究生物固氮肥料，减少化肥投入，缓解环境污染。目前生产的生物肥料主要有：①根瘤菌肥料类：能在豆科作物根上形成根瘤，同化空气中的氮气，供应豆科植物的氮素营养；②固氮菌肥料类：能在土壤和很多作物的根际中同化空气中的氮气，供应作物氮素营养，又能分泌生长素刺激作物生长；③磷、钾细菌肥料类：能把土壤中难溶性磷、钾转化为作物可以吸收利用的有效磷、钾，改善作物磷、钾素营养；④复合菌肥料类：含有两种以上的有益活微生物，互相不抗拮并能提高某种或某几种作物的营养元素供应水平；⑤有机、无机和微生物复合肥料类：提供土壤有机质，无机化学养料以及有益活的微生物菌体；⑥转化有机物质菌肥料类：将有机物质转化为作物容易吸收利用的营养物质；⑦抗生菌肥料类：具有肥效作用，防治作物病虫害和刺激植物生长；⑧催腐制剂和酵素菌制剂：能快速堆腐秸秆，增加土壤有机质含量，改良土壤、培肥地力。

3. 生物技术在畜牧业上应用

（1）家畜基因工程育种。通过各种现代生物技术的综合运用，结合传统的育种方法，可大大加快育种进展，可使选种的准确性提高，育种速度加快，经济性状和生产性状能进一步提高，家畜的经济用途更加宽广。由于转基因技术能够使动物品种间的基因进行交流，生物界将会更加丰富多彩。

（2）家畜胚胎工程。应用胚胎移植技术可以充分挖掘优良母畜的繁殖能力，加快家畜品种改良的速度。目前，胚胎移植技术已经成功地应用于奶牛和肉牛，鲜胚的移植成功率已经达到70%，全世界每年都有大量胚胎移植牛犊出生。我国动物胚胎移植工程技术发展很快，新鲜胚胎已在牛、羊、猪等家畜上移植成功。冷冻胚胎移植技术用于牛、绵羊、山羊和家兔等，已经开始实现产业化经营。

（3）在饲料工业中的应用。①酶制剂：目前能生产的酶制剂有80多种，用于饲料添加能明显促进动物的生产性能、减少环境污染；②甘露寡糖：具有刺激阻断病原菌定植，提供病原菌不能利用的营养素的作用。饲料中添加甘露寡糖可减轻病原菌对幼畜禽的危害，避免因控制肠道病原菌而大量加抗生素和抗微生物剂量的矿物质（如氧化锌和硫酸铜等）；③氨基酸微量元素螯合物：它在通过胃部的酸性环境能得到较好的保护而达到肠道的吸收部位，从而不顾干扰物质的存在而提高矿物质的吸收率。

（4）在畜禽疾病防治上的应用。畜禽疾病检疫诊断：核酸探针技术应用在兽医微生物学的基础研究和兽医传染病的诊断，此法敏感而又经济，且可在短时间内得出结果，几乎所有的动物病毒都有用核酸探针技术的检验报道。

（5）生产畜禽基因工程疫苗。基因工程可以生产无致病性的、稳定的细菌疫苗或病毒疫苗（多价或多联疫苗），同时还能生产与自然型病原相区分的疫苗，生产成本低、工艺简单，且多联苗还可克服不同病毒弱毒苗间产生的干扰现象，故是目前疫苗研发的重点。

三、信息技术在农业上的应用

（一）农业信息技术概述

1．相关概念

信息技术（Information technology，IT）：是人类开发和利用信息资源的所有手段的总和，即指获取、处理、传递、存储、使用信息的技术。它集通讯（Communication）、计算机（Computer）和控制（Control）技术于一体（国外又称之为"3C"技术），其内容包括四大技术，如图6－1所示。

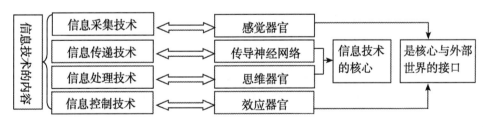

图6－1　信息技术组成

信息技术的四大内容中，信息传递技术和信息处理技术是整个信息技术的核心，而信息采集技术、信息控制技术是核心与外部世界的接口，四者构成一个完整的功能体系，并与人的信息器官及其功能系统相对应。其内容互相综合，已形成多项应用开发技术，如数据库技术、人工智能、专家系统、遥感技术、地理信息系统、全球定位系统、计算机辅助决策系统、自动控制技术、多媒体技术、计算机网络技术等。

农业信息化：是通过信息、技术等的大量注入，使农业基础设施装备现代化，农业技术操作自动化，农业经营管理信息网络化。农业信息及时、准确地传达到生产者手中，实现农业生产、管理、农产品营销电子化，加速传统农业改造、升级，大幅度提高农业生产效率、管理和经营决策水平。它的实现将彻底改变传统农业时空变异大、可控性差、稳定性和定量化程度低的局面，提高农业产业化整体性、系统性和调控性，使农业生产在机械化基础上实现集约化、自动化和智能化，促进农业产业和农村经济的飞跃发展。

农业信息技术（Agriculture information technology，AIT）：是指利用信息技术对农业生产、经营管理、战略决策过程中的自然、经济和社会信息进行采集、存储、传递、处理和分析，为农业研究者、生产者、经营者和管理者提供资料查询、技术咨询、辅助决策和自动调控等多项服务的技术的总称。它是信息技术和农业技术发展相结合的边缘交叉学科，是信息技术在农业领域的应用分支，是利用现代高新技术改造传统农业的重要途径。

农业信息技术是传感器、计算机和通信技术在农业上的综合应用，其内容主要包括：农业数据库与管理信息系统、地理信息系统、农业遥感监测、全球定位系统、农业决策支持系统、农业专家系统、作物模拟模型、农业信息网络、农业智能控制技术等。目前，在农业中应用的比较广泛的有农业信息数据库、农业专家系统、作物模拟模型及其集成系统精确农业技术体系等。

2. 农业信息技术的作用

（1）实现农业自动化生产。通过作物生产的计算机管理系统，可实现生长环境、肥水措施与病虫害预报和防治的自动化管理，大大提高了生产效率。

（2）实现对自然环境的实时监测。指导农业生产、管理，最大限度避免自然灾害对农业造成的损失。

（3）提高对农业和农村经济发展的政策决策水平。实现科学化管理。

（4）科学指导农业生产。增加农副产品产量，提高农产品质量，降低农业生产成本，提高经济效益。

（5）推动农业科学技术的研究与发展。信息技术能提升科研信息获取的速度和广度，并丰富科学实验工具的种类和性能，提高科学数据的获取和处理能力，推动农业科研手段的变革，使得农业科研效率大大提高。

（6）加快农业科技信息传播和合理利用。提高农业生产水平。

3. 农业信息技术体系

从农业信息的传输周期上看，农业信息技术包括信息采集技术、信息处理技术、信息模拟技术，以及信息传输技术和信息存储技术（支撑技术）。农业信息技术的发展离不开现代计算机的支持，它是农业信息技术体系的基础开发环境。

信息采集技术包括航空航天遥感技术、全球定位技术和地面各类调查和自动检测技术，包括现在应用于精准农业中的田间快速测定技术。信息处理技术主要包括地理信息技术提供的空间分析技术、人工智能技术和各类专业模型技术，这些技术是用来对各类信息进行分析和再加工的。信息模拟技术主要包括模拟模型技术、虚拟现实技术和一些辅助表达技术（如多媒体技术等），这些技术是建立类似"虚拟农场"、"虚拟作物"、"虚拟温室"等情境的，对作物生长或农业生产管理进行模拟再现。

　　农业信息技术体系中的两大关键支撑技术是信息传输技术和信息存储技术，好比工业生产线中的"传输带"和"物流配送库"，将农业信息技术整合成一个信息流的分析处理流程。农业信息技术体系框架如图 6 - 2 所示。

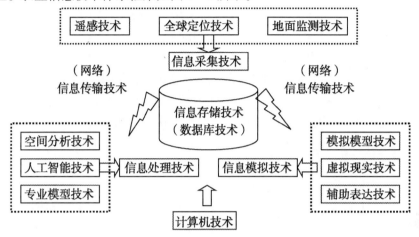

图 6 - 2　农业信息技术体系框架图

（二）信息技术在农业上的功能

1. 建立农产品价格预警系统，提高抗风险能力

　　农产品市场问题直接关系到农民收入和地方经济的发展。为了使农产品销路畅通、供销协调，建立以计算机联网为基础的农产品市场信息网络，设立农副产品供求采集点，由各级政府信息网站组织专家定期采集信息，分析汇总，形成农副产品价格预警系统，通过该系统向农民及时发布预警信息。农民收到此信息后，及时调整种、养行为，采集点立即将其种、养行为反馈到当地的政府网上，向全社会公布。这种价格预警体系可正确引导农民根据市场需求确定种植、养殖方向及规模，适应市场变化，增强农民抵抗价格风险的能力。

2. 组建农业专家系统，提高生产能力

　　农业生产环境，特别是气象、水文、土壤与病虫害发生情况经常变化，农业生产常因这些变化了解不及时，掌握不准确或不能采取正确措施而造成重大损失。通过应用全球卫星定位技术（GPS）、遥感技术（RS）、地理信息技术（GIS）、计算机自动控制技术等，采集、处理、分析土、水、气等因素，研究不同土壤类型、不同栽培方式、不同作物的需水、需肥规律，建立施肥、灌溉、植物保护、栽培管理、品种选育等农业专家系统，家畜饲养管理专家系统，农产品保鲜及加工运输等专家系统，提出经济、合理的施肥、灌溉、病虫害防治等最佳方案和标准化饲养管理规程，降低农业投入成本，提高农业生产能力。

3. 建立农业科技教育服务系统，提高农民素质

　　我国各地的农业科技成果很多，由于信息交流不畅，农业生产迫切需要的一些实用

技术欲求无门,形成了农业科研与生产活动相互脱节、割裂的局面。因此,建立全国性的农业科技信息网络,可加速农业科研和生产活动的信息沟通,加快农业新技术、新成果的交流和扩散。同时农业教育将呈现新的面貌,农民、农技员可以在家中、在当地的农技站或农业学校,通过计算机、多媒体学习各种农业知识。建立农业教育信息服务系统,将大大加快农业知识传播和农业科学技术的普及,提高农业科技在农业增产中的贡献份额。

4. 建立农业资源、生态环境信息网络,提高利用率

土壤、大气、水等都是农业的资源与环境。我国的农业资源与环境,从南到北差别较大,耕地面积、水资源及农业环境的污染情况等随着时间的变化而变化。通过先进的信息技术,建立农业资源与生态环境信息网络,准确、及时地了解农业资源的开发与利用情况、农业生态环境的变化,以便政府及时制定相应的政策与措施。

（三）信息技术体系在农业上的应用

1. "3S" 技术的应用

（1）遥感。①农业资源调查与检测。要按技术能快速准确地获取研究区域内农业资源的遥感图像、图片,提供大量其他常规手段难以得到的资源信息,经判读解译、能够分类处理,提取各类专题信息,从中获取农作物的分布状况、生长状况和受灾情况等,测定植物的成活率、土壤肥沃程度等。②农作物估产与长势检测。农作物长势检测是一个动态过程,利用遥感多时相影像信息,能够宏观反映出农作物生长发育的规律特征。在实践中,结合相关资料,判读解译遥感影像信息,结合地理信息技术对各种数据信息进行空间分析,识别作物类型,统计算出播种面积,分析作物生长过程中自身态势和生长环境变化,以及估算产量。③农业灾害预警及应急反应。借助于遥感技术的动态减产优势功能,利用地理信息系统技术,建成各类灾害预警信息系统,可以有效地应用于诸如洪涝灾害、旱灾、农业面源污染和作物病虫害等灾前预测预报、灾中灾情演变趋势模拟和灾情动态监测、灾后灾情损失估算和组织救灾等,为防灾、抗灾、救灾的预警及应急措施及时提供准确决策信息。

（2）地理信息系统。①农业资源清查与核算。利用地理信息系统技术强大的图形分析与制作功能,编绘出所需的各种资源要素图件,如土地利用现状图、植被分布图、地形地貌图、水系图、气候图、交通规划图以及一系列社会经济指标统计图等专题信息图,据此可进行多种题图的重叠而获得综合信息。同时,利用遥感技术对农业资源质和量的变化进行动态监测,及时更新基础数据库,调整各种图件。②农业资源管理与决策。实现农业资源的永续利用是农业可持续发展的要求。实现这一目标,首先必须科学地评价区域农业资源信息。在资源清查和动态监测的基础上,借助资源分析与评价模型,基于地理信息系统强大的数据管理与空间分析功能,即可对具有时空变化特点的农业资源进行存量和价值量的测算,进行资源现状、潜力和质量的客观评估。设计组合农、林、牧、副、渔各业,农业资源优化配置,水土流失监测及提供智力决策,为科学利用和管理农业资源提供强有力的决策依据。③农业区划。通过构建区划模型,在地理信息系统中进行不同区划方案空间过程的动态模拟与评价,编绘出综合评价图、区划

图，直观地、量化地再现不同区划方案的行为结果和时空效果，为决策者提供可靠的决策依据。④农业环境监测管理。利用遥感与地理信息系统技术，能够对农业资源环境质量的变化进行动态监测，及时发现情况进行预警；建立农业资源环境空间数据库，管理、分析和处理海量环境数据，模拟区域农业资源环境污染演变状况及发展趋势；提供多种形象直观的表达方式。

（3）全球定位系统。①空间变量信息采集与定位；②农田面积与周边测量；③引导农机作业。

2. 智能分析技术

智能分析技术是将农业产前、产中、产后过程中现有的数据转化为知识，帮助农业或农业企业、涉农政府部门作出科学决策的工具。属于该类技术的决策支持系统、专家系统等已经得到了广泛应用。

（1）资源高效利用决策领域。利用专家系统，进行资源开发、土地适宜性评价、盐碱草地诊断改良、生态农业投资、农业资源高效利用模式优化与技术系统集成、盐碱地治理、耕作制度评价和优化。

（2）作物病虫草害诊断决策领域。建立病虫害诊断（水稻、玉米、棉花、热带作物、苹果、梨、龙眼、蔬菜等）杂草鉴别、农药处方、植物检疫等专家系统。

（3）灌溉决策领域。建立面向集成用户使用的节水灌溉专家系统，在气象参数、土壤类型、作物种类及土壤含水量等数据收集的基础上，系统提供灌溉类型、灌溉时间、系统布置、经济核算等，指导农户实施科学决策灌溉。

（4）作物栽培管理决策领域。建立了玉米、小麦、棉花、水稻、月季、甘蔗、温室黄瓜等作物栽培管理决策系统，可实现品种选择、播前决策、生育期管理决策、收获期决策、产后决策等，并可实现苗情诊断、生育预测等。

（5）水产养殖管理决策。建立了智能水产养殖信息系统，实现了养殖预测、决策支持、信息咨询、技术推广等功能。

（6）畜牧疾病及营养诊断和养殖管理决策。针对牲畜饲养过程中的营养配方和常见疾病进行诊断与决策。

3. 智能控制技术

智能控制技术，主要用来解决那些用传统方法难以解决的复杂系统的控制问题，是控制理论发展的新阶段。在应用方面，智能控制可解决非线性、不确定和复杂的系统问题；在理论方面，智能控制通过符号、经验、规则来描述系统。

（1）设施园艺控制。温室智能控制系统、高效施肥喷药系统等设备和技术在设施园艺生产中进行应用，设施内部环境因素的调控由过去单因子控制向利用环境、计算机多因子动态控制系统发展，提高了产量和质量，保证了园艺产品的鲜活度和全年持续供应。

（2）畜牧养殖控制。以自动化、数字化技术为平台，通过模拟生态和自动控制技术，每一个畜禽舍或养殖场都成为一个生态单元，能够自动调节温度、湿度和空气质量，实行自动送料、饮水、产品分检和运输。

（3）水产养殖控制。养殖场配置水质实时在线连续监测装备，利用渔业养殖环境实时在线水质监控系统，实现远程数据采集和信息发布，异常水质实时监测报警，远程控制与调节输氧或水温。

（4）农田灌溉控制。建立农田水分、气候信息实时监测系统，在分析系统决策的基础上，采用 GSM 无线网络监控技术和电磁阀，实现农田墒情的实时监测、预测和智能灌溉控制。

（5）农机管理与农产品贮存加工自动控制。利用计算机管理农业机械可以帮助选用适当的农机型号和规格，降低使用成本，确定更新设备的时机。如美国的日产混合饲料的加工中心，用一台小型机自动控制了多种混合饲料的全部生产流程。华盛顿州有一家马铃薯通风库在计算机控制下可自动控制通风窗进行空气调节，使贮藏期达到 15 个月之久，实现了周年供应。

4. 多媒体技术

多媒体技术就是利用计算机的编码、解码、存储、显示、控制等技术把文字、声音、图形、图像等多种媒体综合为一体，使之建立起逻辑联系，并能进行加工处理的技术。它是计算机技术、声像技术和通信技术高度结合的一个产物，除能做到多种媒体有机组合为一体外，还具有交互性、数字化、实时性等特征。

（1）蔬菜、果树害虫的检索。如"中国蔬菜害虫多媒体信息系统"、"中国植检害虫多媒体信息系统"、"华北林果类害虫多媒体信息系统"等，实现对病虫害分类、习性、危害特征、分布等知识数据的浏览、查询、编辑、输出等功能。

（2）农业专家系统平台的构建。构建基于多媒体的专家系统，完善系统的咨询、信息编辑、与多元输出功能。

（3）农业教育与技术推广。利用多媒体技术开发的各种农业实用技术 CAI 课件和教学光盘能直接、快速、生动地表达教学内容，激发学习者的积极性和主动性，极大地提高学习效率。另外多媒体技术还可以应用到农业网站建设和视频会议系统中，对农业信息发布与交流提供平台。

5. 互联网络技术

互联网络技术是指利用通信介质和通信设备，将若干具有独立功能的计算机系统连接起来，按照共同约定的方式和格式进行通信，实现资源共享的系统。

（1）农业信息获取与发布。依靠计算机网络，广大农民可以及时了解农产品价格、国内市场供销量、进出口量、最新农业科技信息、农业气象资料。

（2）网络商务。通过互联网建立产品网络发布与交易平台，实现农业生产资料、技术、产品等的网上交易。

（3）网络图书馆。建设数字化图书馆，可实现网络图书、音像资料的存储、保管、查找、下载与阅览等功能，大力推动了农业信息的交流和应用。

6. 虚拟农业技术

虚拟农业是作物生长模拟模型的进一步发展。虚拟农业是以农业领域（农作物、禽、畜、渔、农产品市场、资源高效利用等）为研究对象，采用先进技术手段（计算机技术、虚拟现实技术、仿真技术、多媒体技术等），实现以计算机为平台的研究对象与环境因子交互作用（作物或畜禽等）生长发育器官和产量形成等生理生态过程与环境之间相互作用的数量关系，以品种改良、环境改造、环境适应、增产等为目的的技术系统。

（1）科研实验。①虚拟试验：利用虚拟现实技术模拟植物的三维空间形态结构、生长发育过程形成"虚拟植物"，开展"虚拟试验"，研究作物对环境因子的反应以及农田生态系统的演变等，极大提高研究效率。②虚拟育种：利用计算机技术、虚拟现实技术、仿真技术、多媒体技术设计出虚拟作物、畜、禽、鱼等，然后实际培育出能与虚拟农产品相媲美的真实作物和畜、禽、鱼等品种。③虚拟温室：将数据、材料、模型、物理属性和高级算法整合成一个研究平台，研究温室对外界环境的反应，将物理学（如温室围护结构的传热和力学属性）和环境学（气候变化和植物生理信息）结合起来，进行预测和预报温室对外界各种变化（气候条件、植物生长和人工干扰）的反应，而且能够观察、显示和打印其结果。

（2）虚拟农机设计与制造。可以虚拟农机设计、农机制造和农机测试。例如，采用虚拟农业技术，对试验对象的各个指标同时进行数据的测量、实时处理和实时分析，有利于提高测试水平，得出比较精确的结论，为系统的优化设计提供更可靠的依据。

（3）教学与农技推广。应用虚拟现实技术能把现实世界带到教室里，形象、直观、生动的开展教学，极大地提高了教学效果和激发了学生的学习兴趣。①虚拟农场：让学员在计算机上种植虚拟作物，进行虚拟田间管理，直观地观察作物的生长过程及最终结果，较快地掌握先进的农田管理技术。②虚拟果树修剪系统：可模拟果树具有生长功能，该功能可以模拟真实果树的各种生长状况，并对各种因素的改变做出近似实际的反应。③虚拟立体农业：通过对光资源利用的模拟（可模拟地下部对水、肥等的吸收利用状况等），实现对立体农业（间作、套种、混种等）的优化管理。

（4）农业生态景观的模拟。可以模拟农业环境、生态，集科技、生产、观赏为一体的农业综合发展景观，便于决策、实施。

（四）我国信息技术在农业应用上存在的问题与对策

1. 存在问题

我国农业信息技术的应用在近20多年来取得了巨大的成就，极大地推动了农业现代化进程。但由于发展历史不长及我国工业化程度较低等种种原因，与发达国家相比还存在较大差距，存在不少问题，主要表现如下。

（1）农业信息技术总体水平不高。尽管我国某些科研成果具有较高水平，但技术不配套、研究项目内容单一、目标分散、适应面窄、缺乏多学科专业综合应用研究；缺乏具有综合性、多项信息技术集成、多功能、智能化、网络化的应用成果；缺乏具有适用我国农业国情的二次开发农业系统信息工具；农业信息软件对上服务的较多，面向农户、面向生产实用的较少。

（2）信息资源开发不能满足农业发展需要。我国已建成一批农业信息资源库，但其数量和质量均远不足以形成信息产业。现在的农业数据库仍缺乏统一的数据标准；有的数据资源建成即成为死库，数据信息过时，数据更新系统不完备；数据信息库专业分布不合理，商业化水平低，共享性差；地区间、部门间公用信息重复收集。另一方面，由于农业信息地区差别很大，各地区的特定数据资源库没有很好建立，因而信息资源的开发建设远不能满足农业的需要。

（3）高层农业信息技术开发人才缺乏，利用信息技术能力低。信息技术是一项高科技，其开发应用需要高科技人才。既懂农业又懂经济和信息技术的综合性人才非常缺乏，懂农业的，不懂信息技术，而掌握信息技术的，又对农业知识之甚少。许多从事计算机专业的人才进入农业领域，因不懂农业知识而流失，因而具有农业信息技术开发的人才匮乏，难以进行大项目的攻关。

2. 促进我国农业信息技术应用的对策

（1）组织信息开发，促进资源共享。农业信息资源主要包含市场动态信息、农业科技信息、自然与气象信息、农业政策法规信息和相关行业信息等。信息资源的开发利用是信息化的核心内容，各级政府和管理部门要加大信息资源开发利用工作力度，不断提高信息质量，提升应用系统的联网程度，推进信息资源的共享。同时，大力培育和扶持农业信息企业，促进农业信息产业化，提高信息资源开发利用效益，增强农业信息在经济增长中的服务功能。

（2）加强平台建设，扩充农业信息量。利用计算机网络、人工智能、遥感、地理信息系统、全球定位系统、多媒体、图像处理、虚拟现实、人工生命等多种高新技术与农业生态技术集成，以各种资源数据库为基础，加强平台建设，充实农业信息量，面向农村，面向社会，面向各级领导、农业科技人员，因地制宜地建立"本地化、平民化"的各类农业专家系统以及农村经济决策支持系统、农业管理信息系统，并把农业专家系统配置到乡、村一级，直接面向农民、基层农技员以及广大科技示范户、种养大户，引导他们把农业专家系统和自动控制系统等应用到温室、大棚以及畜牧饲养场、养殖小区等，实现农业的自动化和智能化。

（3）采取多种形式，加快农业信息进村入户。在农业信息传播中，建议采取"集中训、自己点、干部送、大户联、企业传、手机发、广播喊和墙上写"等8种方法，促进农业信息进村入户。集中训：将农村的能人或文化水平较高的农民集中起来进行培训，使其全面掌握微机、村村通信息机等的使用方法，成为信息采集、发布的能手。自己点：对所需信息的群众，让其到信息站来，通过工作人员直接点击获取信息。干部送：通过农技干部下乡将种、养、加、销等方面的信息送到村、组及农户手中。大户联：鼓励有电脑、村村通信息机的农户，按一户联十户、十户联百户的要求，将信息传播到更多农户中去，形成基础传播链。企业传：与龙头企业、农业协会等联系，使其传发信息，推动企业发展，提高农业产业化经营。手机发：与电信部门联系，将农业专家、服务站采集的信息通过手机发送到相关会员手中。广播喊、墙上写：把主导产业所在村组的负责同志做为基层信息服务员，信息服务站将采集的信息发送给这些同志，他们通过广播喊或写在信息墙（村务公开栏）上予以公布。

（4）加强技术培训，提高人员素质。推进农业信息化建设，网络建设是基础，信息资源开发利用是核心，而建立一支事业心强，既懂现代信息技术和现代化农业生产技术，又善于经营的专业人才是关键。建议各级政府运用互联网、广播、电视等现代媒体和远程教育手段，对从业人员进行信息化普及教育，培养一批觉悟高、懂科技、善经营，能从事专业化生产和产业化经营的跨世纪学术带头人和新型农民。他们做给广大农民看，带着农民干，促进农业实用技术的全面普及和推广，加速科学技术的应用步伐，提高农民收入。

四、核技术在农业上的应用

将农学与核科学结合起来的新兴学科称核农学，其目的在于为农业科学研究和农业生产提供新的手段，促进农业的现代化。核技术农业应用是 1955 年第一届国际原子能和平利用会议以后，逐渐在各个国家发展起来的。中国于 1956 年开始制定这门学科的发展规划。1957 年在中国农业科学院建立了第一个原子能农业利用研究室，后发展为研究所。核技术在农业上的应用主要有辐照加工、辐照育种、同位素示踪等。

核技术在农业方面的应用极为广泛。全世界有一百多个国家开展核技术的农业应用研究。我国已基本形成全国性的核技术农业应用研究体系，取得不少科研成果，产生很大的经济效益。核技术在农业上的应用，大体有两个方面：核辐射的应用和同位素示踪技术的应用。

（一）辐射育种

辐射育种（Radioactive breeding techniques）即利用 γ、X、β 射线或中子流等高能量的电离辐射处理植物的器官，使细胞内产生不同类型的电离作用，进而诱发产生可遗传的突变，从中选择和培育符合生产需要的新品种。辐射育种与常规育种比较，其主要特点为：①变异率高。一般可达 1/30，比自然突变高 100 倍以上，甚至可达 1 000 倍。②变异范围广。诱变产生的变异类型常超出一般，甚至会产生自然界中未曾出现的或罕见的新类型。其中有的具有利用价值，已为作物提早成熟、植株矮化、增强抗病性、提高蛋白质、糖分、淀粉的含量等创造了丰富的育种原始材料和基因资源。③变异稳定快。由辐射处理产生的变异，一般经 3 代即可基本稳定，而有性杂交大多要经 4~6 代才能稳定。

辐射处理的方法分外照射和内照射两种。外照射是指被照射的种子或植株所受的辐射来自外部某一辐射源，方法简便、安全，可以大量处理。内照射是将辐射源引入被照射种子或植物某器官内部，常见的有放射性同位素浸种、放射性同位素注射（在茎、枝条、芽或子房部位施用放射性同位素肥料供植物吸收）以及向植物供给 $^{14}CO_2$、使之通过光合作用同化到代谢产物中去诱发突变等。辐射处理的材料包括种子、花粉、子房、营养器官和整体植株。此外，还可照射愈伤组织，用于辐射诱变与组织培养相结合的研究领域。

核辐射育种是重要的育种手段之一，在育成的品种数量、种植面积、取得的社会经济效益，以及整体技术水平均居世界首位。截至 2002 年年底，我国在 40 余种作物上累计育成作物新品种 630 余个，超过世界各国辐射诱变育成品种总数的 1/4 以上，占全世界辐射诱变育成作物新品种总数的近 30%，年种植面积在 900 万 hm² 以上。此外，我国在航天育种关键技术创新研究方面也取得重要进展。至 2005 年共育成水稻、小麦、棉花、蔬菜、瓜果、油料等作物新品种 20 多个，还培育出 50 多个新品系和许多优良菌株及一批优良种质资源。航天新品种示范推广面积超过 30 万 hm^2，居世界先进水平。

（二）辐射不育治虫

昆虫辐射不育技术（SIT）是通过对防治对象（雄虫）某个虫态的辐照处理，使其生殖细胞的染色体发生断裂、易位，造成不对称组合，导致显性致死；而受照射的体细胞基本上不受损伤。由于辐照后的昆虫仍能保持正常的生命活动和寻找配偶，将经过辐照处理的不育昆虫在虫害地区连续大量释放，就可使其同正常昆虫进行交配而不产生后代。经过几代之后，自然种群因不育而数量减少，以致有可能完全消灭这一地区的虫种。此法不会造成环境污染，对人、畜和天敌无害，防效持久，专一性强，对消灭螟虫、棉铃虫等钻进植物体内隐蔽、药剂和天敌很难触及的害虫效果尤佳。γ 射线、X 射线、β 射线及中子束都可用于照射，而以 ^{60}Co 放射源的 γ 射线最简便有效。但用高剂量辐照造成的不育昆虫因无法和自然种群争夺配偶，因而影响灭虫效果。近年来，改用亚不育或半不育剂量处理的害虫，可提高受照射昆虫竞争配偶的能力，通过遗传将辐射导致的细胞染色体易位变化传递给下一代，使 95% 以上的下一代害虫丧失生育力。如玉米螟雄虫经过这样的处理后，其子代可比亲代更为不育。此法虽不能在当代根除害虫，但可减少不育虫的释放量，使防治成本降低。因而在成虫期不危害作物的条件下释放半不育（其子代完全不育）雄虫，一般可比释放完全不育的雄虫取得更好的效果。

世界上约有 1/3 的国家对上百种昆虫从事辐射不育的研究，已知有 30 多种害虫进入了中间试验或应用阶段。我国自 20 世纪 60 年代以来，先后对玉米螟、蚕咀蝇、小菜蛾、柑橘大实蝇、棉铃虫等 10 多种害虫进行辐射不育实验室研究，并对一些害虫做了释放试验。

（三）辐射食品保藏

辐射保藏（Radioactive preservation）即通过辐照抑制食用产品器官的新陈代谢和生长发育，同时杀灭害虫和致病微生物，延长食品保藏时间和货架陈放期，以改进食品品质的新技术。用于这一目的的辐照源一般包括 ^{60}Co、^{137}Cs 的 γ 射线源、X 光机发出的 X 射线、电子加速器发出的小于或等于 10MEV 的电子射线等。辐照前处理是辐照食品的重要环节，经常采用的手段包括：严格控制食品收获、加工的条件，以降低害虫和微生物对食品的污染基数；通过适当加热，以钝化生物酶的活性；通过低温暂存和绝氧控制食品代谢的速度，以防止氧化；以及添加抗氧剂、保水剂、辐射增效剂等。辐照剂量按辐照的不同目的可分为三类：低剂量用于抑制产品器官的代谢和杀虫，剂量范围在 0.1 兆拉德以内；中剂量用于针对性、选择性的杀虫、灭菌和改进品质，剂量范围在 0.1 ~ 1 兆拉德；高剂量用于彻底杀虫、灭菌和长期保存食品，剂量范围在 1 ~ 6 兆拉德。多数情况下，剂量率在 10 ~ 10 000 千拉德/h 范围以内时，辐照剂量率变化对食品辐照效果的影响不显著。长期的生物试验结果证明，辐照食品是卫生和安全的，不会使食品产生感生放射性；射线杀虫、灭菌还能减轻甚至消除病原体及其产生的毒素，而不会产生病原体及其毒素。人食用辐射食品后无不良反应。

　　近年来，随着辐射贮藏保鲜农副产品技术的成熟，越来越多的国家采用核辐射技术对农副产品进行保藏。目前，已有 40 多个国家批准了 200 多种辐照食品，我国先后批准了 50 多种辐照食品卫生标准和管理办法，并先后建立了 70 余座农用辐照装置分布于全国 28 个省、市、自治区的 40 多个城市，有 100 多个单位分别对 200 多种农副产品进行了辐照保鲜、杀虫灭菌、改善品质等方面的研究。在"十五"期间，全国农副产品辐照加工 40 万 t 以上，产值达 65 亿元以上，已步入向集团化、商业化方向发展。

　　（四）同位素示踪法

　　同位素示踪法（Isotopic tagging；isotopic tracing）是利用放射性或稳定性同位素标记的元素或化合物参加到化学或生物研究过程中跟踪某个过程的方法。其特点是：①灵敏度高。同位素示踪则可检测出（10～14）～（10～18）g 的微量物质，一般最精确的化学分析很少能测到 10～12g，比目前较敏感的重量分析天平敏感 108 倍，这对于动、植物体内痕量元素和激素代谢等的研究十分重要。②操作手续简便。只测定试验样品中的放射性强度，不受其他非放射性元素的干扰，因而可以减少繁杂的提取、纯化、分离等化学分析的操作程序。③可区分试验体系中原有的分子和新加入的分子。如用放射性同位素 ^{32}P 示踪方法研究作物对磷的吸收，可以区分出植株中来自土壤和来自肥料的磷。④可以在正常生理条件下进行试验。如用常规方法研究家畜营养代谢往往要引入比正常生理剂量大得多的药理剂量，而使用同位素示踪剂只要微量就可达到目的，因而可避免对正常生理的干扰和破坏。⑤可以准确定位。用放射性自显影术可以确定放射性示踪剂在组织或器官中的位置和分布；而用显微自显影或电镜自显影，则可进行细胞甚至亚细胞水平的定位观察。同位素示踪根据同位素特性可分为如下两种。

　　1. 放射性同位素示踪

　　又分为 3 种类型：①利用同一元素的同位素化学性质相同的示踪试验。这类试验所采用的放射性示踪剂和研究对象二者的化学性质以及试验过程中所经历的化学和生物学反应都相同，如用放射性 ^{32}P 标记的过磷酸钙去追踪作物对磷肥吸收的研究就属此类。②利用放射性示踪剂和被研究对象完全物理混合的试验。二者的重量比在整个试验过程中保持不变。如在农药溶液中加入一定量可溶解于农药的短半衰期的放射性同位素，可用以测定飞机喷洒农药的分布范围。③利用放射性作标记的示踪试验。这类试验要求示踪剂在试验过程中牢固地和被追踪物结合在一起。如将放射性 ^{131}I 或 ^{60}Co 附加（通过喂食、喷洒、沾着等方法）在昆虫身上后释放，再在不同的时间和地点捕捉昆虫并检测其放射性，便可得知其迁飞的速度和分布范围。

　　2. 稳定性同位素示踪

　　稳定性同位素是天然存在的不能探测到放射性的同位素。用以作为农业科学研究的示踪剂，具有下列优点：①没有放射性，适用于生物有机体的研究；②标记物的合成和处理较简单，同位素不会衰变，实验不受时间限制；③农业科学研究中最常用的稳定性同位素如 ^{13}C、^{15}N、^{18}O 等都无毒性，且是有机体的组成元素，氮和氧没有较长半衰期的放射性同位素，因而 ^{15}N、^{18}O 是农学研究中唯一适用的示踪元素；④用质谱技术测定"同位素比值"，要比放射性示踪测定方便。基于这些优点，稳定性同位素示踪法已日益成为农学研究不可缺少的手段。如土壤科学中用以研究氮素转化、肥料氮在土壤中的移动和固定、氮的循环以及氮的利用和损失；生理研究中用以揭示植物蛋白质的形成过程、生物固氮和动物的氮代谢；生物工程中通过^{13}C、^{15}N等同位素标记核酸、核苷酸或核苷进行追踪，用以揭示 DNA 的重组和复制过程等。此外，还可利用^{13}C、^{15}N标记农药，研究其在作物和土壤中的残留和降解产物，利用^{18}O研究土壤水分以及利用^{10}B研究植物对微量元素硼的需要等。

由于同位素示踪技术具有许多常规技术无法做到了特殊优点，在农业科研和生产实际中得到极其广泛的应用。如在土壤施肥方面，利用^{32}P、^{15}N以及^{14}C等多种放射性同位素，了解土壤中磷肥的增产效果，氮肥的利用效率和光合产物的运输、积累状况等。

目前，由于同位素示踪法的不断开发利用，在农业环境保护研究方面以及植物保护、防治病虫上，已得到十分广泛的应用。如监测"三废"污染，摸清病、虫发生危害的规律，都已取得明显的成效。

（五）其他用途

应用辐射处理生物，低剂量可刺激生物增产，这在养殖业方面应用效果显著，如提高蚕茧产量和改善蚕丝品质，有助于提高鱼、虾的孵化率，增加幼苗体重等。

放射免疫分析是一项微量分析技术，是畜牧、兽医上家畜生理和兽医临床研究的重要手段，常用以进行激素检测和细菌、病毒、抗体、维生素、药物、酶等微量物质的定量测定；在植物病理研究等方面也有应用。其基本原理是用放射性同位素标记的抗原与限量特异抗体发生反应，形成标记抗原—抗体复合物。这是一种可逆反应。在抗体浓度较低时，此复合物是可溶的。如向此反应系统中加入性质相同的非标记抗原，则将以同样方式与抗体发生反应，即在数量上与标记抗原发生竞争。反应系统中非标记抗原的量愈多，同标记抗原相结合的抗体就愈少。放射免疫分析就是利用这种竞争性反应。实验中将一系列不同浓度的非标记抗原加至含有一定量特异抗体和标记抗原的混合液中，反应后，用快速分离技术使结合的标记抗原和未结合的标记抗原分离，进行放射性测定，即可绘制出剂量—反应标准曲线。按同样程序对待测样本进行测量，将所得结果与标准曲线对照，便可求得样本中抗原的含量。此法的优点是特异性强，灵敏度、准确度和精确度高，样本用量少，操作程序便于标准化，放射性物质不引入体内因而比较安全。

复习思考题

1. 名词解释：高技术、新技术、农业工厂化技术、无土育苗技术、生物技术、基因工程、细胞工程、酶工程、人工种子、农业信息技术、核技术。
2. 高技术的特点与主要领域有哪些？
3. 农业高新技术的内涵与特征有哪些？
4. 简述农业高新技术转化为生产力的模式。
5. 试述植物组培快繁技术和脱毒技术的优缺点。

6. 生物技术特性与技术体系有哪些？
7. 简述生物技术体系优缺点。
8. 生物技术在农业上的应用领域与效果。
9. 农业信息技术作用与技术体系有哪些？
10. 试述核技术在农业上的应用。

主要参考文献

卢良恕. 中国农业发展与科技进步 [M]. 济南：山东科学技术出版社，1992.

余友泰. 农业现代科学技术 [M]. 北京：中国科学技术出版社，1993.

孙中才. 农业与经济增长 [M]. 北京：气象出版社，1995.

郑有贵. 中国传统农业向现代农业转变 [M]. 北京：经济科学出版社，1997.

蒋和平. 高新技术改造传统农业 [M]. 北京：中国农业出版社，1997.

刘巽浩. 农业概论 [M]. 北京：知识产权出版社，2007.

王启云. 现代农业之路 [M]. 长沙：湖南师范大学出版社，2007.

邹先定，陈进红编著. 现代农业导论 [M]. 成都：四川大学出版社，2005.

朱明德. 现代农业 [M]. 重庆：重庆大学出版社，2011.

百度百科. 现代农业 [EB/OL]. [2012-05-14]. http：//baike. baiduhcom/view/435912. htm.

邓启明，黄祖辉，胡剑锋. 以色列农业现代化的历程、成效及启示 [J]. 社会科学战线，2009 (7)：74~78.

王荣莲，于健，赵永来等. 以色列农业发展成功的主要经验及启示 [J]. 节水灌溉，2010 (5)：61~63.

李乃祥，丁得亮. 现代农业技术概论（上）[M]. 天津：南开大学出版社，2005.

宣杏云等. 西方国家农业现代化透视 [M]. 上海：上海远东出版社，1998.

李乃祥，丁得亮. 现代农业技术概论 [M]. 天津：南开大学出版社，2005.

王道龙. 可持续农业概论 [M]. 北京：气象出版社，2004.

程序. 可持续农业导论 [M]. 北京：中国农业出版社，1997.

刘金芳. 我国农业可持续发展面临的水资源问题及对策探讨 [J]. 甘肃农业科技，2007 (9)：27~29.

肖焰恒. 可持续农业技术创新理论研究 [M]. 济南：山东大学出版社，2002.

杜相革，王慧敏. 有机农业概论 [M]. 北京：中国农业大学出版社，2001.

赵锁劳，彭玉魁. 有机农业技术概论 [M]. 杨凌：西北农林科技大学出版社，2004.

王国强，张宝军，隆丽娟. 有机农业食品与现代农业 [M]. 银川：宁夏人民出版社，2008.

胡国安，吴大付. 有机农业 [M]. 北京：中国农业科学技术出版社，2007.

赵锁劳，彭玉魁. 有机农业技术概论 [M]. 杨凌：西北农林科技大学出版社，2004.

曹志平，乔玉辉. 有机农业 [M]. 北京：化学工业出版社，2010.

百度百科. 有机农业 [EB/OL]. [2012-05-14]. http：//baike. baidu. com/view/101451. htm.

百度百科. 有机食品认证 [EB/OL]. [2012-05-14]. http：//baike. baidu. com/view/2473484. htm.

李文华, 闵庆文, 张壬午. 生态农业技术与模式 [M]. 北京：化学工业出版社, 2005.

李文华, 刘某承, 闵庆文. 中国生态农业的发展与展望 [J]. 资源科学, 2010, 32 (6)：1015~1021.

路明. 现代生态农业 [M]. 北京：中国农业出版社, 2002.

廖静, 刘振东, 廖倩. 我国生态农业发展现状及对策 [J]. 现代农业科技, 2010 (9)：319~321.

翟勇. 中国生态农业理论与模式研究 [D]. 西安：西北农林科技大学, 2006.

苑瑞华. 沼气生态农业技术 [M]. 北京：中国农业出版社, 2001.

刘金铜. 精准农业概论 [M]. 北京：气象出版社, 2002.

王长耀. 对地观测技术与精细农业 [M]. 北京：科学出版社, 2001.

赵春江. 精准农业研究与实践 [M]. 北京：科学出版社, 2008.

吴进. 精准农业模式研究 [D]. 武汉：华中师范大学, 2007.

韩永峰, 李学营, 鄢新民等. 精准农业的技术体系及其在我国的发展现状 [J]. 河北农业科学, 2010, 14 (3)：146~149.

吕烈, 武郭彬. 精准农业的研究应用现状及其在我国的发展方向 [J]. 现代农业科技, 2008 (21)：338~340.

郭麟. 兵团精准农业发展问题的研究 [J]. 新疆农垦科技, 2010 (3)：86~89.

孙莉, 张清, 陈曦等. 精准农业技术系统集成在新疆棉花种植中的应用 [J]. 农业工程学报, 2005, 21 (8)：83~88.

苏中滨. 数字农业基础 [M]. 北京：中国农业出版社, 2005.

刘志民, 崔玉亭. 农业高新技术：属性、分类与产业化途径 [J]. 中国科技论坛, 2005 (1)：106~109.

刘志民. 农业高新技术产业化研究——理论回顾、现状分析与战略选择 [D]. 南京：南京农业大学, 2003.

谭世明, 汪建敏. 论科技进步与现代农业高新技术的发展 [J]. 农业现代化研究, 2006, 27 (5)：329~332.

祝康祺. 农业技术成果转化的理论与实践 [M]. 北京：中国科学技术出版社, 1991.

蒋和平. 广州市发展农业高新技术产业的思路与对策研究 [C]. 广州市第17次社会科学研究招标课题研究报告, 1997.

杨天桥. 农业科技成果市场化及其分类转化模式 [J]. 农业科技管理, 2008, 27 (3)：86~90.

徐士铁, 罗阁山. 论农业科技成果转化的基本模式及主要途径 [J]. 沈阳农业大学学报 (社会科学版), 2011-03, 13 (2)：153~156.

吕虎. 现代生物技术导论 [M]. 北京：科学出版社, 2005.

赵苏海, 周瑾, 李桂祥. 现代生物技术在农业上的应用 [J]. 上海农业科技, 2008 (1)：12~13.

程备久. 现代生物技术概论 [M]. 北京：中国农业出版社, 2003.

曹军平. 现代生物技术在农业中的应用及前景 [J]. 安徽农业科学, 2007, 35 (3)：671~674.

高翔, 李骅. 我国工厂化农业的现状与发展对策分析 [J]. 中国农机化, 2007 (2)：5~8.

杨仁金. 工厂化农业生产 [M]. 北京：中国农业出版社, 2010.

张立伟. 信息技术在农业中的应用 [J]. 农业高新技术企业, 2011 (12): 18~21.

黄浩伦. 信息技术在农业生产和研究中的作用 [J]. 热带农业科学, 2011, 31 (2): 56~57.

刘敏. 核技术在农业研究中的应用及发展 [J]. 农业科技通讯, 2011 (8): 105~106.

徐舫, 张云生, 雷斌. 核技术农业产业化发展的探讨 [J]. 新疆农业科学, 2007, 44: 20~23.